中国科学院规划教材

可靠性理论中的数学方法

艾尼·吾甫尔 著

科 学 出 版 社

北 京

内 容 简 介

本书以简短的篇幅介绍建立可修复系统的数学模型及其研究的思想和方法. 本书共分四章. 第 1 章提供预备知识, 第 2 章首先阐述可靠性数学的形成和发展, 然后介绍描述产品可靠性的数量指标. 第 3 章首先详细介绍马尔可夫型可修系统的一般模型并求可靠性指标的步骤, 其次通过许多实际问题的讨论来介绍用一维马尔可夫过程建立数学模型的思想与过程, 最后介绍通过数学模型求可靠性指标的方法. 第 4 章首先介绍用补充变量方法建立数学模型的过程, 然后介绍运用泛函分析的理论与方法对该数学模型进行动态分析的思想.

本书可作为运筹学专业、系统科学专业及泛函分析专业的研究生教材, 也可作为有关专业教师或科技工作者的参考书.

图书在版编目 (CIP) 数据

可靠性理论中的数学方法/艾尼·吾甫尔著. —北京: 科学出版社, 2020.4
中国科学院规划教材
ISBN 978-7-03-064110-6

Ⅰ. ①可… Ⅱ. ①艾… Ⅲ.①可靠性理论-数学方法-高等学校-教材
Ⅳ. ①O213.2; TB114.3

中国版本图书馆 CIP 数据核字 (2020) 第 002738 号

责任编辑: 方小丽 / 责任校对: 彭珍珍
责任印制: 张 伟 / 封面设计: 蓝正设计

科 学 出 版 社 出版
北京东黄城根北街 16 号
邮政编码: 100717
http://www.sciencep.com

涿州市般阔文化传播有限公司 印刷
科学出版社发行 各地新华书店经销
*

2020 年 4 月第 一 版 开本: 787 × 1092 1/16
2021 年 1 月第三次印刷 印张: 10 1/4
字数: 240 000

定价: 68.00 元
(如有印装质量问题, 我社负责调换)

前　　言

　　可靠性问题萌芽于 20 世纪 20 年代, 第二次世界大战期间受到了重视, 目前几乎每个国家都有可靠性方面的学术组织. 可靠性分为三类: 可靠性工程、操作分析及可靠性数学. 本书属于可靠性数学范畴. 本书的大部分内容于 2012 年 1 月由新疆大学出版社出版发行并作为教材供新疆大学数学与系统科学学院的高年级本科生及研究生使用. 本书根据作者教学中发现的一些问题并加上近年来取得的最新研究成果撰写而成.

　　本书的主要适用对象是高年级本科生及研究生. 所以, 本书的第 1 章介绍预备知识, 其中的定理几乎都没有提供证明, 只提供了参考资料. 第 2 章首先阐述可靠性数学的形成和发展, 然后介绍描述产品可靠性的数量指标. 第 3 章首先详细介绍马尔可夫型可修系统的一般模型及求可靠性指标的步骤, 其次通过许多实际问题的讨论来介绍用一维马尔可夫过程建立数学模型的思想与过程, 然后介绍通过数学模型求可靠性指标的方法. 第 4 章首先介绍用补充变量方法建立数学模型的过程, 然后介绍运用泛函分析的理论与方法对该数学模型进行动态分析的思想.

　　本书得到了国家自然科学基金 (基金号: 11961062) 与新疆维吾尔自治区重点学科 "数学" 的资助.

　　由于作者的时间及精力有限, 书中不足及疏漏之处在所难免, 欢迎读者批评指正.

艾尼·吾甫尔

新疆大学数学与系统科学学院

2020 年 3 月 15 日

目　　录

第 1 章 预 备 知 识

本章介绍本书中用到的概念、引理及定理, 没有提供引理与定理的证明过程, 但提供了参考文献, 对证明过程感兴趣的读者可查阅所提供的参考文献. 本章的主要内容取之于文献 [1].

以下的概念及结果参考了 Arendt 等[2] 的研究成果.

定义 1.1 (拉普拉斯变换) 假设 $f : [0, \infty) \to \mathbb{R}$, $s \in \mathbb{C}$. 称

$$f^*(s) := \int_0^\infty \mathrm{e}^{-st} f(t) \mathrm{d}t$$

为 $f(t)$ 的拉普拉斯变换.

$$\mathrm{abs}(f) := \inf\{\Re s \mid f^*(s) \text{ 存在}\}$$

称为 f 的收敛横坐标 (abscissa of convergence). 这里 $\Re s$ 表示复数 s 的实部.

$$\omega(f) := \inf\left\{\omega \in \mathbb{R} \,\middle|\, \sup_{t \geqslant 0} \left|\mathrm{e}^{-\omega t} f(t)\right| < \infty\right\}$$

称为 f 的指数增长界 (exponential growth bound).

注解 1.1 不难验证

$$\mathrm{abs}(f) \leqslant \mathrm{abs}(|f|) \leqslant \omega(f)$$

定理 1.1 若 $f : [0, \infty) \to \mathbb{R}$ 满足 $\int_a^b f(x)\mathrm{d}x < \infty$, $\forall a, b \in \mathbb{R}$, 那么当 $\Re s > \mathrm{abs}(f)$ 时, $f^*(s)$ 收敛; 当 $\Re s < \mathrm{abs}(f)$ 时, $f^*(s)$ 发散.

定理 1.2 (托贝尔定理) 若 $f : [0, \infty) \to \mathbb{R}$ 并且 $\mathrm{abs}(f) < \infty$, λ 为有限数, 则

(1) $\lim\limits_{t \to +\infty} f(t) = \lambda \Longleftrightarrow \lim\limits_{s \to 0+} sf^*(s) = \lambda$;

(2) $\lim\limits_{t \to +\infty} \dfrac{1}{t} \int_0^t f(s)\mathrm{d}s = \lambda \Rightarrow \lim\limits_{s \to 0+} sf^*(s) = \lambda$.

以下内容从刘次华[3] 的书中查到.

定义 1.2 若 n 维随机变量 $X = (X_1, X_2, \cdots, X_n)$ 的联合概率密度函数为

$$f(\boldsymbol{x}) = f(x_1, x_2, \cdots, x_n) = \frac{1}{(2\pi)^{\frac{n}{2}} |\mathbb{B}|^{\frac{1}{2}}} \mathrm{e}^{-\frac{1}{2}(\boldsymbol{x}-\boldsymbol{a})\mathbb{B}^{-1}(\boldsymbol{x}-\boldsymbol{a})^{\mathrm{T}}}$$

其中, $\boldsymbol{a} = (a_1, a_2, \cdots, a_n)$ 是常向量, $\mathbb{B} = (b_{ij})_{n \times n}$ 是正定矩阵, $(\boldsymbol{x}-\boldsymbol{a})^{\mathrm{T}}$ 是 $(\boldsymbol{x}-\boldsymbol{a})$ 的转置向量, 则称 X 为 n 维正态随机变量或服从 n 维正态分布, 记作 $X \sim N(\boldsymbol{a}, \mathbb{B})$.

定义 1.3 设 Ω 为样本空间, $\Im$ 是 Ω 的所有子集构成的集合族, P 是定义在 $\Im$ 上的概率, 则称 $(\Omega, \Im, P)$ 为概率空间. $\mathbb{T}$ 是给定的数集, 若对每个 $t \in \mathbb{T}$, 有一个随机变量 $X(t, e)$ 与之对应, 则称随机变量族 $\{X(t, e) \mid t \in \mathbb{T}\}$ 是 $(\Omega, \Im, P)$ 上的随机过程, 简记为随机过程 $\{X(t) \mid t \in \mathbb{T}\}$. $\mathbb{T}$ 称为参数集.

定义 1.4　设 $\{X(t) \mid t \geqslant 0\}$ 是取值在 $\mathbb{E} = \{0, 1, \cdots\}$ 或 $\mathbb{E} = \{0, 1, \cdots, N\}$ 上的一个随机过程. 若对任意自然数 n 及任意 n 个时刻点 $0 \leqslant t_1 < t_2 < \cdots < t_n$, 均有

$$P\{X(t_n) = i_n \mid X(t_1) = i_1, X(t_2) = i_2, \ldots, X(t_{n-1}) = i_{n-1}\}$$

$$= P\{X(t_n) = i_n \mid X(t_{n-1}) = i_{n-1}\}, \quad i_1, i_2, \ldots, i_n \in \mathbb{E} \tag{1-1}$$

则称 $\{X(t) \mid t \geqslant 0\}$ 为离散状态空间 $\mathbb{E}$ 上的连续时间马尔可夫过程. 进一步, 若 $\mathbb{E}$ 是有限集 $\mathbb{E} = \{1, 2, \cdots, N\}$, 则称 $\{X(t) \mid t \geqslant 0\}$ 为有限状态空间 $\mathbb{E}$ 上的连续时间马尔可夫过程. 又如果对于任意 $t, u \geqslant 0$, 均有

$$P\{X(t + u) = j \mid X(u) = i\} = P_{ij}(t), \quad i, j \in \mathbb{E} \tag{1-2}$$

与 u 无关, 那么称马尔可夫过程 $\{X(t) \mid t \geqslant 0\}$ 是时齐 (齐次) 的.

本书讨论的马尔可夫过程均假设是时齐 (齐次) 的. 对固定的 $i, j \in \mathbb{E}$, 函数 $P_{ij}(t)$ 称为转移概率函数. $\mathbb{P}(t) = (P_{ij}(t))$ 称为转移概率矩阵.

注解 1.2　公式 (1-1) 可解释为: 在给定时刻 t_{n-1} 过程 $\{X(t) \mid t \geqslant 0\}$ 处于某个状态的条件下, 过程在 t_{n-1} 以后发展的概率规律与过程在 t_{n-1} 以前的历史无关. 简单地说, 当给定过程现在所处的状态时, 过程将来发展的概率规律与此过程的历史无关. 公式 (1-2) 则表示马尔可夫转移概率仅与时差 t 有关, 而与起始时刻的位置 u 无关.

此外, 我们都假定马尔可夫过程 $\{X(t) \mid t \geqslant 0\}$ 的转移概率函数满足

$$\lim_{t \to 0} P_{ij}(t) = \delta_{ij} = \begin{cases} 1, & i = j \\ 0, & i \neq j \end{cases} \tag{1-3}$$

容易验证转移概率函数满足以下性质:

$$\begin{cases} P_{ij}(t) \geqslant 0, \quad t \geqslant 0 \\ \displaystyle\sum_{j \in \mathbb{E}} P_{ij}(t) = 1, \quad t \geqslant 0 \\ \displaystyle\sum_{k \in \mathbb{E}} P_{ik}(u) P_{kj}(v) = \sum_{k \in \mathbb{E}} P_{ik}(v) P_{kj}(u) = P_{ij}(u + v) \end{cases} \tag{1-4}$$

事实上, 由全概率公式, 有

$$\begin{aligned} \sum_{j \in \mathbb{E}} P_{ij}(t) &= \sum_{j \in \mathbb{E}} P\{X(t) = j \mid X(0) = i\} \\ &= P\left\{ \bigcup_{j \in \mathbb{E}} X(t) = j \,\middle|\, X(0) = i \right\} \\ &= P\{\Omega \mid X(0) = i\} \\ &= 1 \end{aligned}$$

由条件概率公式, 有

$$P_{ij}(u + v) = P\{X(u + v) = j \mid X(0) = i\}$$

$$= P\{X(u+v) = j, \Omega \mid X(0) = i\}$$

$$= P\left\{X(u+v) = j, \bigcup_{k\in\mathbb{E}} X(v) = k \mid X(0) = i\right\}$$

$$= \sum_{k\in\mathbb{E}} P\{X(u+v) = j, X(v) = k \mid X(0) = i\}$$

$$= \sum_{k\in\mathbb{E}} P\{X(u+v) = j \mid X(v) = k, X(0) = i\}$$

$$\times P\{X(v) = k \mid X(0) = i\}$$

$$= \sum_{k\in\mathbb{E}} P\{X(u+v) = j \mid X(v) = k\}$$

$$\times P\{X(v) = k \mid X(0) = i\}$$

$$= \sum_{k\in\mathbb{E}} P_{kj}(u) P_{ik}(v) = \sum_{k\in\mathbb{E}} P_{ik}(v) P_{kj}(u)$$

定理 1.3　设 $\{X(t) \mid t \geqslant 0\}$ 是在离散状态空间 $\mathbb{E}$ 上的齐次马尔可夫过程. 令

$$P_j(t) = P\{X(t) = j\}, \quad j \in \mathbb{E}$$

它表示时刻 t 系统处于状态 j 的概率. 那么对它我们有

$$P_j(t) = \sum_{k\in\mathbb{E}} P_k(0) P_{kj}(t) \tag{1-5}$$

定理 1.4　对有限状态空间 $\mathbb{E}$ 的时齐马尔可夫过程, 以下极限

$$\begin{cases} \lim_{\Delta t \to 0} \dfrac{P_{ij}(\Delta t)}{\Delta t} = q_{ij}, & i \neq j, \quad i, j \in \mathbb{E} \\ \lim_{\Delta t \to 0} \dfrac{1 - P_{ii}(\Delta t)}{\Delta t} = q_i, & i \in \mathbb{E} \end{cases} \tag{1-6}$$

存在且有限.

记 $T_1, T_2, \cdots$ 为过程 $\{X(t) \mid t \geqslant 0\}$ 的状态转移时刻 $0 = T_0 < T_1 < T_2 < \cdots$; $X(T_n)$ 表示第 n 次状态转移后过程访问的状态. 若 $X(T_n) = i$, 则 $T_{n+1} - T_n$ 为过程在状态 i 的逗留时间, 那么有引理 1.1.

引理 1.1　设 $\{X(t) \mid t \geqslant 0\}$ 是在离散状态空间 $\mathbb{E}$ 上的齐次马尔可夫过程, 则对任何 $i, j \in \mathbb{E}$, $u \geqslant 0$, 有

$$P\{T_{n+1} - T_n > u \mid X(T_n) = i, X(T_{n+1}) = j\} = \mathrm{e}^{-q_i u}, \quad n \geqslant 0$$

与 n 和状态 j 无关.

注解 1.3　有限状态的时齐 (齐次) 马尔可夫过程在任何状态 i 的逗留时间遵从参数为 $-q_i$ 的指数分布 $(0 \leqslant q_i < \infty)$, 不依赖于下一个将要转入的状态.

定义 1.5　设 $\{X(t) \mid t \geqslant 0\}$ 是在离散状态空间 $\mathbb{E}$ 上的齐次马尔可夫过程. 若式 (1-6) 中的 q_i 满足 $q_i > 0$, 则称状态 i 为稳定态; 若 $q_i = 0$, 则称状态 i 为吸收态.

注解 1.4　过程一旦进入吸收态就永远停留在该状态.

引理 1.2   对有限状态空间 $\mathbb{E}$ 的时齐马尔可夫过程 $\{X(t) \mid t \geqslant 0\}$, 记 $N(t) = \{(0,t]$ 中 $\{X(t) \mid t \geqslant 0\}$ 发生的状态转移次数$\}$, 则对充分小的 $\Delta t > 0$ 有

$$P\{N(t + \Delta t) - N(t) \geqslant 2\} = o(\Delta t)$$

即在 $(t, t + \Delta t]$ 中马尔可夫过程 $\{X(t) \mid t \geqslant 0\}$ 发生两次或两次以上转移的概率为关于 Δt 的无穷小量.

从 Gupur 等[4], Nagel[5]、Engel 和 Nagel[6] 的研究中参考了以下内容.

定义 1.6   设 X 是数域 $\mathbb{K}$ 上的线性空间. 若 X 上定义一个非负值函数 $\| \cdot \| : X \to \mathbb{R}$ 满足

(1) $\|f\| \geqslant 0, \forall f \in X$; $\|f\| = 0 \Leftrightarrow f = 0$;

(2) $\|f + g\| \leqslant \|f\| + \|g\|, \forall f, g \in X$;

(3) $\|af\| = |a|\|f\|, a \in \mathbb{K}, f \in X$;

则称 $\| \cdot \|$ 为 X 上的范数. $(X, \| \cdot \|)$ 称为赋范线性空间.

若对 $\{f_n \mid n = 1, 2, \cdots\} \subset X$ 存在 $f \in X$ 使得

$$\lim_{n \to \infty} \|f_n - f\| = 0$$

则称 $\{f_n \mid n = 1, 2, \cdots\}$ (强) 收敛于 f.

若 $\{f_n \mid n = 1, 2, \cdots\} \subset X$ 满足

$$\lim_{\substack{n \to \infty \\ m \to \infty}} \|f_n - f_m\| = 0$$

则称 $\{f_n \mid n = 1, 2, \cdots\}$ 为基本列 (柯西列).

如果 $(X, \| \cdot \|)$ 上的任何基本列都是收敛列, 那么 $(X, \| \cdot \|)$ 称为巴拿赫空间, 简记为 X.

若巴拿赫空间 X 上引入元素之间的序 (大小) 关系 "$\leqslant$", 它与范数相容并且满足 $|f| \leqslant |g| \Rightarrow \|f\| \leqslant \|g\|$, $f, g \in X$, 则 X 称为巴拿赫格.

设 $Y \subset X$, 若 Y 中任何序列 $\{x_n\} \subset Y$ 存在收敛子列, 则称 Y 是列紧集. 进一步, Y 是闭集, 则 Y 称为紧集.

注解 1.5   若定义函数的 "加法", "数乘", "相等" 分别为 $(f+g)(x) = f(x)+g(x)$, $(\alpha f)(x) = \alpha f(x)$, $f = g \Leftrightarrow f(x)$ 与 $g(x)$ 在 $[0,\infty)$ 几乎处处相等, 则以下空间

$$L^1[0,\infty) = \left\{ f \;\middle|\; f : [0,\infty) \to \mathbb{R}, \|f\| = \int_0^\infty |f(x)| \mathrm{d}x < \infty \right\}$$

构成巴拿赫空间. 进一步, 引入序关系 $f \leqslant g \Leftrightarrow f(x) \leqslant g(x)$ 在 $[0,\infty)$ 几乎处处成立, 则该空间构成巴拿赫格.

定义 1.7   设 X 与 Y 是在数域 $\mathbb{K}$ 上的两个线性空间, D 是 X 的一个线性子空间. 映射 $\mathcal{A} : D \to Y$ 称为算子, D 称为 $\mathcal{A}$ 的定义域, 常记为 $D(\mathcal{A})$. $R(\mathcal{A}) = \{\mathcal{A}f \mid f \in D\}$ 称为 $\mathcal{A}$ 的值域.

当 Y 是数域时, $\mathcal{A}$ 称为泛函.

若 $\mathcal{A}(\alpha f + \beta g) = \alpha \mathcal{A}f + \beta \mathcal{A}g, \forall \alpha, \beta \in \mathbb{K}, \forall f, g \in D$, 则称 $\mathcal{A}$ 是线性算子. 进一步, $\mathcal{A}$ 满足

$$\forall x_n \in D, \quad \lim_{n \to \infty} \|x_n\| = 0 \Rightarrow \lim_{n \to \infty} \|\mathcal{A}x_n\| = 0,$$

则 $\mathcal{A}$ 称为连续.

若对线性算子 $\mathcal{A}: X \to Y$ 存在正常数 L 使得 $\|\mathcal{A}f\| \leqslant L\|f\|, \forall f \in X$, 则称 $\mathcal{A}$ 为有界算子.

若 $\mathcal{A}$ 的图像 $\{(f, \mathcal{A}f) \mid f \in D(\mathcal{A})\}$ 是闭集, 则称 $\mathcal{A}$ 是闭算子.

若任何有界序列 $\{f_n | n \in N\} \subset D(\mathcal{A})$ 的像集 $\{\mathcal{A}f_n | n \in N\} \subset Y$ 是列紧集, 则称 $\mathcal{A}$ 是紧算子.

注解 1.6 若 $\mathcal{A}: D \to \mathbb{C}$ (或 $\mathbb{R}$) 线性泛函且 $D = \mathbb{C}$ (或 $\mathbb{R}$), 则 $\mathcal{A}$ 是线性函数 $\mathcal{A}x = ax, \forall x \in D$, a 是某个常数.

定义 1.8 设 X 是一个赋范线性空间. X 上的所有连续线性泛函 $F: X \to \mathbb{C}$(或 $\mathbb{R}$) 全体按范数 $\|F\| = \sup\limits_{\|f\|=1} |F(f)|$ 构成的巴拿赫空间称为 X 的共轭空间, 记为 X^*.

设 X 与 Y 是赋范线性空间, $\mathcal{A}: D(\mathcal{A}) \subset X \to Y$ 是线性算子. 若存在线性算子 $B: D(B) \subset Y^* \to X^*$ 满足

$$\langle \mathcal{A}f, F \rangle = \langle f, BF \rangle, \quad \forall f \in D(\mathcal{A}), \forall F \in D(B)$$

则称 B 为 $\mathcal{A}$ 的共轭算子, 记为 $\mathcal{A}^*$.

注解 1.7 实数域 $\mathbb{R}$ 的共轭空间为其本身, 即 $\mathbb{R}^* = \mathbb{R}$. $L^1[0,\infty)$ 的共轭空间为

$$L^\infty[0,\infty) = \left\{ f \ \middle| \ \begin{array}{l} f: [0,\infty) \to \mathbb{R}, \\ \|f\| = \inf\limits_{\substack{\mu(E_0)=0 \\ E_0 \subset [0,\infty)}} \sup\limits_{x \in [0,\infty)\setminus E_0} |f(x)| < \infty \end{array} \right\}$$

若 $\mathcal{A}$ 是 $n \times n$ 的矩阵, 则它的共轭算子是其转置矩阵 $\mathcal{A}^*$.

定义 1.9 若巴拿赫空间 X 上的有界线性算子族 $\{T(t) \mid t \in [0,\infty)\}$ 满足:

(1) $T(t)T(s) = T(t+s), \forall t, s \in [0,\infty)$;

(2) $T(0) = I$ (恒等算子);

(3) $\lim\limits_{t \to 0+} \|T(t)f - f\| = 0, \quad \forall f \in X$;

则称 $\{T(t) \mid t \in [0,\infty)\}$ 为 C_0- 半群或强连续算子半群, 简记为 $T(t)$.

若存在常数 $M > 0$ 使得 $\|T(t)\| \leqslant M, \forall t \in [0,\infty)$, 则称 $T(t)$ 为一致有界 C_0- 半群. 若 $M = 1$, 则称 $T(t)$ 为压缩 C_0- 半群.

进一步, X 是巴拿赫格, 若对 X 中所有 $x \geqslant 0$ 有 $T(t)x \geqslant 0$, 则称 $T(t)$ 为正 C_0- 半群.

注解 1.8 设 X 是一个巴拿赫空间. 若 $\mathcal{A}: X \to X$ 是有界线性算子, 则 $T(t) = e^{t\mathcal{A}} = \sum_{n=0}^\infty \frac{t^n}{n!} \mathcal{A}^n$ 是 C_0- 半群. 事实上,

$$T(0) = I + \sum_{n=1}^\infty \frac{0^n}{n!} \mathcal{A}^n = I$$

对 $\forall f \in X$ 有

$$\|T(t)f - f\| = \left\| \sum_{n=1}^\infty \frac{t^n}{n!} \mathcal{A}^n f \right\| \leqslant \sum_{n=1}^\infty \frac{t^n}{n!} \|\mathcal{A}\|^n \|f\|$$

$$= \sum_{n=0}^{\infty} \frac{t^n}{n!} \|\mathcal{A}\|^n \|f\| - \|f\| = \mathrm{e}^{t\|\mathcal{A}\|}\|f\| - \|f\|$$

$$= \left(\mathrm{e}^{t\|\mathcal{A}\|} - 1\right)\|f\| \to 0, \quad t \to 0+$$

即

$$\lim_{t \to 0+} \|T(t)f - f\| = 0, \quad \forall f \in X$$

由级数的柯西乘积有

$$T(t)T(s) = \sum_{n=0}^{\infty} \frac{t^n}{n!}\mathcal{A}^n \sum_{n=0}^{\infty} \frac{s^n}{n!}\mathcal{A}^n$$

$$= \sum_{n=0}^{\infty} \sum_{k=0}^{n} \frac{t^k}{k!}\mathcal{A}^k \frac{s^{n-k}}{(n-k)!}\mathcal{A}^{n-k}$$

$$= \sum_{n=0}^{\infty} \sum_{k=0}^{n} \frac{t^k s^{n-k}}{(n-k)!k!}\mathcal{A}^n$$

$$= \sum_{n=0}^{\infty} \frac{1}{n!}\mathcal{A}^n \sum_{k=0}^{n} \frac{n!}{(n-k)!k!}t^k s^{n-k}$$

$$= \sum_{n=0}^{\infty} \frac{1}{n!}\mathcal{A}^n \sum_{k=0}^{n} C_n^k t^k s^{n-k}$$

$$= \sum_{n=0}^{\infty} \frac{1}{n!}\mathcal{A}^n (t+s)^n$$

$$= \sum_{n=0}^{\infty} \frac{(t+s)^n}{n!}\mathcal{A}^n = T(t+s), \quad \forall t,s \in [0,\infty)$$

引理 1.3　若 $\{T(t) \mid t \in [0,\infty)\}$ 为 C_0- 半群, 则存在 $\omega \geqslant 0$ 与 $\mathcal{B} \geqslant 1$ 使得

$$\|T(t)\| \leqslant \mathcal{B}\mathrm{e}^{\omega t}, \quad \forall t \in [0,\infty)$$

定义 1.10　设 $\{T(t) \mid t \in [0,\infty)\}$ 为巴拿赫空间 X 上的 C_0- 半群. 线性算子 $\mathcal{A}: D(\mathcal{A}) \to R(\mathcal{A}) \subset X$

$$D(\mathcal{A}) = \left\{ f \in X \,\middle|\, \lim_{t \to 0+} \frac{T(t)f - f}{t} \in X \text{ 存在} \right\}$$

$$\mathcal{A}f = \lim_{t \to 0+} \frac{T(t)f - f}{t}, \quad f \in D(\mathcal{A})$$

称为 $\{T(t) \mid t \in [0,\infty)\}$ 的无穷小生成元.

引理 1.4 (C_0- 半群的唯一性)　设有两个 C_0- 半群 $\{T(t) \mid t \in [0,\infty)\}$ 与 $\{S(t) \mid t \in [0,\infty)\}$, 它们的无穷小生成元分别为 $\mathcal{A}$ 与 $\mathcal{B}$. 若 $\mathcal{A} = \mathcal{B}$, 则 $T(t) = S(t)$, $\forall t \in [0,\infty)$.

定理 1.5 (希勒–吉田耕作定理)　一个线性算子 $\mathcal{A}$ 是一个 C_0- 半群 $\|T(t)\| \leqslant \mathrm{e}^{\omega t}$ 的无穷小生成元的充分必要条件是以下两条同时成立:

(1) $\mathcal{A}$ 是闭算子并且 $\overline{D(\mathcal{A})} = X$ ($D(\mathcal{A})$ 在 X 中稠密);

(2) $\left\|(\gamma I - \mathcal{A})^{-1}\right\| \leqslant \dfrac{1}{\gamma - \omega}, \quad \gamma > \omega.$

定理 1.6 (菲利普斯定理)　设 $\mathcal{A}$ 是 $L^1[0, \infty)$ 上定义域稠密的线性算子, 那么以下两条等价:

(1) $\mathcal{A}$ 是一个正压缩 C_0- 半群的无穷小生成元.

(2) 方程 $(\gamma I - \mathcal{A})f = g \in L^1[0, \infty)$ 有解 $f \in D(\mathcal{A})$ 并且 $\langle \mathcal{A}p, \phi \rangle \leqslant 0$, 其中 $p \in D(\mathcal{A})$,

$$\phi(x) = \begin{cases} 1, & p(x) > 0 \\ 0 \leqslant \phi(x) \leqslant 1, & p(x) = 0 \\ 0, & p(x) < 0 \end{cases}$$

定理 1.7 (C_0- 半群的扰动)　设 X 是巴拿赫空间, $\mathcal{A}$ 是 C_0- 半群 $T(t)$ 的无穷小生成元, $T(t)$ 满足 $\|T(t)\| \leqslant \mathcal{B}e^{\omega t}$. 若 G 是 X 上的有界线性算子, 则 $\mathcal{A} + G$ 生成一个 C_0- 半群 $S(t)$ 满足 $\|S(t)\| \leqslant \mathcal{B}e^{(\omega + \mathcal{B}\|G\|)t}$.

定义 1.11　设 X 是一个巴拿赫空间, X^* 是其共轭空间, $\mathcal{A} : D(\mathcal{A}) \subset X \to X$ 是线性算子, $L \subset D(\mathcal{A})$, $L^* \subset X^*$. 若对 $\forall p \in D(\mathcal{A})$, $\forall q^* \in L^*$ 有 $\langle \mathcal{A}p, q^* \rangle = 0$, 则称 $\mathcal{A}$ 是对集合 L^* 的保守算子.

若对 $\forall p \in L$ 有 $\|\mathcal{A}p\| = \|p\|$, 则称 $\mathcal{A}$ 对集合 L 为等距算子.

定理 1.8 (法托里尼定理)　设 X 是一个巴拿赫空间, X^* 是其共轭空间, $\mathcal{A} : D(\mathcal{A}) \subset X \to X$ 是线性算子并且生成 C_0- 半群 $T(t)$. 如果 $\mathcal{A}$ 是对

$$\theta(p) = \{q^* \in X^* \mid \langle p, q^* \rangle = \|p\|^2 = \||q^*|\|^2\}$$

是保守算子, 那么 $T(t)$ 对 $D(\mathcal{A}^2)$ 是等距算子.

定义 1.12　设 $\mathcal{A} : D(\mathcal{A}) \subset X \to X$ 线性算子. 集合 $\rho(\mathcal{A}) = \{\gamma \in \mathbb{C} \mid (\gamma I - \mathcal{A})^{-1}$ 存在并有界$\}$ 称为 $\mathcal{A}$ 的豫解集, $\rho(\mathcal{A})$ 中的点称为 $\mathcal{A}$ 的正则点; 集合 $\sigma(\mathcal{A}) = \mathbb{C} \setminus \rho(\mathcal{A})$ 称为 $\mathcal{A}$ 的谱; 集合 $\sigma_p(\mathcal{A}) = \{\gamma \in \mathbb{C} \mid (\gamma I - \mathcal{A})f = 0$ 有解 $f \in D(\mathcal{A}) \setminus \{0\}\}$ 称为 $\mathcal{A}$ 的点谱, 此时 $\gamma \in \sigma_p(\mathcal{A})$ 称为特征值, 相应的向量 f 称为特征向量; 集合 $\sigma_c(\mathcal{A}) = \{\gamma \in \mathbb{C} \mid (\gamma I - \mathcal{A})^{-1}$ 存在但无界$\}$ 称为 $\mathcal{A}$ 的连续谱; $\sigma_r(\mathcal{A}) = \{\gamma \in \mathbb{C} \mid (\gamma I - \mathcal{A}^*)f^* = 0$ 有非零解 $f^* \in D(\mathcal{A}^*)\}$ 称为 $\mathcal{A}$ 的剩余谱. $s(\mathcal{A}) = \sup\{\Re\gamma \mid \gamma \in \sigma(\mathcal{A})\}$ 称为 $\mathcal{A}$ 的谱界.

注解 1.9　若 $\mathcal{A}$ 是 $n \times n$ 的矩阵, 则 $\mathcal{A}$ 只有点谱 (特征值) 与正则点, 即 $\sigma_c(\mathcal{A}) = \sigma_r(\mathcal{A}) = \varnothing$.

定理 1.9 (抽象柯西问题的适定性)　设 $\mathcal{A}$ 是定义域稠密的线性算子并且 $\rho(\mathcal{A}) \neq \varnothing$. 抽象柯西问题

$$\begin{cases} \dfrac{\mathrm{d}u(t)}{\mathrm{d}t} = \mathcal{A}u(t), \forall t \in (0, \infty) \\ u(0) = u_0 \in D(\mathcal{A}) \end{cases}$$

有连续可微解 $u(t)$ 的充分必要条件是 $\mathcal{A}$ 生成一个 C_0- 半群 $T(t)$. 此时, $u(t) = T(t)u_0$.

定义 1.13　设 $\mathcal{A} : D(\mathcal{A}) \subset X \to X$ 是线性算子, γ 是 $\mathcal{A}$ 的特征值. 集合 $\{f \in D(\mathcal{A}) \mid (\gamma I - \mathcal{A})f = 0\}$ 的维数称为 γ 的几何重数; $\mathbb{P} = \dfrac{1}{2\pi i} \displaystyle\int_\Gamma (\gamma I - \mathcal{A})^{-1}\mathrm{d}\gamma$ 的值域的维数称为 γ 的代数重数, 其中 Γ 是以 γ 为中心的充分小的圆. 若 γ 的代数重数为 1, 则称 γ 为简单特征值.

注解 1.10   设 $\mathcal{A}$ 是 $n \times n$ 的矩阵, γ 是其特征值. γ 对应的特征多项式 $|\gamma I - \mathcal{A}|$ 的重数就是 γ 的代数重数, 或者将 $\mathcal{A}$ 化成若尔当标准性后, γ 对应的若尔当块的维数就是 γ 的代数重数. 例如, 若 $\mathcal{A}$ 的若尔当标准性为

$$\mathcal{A} = \begin{pmatrix} \gamma_1 & 0 & 0 & 0 & 0 & 0 & 0 \\ 1 & \gamma_1 & 0 & 0 & 0 & 0 & 0 \\ 0 & 1 & \gamma_1 & 0 & 0 & 0 & 0 \\ 0 & 0 & 0 & \gamma_1 & 0 & 0 & 0 \\ 0 & 0 & 0 & 1 & \gamma_1 & 0 & 0 \\ 0 & 0 & 0 & 0 & 0 & \gamma_2 & 0 \\ 0 & 0 & 0 & 0 & 0 & 1 & \gamma_2 \end{pmatrix}$$

则 $|\gamma I - \mathcal{A}| = (\gamma - \gamma_1)^5 (\gamma - \gamma_2)^2$, 即 γ_1 的代数重数为 5, γ_2 的代数重数为 2.

定理 1.10   设 X 是一个巴拿赫空间, $T(t)$ 是在 X 上的一致有界的 C_0- 半群, $\mathcal{A}$ 是其生成元. 如果 $\sigma_p(\mathcal{A}) \cap i\mathbb{R} = \sigma_p(\mathcal{A}^*) \cap i\mathbb{R} = \{0\}$, $\{\gamma \in \mathbb{C} \mid \gamma = ia, a \neq 0, a \in \mathbb{R}\} \subset \rho(\mathcal{A})$, 0 是 $\mathcal{A}^*$ 的代数重数为 1 的特征值, 那么抽象柯西问题

$$\begin{cases} \dfrac{\mathrm{d}u(t)}{\mathrm{d}t} = \mathcal{A}u(t), \ \forall t \in (0, \infty) \\ u(0) = u_0 \in D(\mathcal{A}) \end{cases}$$

的时间依赖解 $u(t)$ 强收敛于其稳态解 u, 即

$$\lim_{t \to \infty} \|u(t) - \langle u_0, u^* \rangle u\| = 0$$

其中, $\mathcal{A}^* u^* = 0$, $\mathcal{A}u = 0$, $\langle u, u^* \rangle = 1$.

定义 1.14   若巴拿赫空间 X 上的 C_0- 半群 $T(t)$ 满足

$$\lim_{t \to \infty} \inf\{\|T(t) - K\| \mid K : X \to X \text{ 是线性紧算子}\} = 0$$

则称 $T(t)$ 为拟紧 C_0- 半群.

注解 1.11   从定义容易看出, 紧 C_0- 半群是拟紧 C_0- 半群.

定义 1.15   设 $T(t)$ 是在巴拿赫空间 X 上的一个 C_0- 半群, $\mathcal{A}$ 是其生成元.

$$\begin{aligned} \omega_0 &= \inf \left\{ \omega \in \mathbb{R} \ \middle| \ \begin{array}{l} \textit{存在 } M \geqslant 1 \textit{ 使得} \\ \|T(t)\| \leqslant Me^{\omega t}, \ \forall t \geqslant 0 \end{array} \right\} \\ &= \inf_{t>0} \frac{1}{t} \ln \|T(t)\| = \lim_{t \to \infty} \frac{\ln \|T(t)\|}{t} \end{aligned}$$

称为 $T(t)$ 的增长界.

$$\begin{aligned} \omega_{\mathrm{ess}} &= \omega_{\mathrm{ess}}(\mathcal{A}) \\ &= \inf_{t>0} \frac{1}{t} \ln \left\{ \inf\{\|T(t) - K\| \mid K : X \to X \text{ 是线性紧算子}\} \right\} \\ &= \lim_{t \to \infty} \frac{\ln \left\{ \inf\{\|T(t) - K\| \mid K : X \to X \text{ 是线性紧算子}\} \right\}}{t} \end{aligned}$$

称为 $T(t)$ (或 $\mathcal{A}$) 的本质增长界.

注解 1.12　设 $T(t)$ 是在巴拿赫空间 X 上的一个 C_0- 半群, $\mathcal{A}$ 是其生成元, 则

$$-\infty \leqslant s(\mathcal{A}) \leqslant \omega_0 < \infty$$

$$-\infty \leqslant \omega_{\mathrm{ess}}(T) \leqslant \omega_0 < \infty$$

若 $K : X \to X$ 是线性紧算子, 则 $\omega_{\mathrm{ess}}(\mathcal{A}) = \omega_{\mathrm{ess}}(\mathcal{A} + K)$.

引理 1.5 (拟紧 C_0- 半群的扰动)　设 $T(t)$ 是在巴拿赫空间 X 上的拟紧 C_0- 半群, $\mathcal{A}$ 是其生成元, $K : X \to X$ 是线性紧算子, 那么 $\mathcal{A} + K$ 生成一个拟紧 C_0- 半群 $S(t)$.

定理 1.11　设 $T(t)$ 是在巴拿赫空间 X 上的 C_0- 半群, $\mathcal{A}$ 是其生成元, 那么

$$\omega_0 = \max\{\omega_{\mathrm{ess}}, s(\mathcal{A})\}$$

对每个 $w > \omega_{\mathrm{ess}}$ 集合

$$\sigma(\mathcal{A}) \cap \{\gamma \in \mathbb{C} \mid \Re\gamma \geqslant w\}$$

是有限集并且对应的投影算子是有限秩算子.

定理 1.12　设 $T(t)$ 是在巴拿赫空间 X 上的正 C_0- 半群, $\mathcal{A}$ 是其生成元. 若 $T(t)$ 是一致有界并且 $\mathcal{A}$ 的谱界 $s(\mathcal{A}) = 0$, 则 $T(t)$ 的边界谱 (boundary spectrum) 是循环 (recycle) 的, 即

$$i\gamma \in \sigma_b(\mathcal{A}) \Rightarrow ik\gamma \in \sigma_b(\mathcal{A}), \quad \forall k \in \mathbb{Z}, \; \gamma \in \mathbb{R}$$

其中, $i^2 = -1$, $\sigma_b(\mathcal{A})$ 表示 $\mathcal{A}$ 的边界谱 $\sigma_b(\mathcal{A}) = \sigma(\mathcal{A}) \cap \{\gamma \in \mathbb{C} \mid \Re\gamma = s(\mathcal{A})\}$.

定理 1.13　设 $T(t)$ 是在巴拿赫空间 X 上的拟紧 C_0- 半群, $\mathcal{A}$ 是其生成元, 则

(1) $\{\gamma \in \sigma(\mathcal{A}) \mid \Re\gamma \geqslant 0\}$ 是有限集或空集. 此外, 它由 $(\gamma I - \mathcal{A})^{-1}$ 的代数重数有限的极点组成.

进一步, 若设这些极点为 $\gamma_1, \gamma_2, \cdots, \gamma_m$, k_i 是 γ_i 的代数重数 $i = 1, 2, \cdots, m$, 则

(2) 存在 $\epsilon > 0$, $M \geqslant 1$ 使得

$$T(t) = T_1(t) + T_2(t) + \cdots + T_m(t) + L(t)$$

$$T_n(t) = \mathrm{e}^{\gamma_n t} \sum_{j=0}^{k_n - 1} \frac{t^j}{j!} (\mathcal{A} - \gamma_n I)^j \mathbb{P}_n$$

$$\mathbb{P}_n = \frac{1}{2\pi i} \int_\Gamma (\gamma_n I - \mathcal{A})^{-k_n} \mathrm{d}\gamma_n, \quad n = 1, 2, \cdots, m$$

$$\|L(t)\| \leqslant M \mathrm{e}^{-\epsilon t}, \quad \forall t \in [0, \infty)$$

定理 1.14　设 $T(t)$ 是巴拿赫空间 X 上的正有界拟紧 C_0- 半群, $\mathcal{A}$ 是其无穷小生成元. 若它的谱界为零, 即 $s(\mathcal{A}) = 0$, 则存在一个有限秩的正投影算子 $\mathbb{P} = \frac{1}{2\pi i} \int_\Gamma (\gamma I - \mathcal{A})^{-1} \mathrm{d}\gamma$ 及常数 $\delta > 0$, $M \geqslant 1$ 使得

$$\|T(t) - \mathbb{P}\| \leqslant M \mathrm{e}^{-\delta t}, \quad \forall t \geqslant 0$$

其中, Γ 是以 0 为中心的充分小的圆.

以下结果见参考文献 [7].

定理 1.15 设 $Y \subset X = \{y \in \mathbb{R} \times L^1[0,\infty) \times L^1[0,\infty) \times \cdots \mid \|y\| = |y_0| + \sum\limits_{n=1}^{\infty} \|y_n\|_{L^1[0,\infty)} < \infty\}$, 则 Y 是列紧集的充分必要条件为以下四个条件同时成立:

(1) $\exists$ 常数 $C > 0$, 使得 $\|y\| \leqslant C, \ \forall y \in Y$.

(2) $\lim\limits_{h \to 0} \sum\limits_{n=1}^{\infty} \int_0^{\infty} |y_n(x+h) - y_n(x)| \mathrm{d}x = 0$, 对 $y = (y_0, y_1, y_2, \cdots) \in Y$ 一致成立.

(3) $\lim\limits_{h \to \infty} \sum\limits_{n=1}^{\infty} \int_h^{\infty} |y_n(x)| \mathrm{d}x = 0$, 对 $y = (y_0, y_1, y_2, \cdots) \in Y$ 一致成立.

(4) 对 $\forall \epsilon > 0$, 存在自然数 $N(\epsilon)$, 使得对一切 $y = (y_0, y_1, y_2, \cdots) \in Y$ 有

$$\sum_{n=N(\epsilon)+1}^{\infty} \int_0^{\infty} |y_n(x)| \mathrm{d}x < \epsilon$$

推论 1.1 一个有界子集 $Y \subset X = \{y \in \mathbb{R} \times L^1[0,\infty) \times L^1[0,\infty) \mid \|y\| = |y_0| + \|y_1\|_{L^1[0,\infty)} + \|y_2\|_{L^1[0,\infty)}\}$ 是列紧集当且仅当以下两个条件同时成立:

(1) $\lim\limits_{h \to 0} \sum\limits_{j=1}^{2} \int_0^{\infty} |\phi_j(x+h) - \phi_j(x)| \mathrm{d}x = 0$, 对 $\phi = (\phi_0, \phi_1, \phi_2) \in Y$ 一致成立.

(2) $\lim\limits_{h \to \infty} \sum\limits_{j=1}^{2} \int_h^{\infty} |\phi_j(x)| \mathrm{d}x = 0$, 对 $\phi = (\phi_0, \phi_1, \phi_2) \in Y$ 一致成立.

第2章　可靠性的数学理论

本章主要介绍可靠性数学理论的产生及可靠性数量指标. 本章参考了曹晋华和程侃的学术著作[8] 以及文献 [1].

2.1　可靠性数学理论的背景

可靠性数学理论大约起源于 20 世纪 30 年代. 最早被研究的领域之一是机器维修问题[9], 另一个重要的研究工作是将更新论应用于更换问题[10]. 此外, 在 30 年代 Weibull[11]、Gumbel[12] 和 Epstein[13] 等研究了材料的疲劳寿命问题和有关的极值理论.

可靠性问题在第二次世界大战期间才真正受到重视. 一个基本原因是军事技术装备越来越复杂. 复杂化的目的在于使技术装备具有更高的性能. 但是装备越复杂, 往往就越容易发生故障. 当复杂化的程度严重影响设备可靠性时, 设备复杂化也就失去了意义. 因此, 复杂化和可靠性之间存在着尖锐的矛盾. 另一个基本原因是, 新的军事技术装备的研制过程是一场争时间争速度的竞赛. 但是研制周期又很长, 经不起研制过程的重大反复. 这就需要有一整套科学的方法, 将可靠性贯穿于研制、生产和使用维修的全过程. 因此复杂设备的可靠性成了相当严重而又迫切需要解决的问题. 从 20 世纪 50 年代至今, 可靠性理论这门新兴科学以惊人的速度发展着, 各方面都已积累了丰富的经验. 可靠性理论的应用已从军事技术扩展到国民经济的许多领域. 随着可靠性理论的日趋完善, 用到的数学工具也越来越深刻. 可靠性数学已成为可靠性理论最重要的基础理论之一.

要提高产品的可靠性, 需要在材料、设计、工艺、使用维修等多方面努力. 因此可以说可靠性的改善主要是工程问题和管理问题. 可靠性数学在其中所占的分量并不是很大. 然而, 作为一个必不可少的工具, 可靠性数学在可靠性理论中有着特殊的地位. 可靠性理论以产品的寿命特征作为主要研究对象, 这就离不开对产品寿命的定量分析和比较, 从这种意义上来看, 可靠性理论是一门定量的科学, 可靠性的许多基本概念的定义是用数学术语给出的, 不理解这些基本概念的严格数学定义, 往往会在实际工作中产生概念的混淆, 同时一个可靠性工作者只有熟悉可靠性理论中最基本的数学模型和数学方法, 才有可能在工作中根据具体问题, 提出既不脱离实际, 又在数学上可能解决的合理的数学模型. 因此, 可靠性数学与可靠性工程、可靠性管理等其他手段紧密配合, 就能发挥其应有的作用.

一般来说, 产品的寿命是一个非负随机变量, 研究产品寿命特征的主要数学工具是概率论. 也许有人会说, 可靠性数学只是概率论的一个简单应用, 不值得特别发展. 美国的可靠性数学专家 Barlow 和 Proschan[14] 指出: 这种目光是短浅的, 就像有人说, 概率论本身只是标准的数学理论的一个简单应用, 而不值得去特别地发现它的情形一样. 可靠性问题有它本身的结构, 且反过来刺激了概率论中一些新领域的发展. 因此, 可靠性数学与应用和各种最优化问题有紧密的关系, 这就决定了可靠性数学又是运筹学的一个重要分支.

在解决可靠性问题中所用到的数学模型大体可分为两类: 概率模型和统计模型. 概率模型是指, 从系统的结构及部件的寿命分布、修理时间分布等有关的信息出发, 来推断出与系统寿命有关的可靠性数量指标, 进一步可讨论系统的最优设计、使用维修策略等. 统计模型是指, 从观察数据出发, 对部件或系统的寿命等进行估计、检验等.

2.2　评定产品可靠性的数量指标

定义 2.1　每个组成部分具有一个功能, 它们合起来能完成单独不能完成的更大功能的有机整体称为系统.

系统的概念是相对的. 例如, 一个核电站可以看成一个系统, 其中的安全保护装置可以看成它的一个部件. 但是, 如果我们单独地研究安全保护装置, 那么可以把它看成一个系统, 它也是由某些部件组成的完成某种指定功能的整体. 一个高等院校是一个系统, 它的每个院 (系) 是它的一个部件. 但如果单独研究每个院 (系), 那么可以把它看成一个系统. 类似地, 人也是系统. 在可修系统中, 组成系统的部件不仅包括物, 也可以包括人 —— 修理工.

定义 2.2　若产品 (部件或系统) 丧失规定功能, 则称为失效或故障.

通常, 对不可修产品称失效, 对可修产品则称故障. 在讨论具体问题时, 往往难以明确加以区分. 因此, 我们把 "失效" 和 "故障" 看成同义词.

产品的寿命是与许多因素有关的. 例如, 该产品所用的材料, 设计和制造工艺过程中的各种情形, 以及产品在储存和使用时的环境条件等. 寿命也与产品需要完成的功能有关. 当产品丧失了规定的功能, 即当产品失效时, 它的寿命也就终止了. 显然对同一产品, 在同样的环境条件下使用, 由于规定的功能不同, 产品的寿命也将不同.

我们通常用一个非负随机变量 X 来描述产品的寿命, X 相应的分布函数为

$$F(t) = P\{X \leqslant t\}, \quad t \geqslant 0 \tag{2-1}$$

定义 2.3　设非负随机变量 X 的寿命分布函数为 $F(t)$, 则产品在时刻 t 以前都正常 (不失效) 的概率, 即产品在时刻 t 的生产率

$$R(t) = P\{X > t\} = 1 - F(t) = \overline{F}(t) \tag{2-2}$$

称为产品的可靠度函数或可靠度.

$R(t)$ 表示产品在时刻 t 以前都正常 (不失效) 的概率, 即产品在时刻 t 的生产率. 因此, 可靠度也可定义为: 产品在规定的条件下和规定的时间内, 完成规定功能的概率. 对于一个给定的产品, 规定的条件和规定的功能确定了产品寿命 X 这个随机变量, 规定时间就是公式 (2-2) 中的时间 $[0, t]$.

定义 2.4　设非负随机变量 X 的寿命分布为 $F(t)$, 那么

$$EX = \int_0^\infty t \mathrm{d}F(t) \tag{2-3}$$

称为产品的平均寿命.

不可修产品的主要可靠性数量指标是可靠度及平均寿命, 故障前平均时间即平均寿命记为 MTTF (mean time to failure). 假定时刻 $t = 0$ 产品开始正常工作, 若 X 是它的寿命, 则产品的运行随时间的进程如图 2-1 所示.

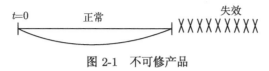

图 2-1　不可修产品

由于没有修理的因素, 产品一旦失效便永远停留在失效状态. 此时, 可靠度公式 (2-2) 及平均寿命公式 (2-3) 描述不可修产品的可靠性特征.

可修产品的情形要复杂些. 由于有修理的因素, 产品故障后可以予以修复. 此时产品的运行随时间的进程是正常与故障交替出现的. 如图 2-2 所示, 其中 X_i 和 Y_i 分别表示第 i 个周期的开工时间 (up-time) 和停工时间 (down-time), $i = 1, 2, \cdots$. 在开工时间内产品处于正常状态, 在停工时间内产品处于故障状态. 一般, $X_1, X_2, \cdots$ 或 $Y_1, Y_2, \cdots$ 不一定是同分布的.

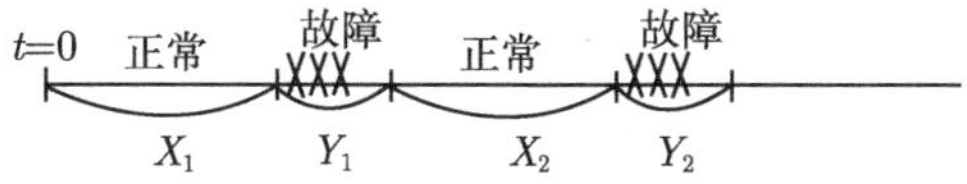

图 2-2　可修产品

描述可修产品的可靠性数量指标主要有以下几种.

1. 首次故障前时间分布

定义 2.5　设产品首次故障前时间 X_1 的分布为

$$F_1(t) = P\{X_1 \leqslant t\}, \quad t \geqslant 0 \tag{2-4}$$

则

$$\mathrm{MTTFF} = EX_1 = \int_0^\infty t \mathrm{d}F_1(t) \tag{2-5}$$

称为首次故障前平均时间, 记为 MTTFF (mean time to first failure).

$$R(t) = P\{X_1 > t\} = 1 - F_1(t) = \overline{F}_1(t) \tag{2-6}$$

称为可修产品的可靠度.

$R(t)$ 表示可修产品在 $[0, t]$ 时间内都正常的概率, 与前面可靠度的一般定义一致. 时间分布及其平均值是该产品最重要的可靠性数量指标.

2. 可用度

对于一个只有正常和故障两种可能状态的可修产品, 我们可以用一个二值函数来描述它.

定义 2.6　对 $t \geqslant 0$, 令

$$X(t) = \begin{cases} 1, & \text{时刻 } t \text{ 产品正常} \\ 0, & \text{时刻 } t \text{ 产品故障} \end{cases}$$

则称

$$A(t) = P\{X(t) = 1\} \tag{2-7}$$

为产品在时刻 t 的瞬时可用度 (transient availability).

$$\overline{A}(t) = \frac{1}{t} \int_0^t A(u) \mathrm{d}u \tag{2-8}$$

称为在时间 $[0, t]$ 内的平均可用度 (mean availability).

若极限

$$\overline{A} = \lim_{t \to \infty} \overline{A}(t) \tag{2-9}$$

存在, 则称 $\overline{A}$ 为极限平均可用度 (limit mean availability).

若极限

$$A = \lim_{t \to \infty} A(t) \tag{2-10}$$

存在, 则称 A 为稳态可用度 (steady-state availability).

式 (2-7) 表示时刻 t 产品处于正常状态的概率. 瞬时可用度 $A(t)$ 只涉及时刻 t 产品是否正常, 对 t 以前产品是否发生过故障并不关心.

显然, 若稳态可用度 A 存在, 则极限平均可用度 $\overline{A}$ 必存在并且 $\overline{A} = A$. 事实上,

$$\begin{aligned}
|\overline{A}(t) - A| &= \left| \frac{1}{t} \int_0^t A(u)\mathrm{d}u - A \right| \\
&= \left| \frac{1}{t} \int_0^t A(u)\mathrm{d}u - \frac{1}{t} \int_0^t A\mathrm{d}u \right| \\
&= \left| \frac{1}{t} \int_0^t (A(u) - A)\mathrm{d}u \right| \\
&\leqslant \frac{1}{t} \int_0^t |A(u) - A| \, \mathrm{d}u \\
&\xlongequal{\text{由积分中值定理}} \frac{1}{t} \times t |A(\xi) - A| \\
&= |A(\xi) - A| \to 0, \quad \xi \to \infty \ (\text{蕴含 } t \to \infty) \tag{2-11}
\end{aligned}$$

可用度是可修产品重要的可靠性指标之一. 在工程应用中特别感兴趣的是稳态可用度. 它表示产品经长期运行, 大约有 A 的时间比例处在正常状态.

3. $(0, t]$ 时间内产品故障次数的分布

可修产品随时间的进程是一串正常和故障交替出现的过程. 因此, 对 $t > 0$, 产品在 $(0, t]$ 时间内故障次数 $N(t)$ 是一个取非负正整数值的随机变量.

定义 2.7   设产品在 $(0, t]$ 时间内故障次数的分布为

$$P_k(t) = P\{N(t) = k\}, \quad k = 0, 1, 2, \cdots \tag{2-12}$$

则称

$$M(t) = EN(t) = \sum_{k=1}^{\infty} k P_k(t) \tag{2-13}$$

为产品在 $(0, t]$ 时间内平均故障次数.

假设 $M(t)$ 可求导数, 则称

$$m(t) = \frac{\mathrm{d}}{\mathrm{d}t} M(t) \tag{2-14}$$

为产品的瞬时故障频度.

若极限

$$M = \lim_{t \to 0} \frac{M(t)}{t} \tag{2-15}$$

存在, 则称 M 为产品的稳态故障频度.

在工作应用中, 更感兴趣的是产品的稳态故障频度. $M(t)$ 和 M 也是重要的可靠性数量指标. 例如, 在更换问题的研究中, 它告诉我们大约需要准备多少个备件.

可修产品的可靠性数量指标还有很多. 例如, **平均开工时间** (mean up time, MUT 或 mean time between failures, MTBF) 是

$$\mathrm{MUT} = \lim_{n \to \infty} \frac{1}{n} \sum_{i=1}^{n} EX_i \tag{2-16}$$

平均停工时间(mean down time, MDT) 为

$$\mathrm{MDT} = \lim_{n \to \infty} \frac{1}{n} \sum_{i=1}^{n} EY_i \tag{2-17}$$

平均周期(mean cycle time, MCT) 为

$$\mathrm{MCT} = \mathrm{MUT} + \mathrm{MDT} \tag{2-18}$$

除了反映可修产品自身的可靠性数量指标外, 有时, 我们还需要反映修理设备 (修理工) 忙闲程度的有关指标: 修理设备忙的瞬时概率

$$B(t) = P\{\text{时刻 } t \text{ 修理设备忙}\} \tag{2-19}$$

和修理设备忙的稳态概率

$$B = \lim_{t \to \infty} B(t) \tag{2-20}$$

若此极限存在, 则 B 表示产品经长期运行大约有多长的时间比例修理设备是忙的. $B(t)$ 或 B 是反映修理能力的配备是否合理的一个数量指标. 这些指标在形式上与瞬时可用度和稳态可用度一样, 在求法上也类似.

对一个较为复杂的系统, 瞬时可靠性数量指标往往不容易求到. 在多数的场合, 只能求出其相应的拉普拉斯变换或拉普拉斯-斯蒂尔切斯变换, 它们一般不容易反演出来, 所以第 4 章中我们用泛函分析的理论与方法解决此类问题. 相对来说, 有关的稳态指标通常比较容易得到. 从第 4 章中可以看出这一点.

第 4 章首先运用补充变量方法建立一个可靠性模型, 然后运用泛函分析的理论与方法研究此可靠性模型的时间依赖解的存在唯一性及时间依赖解的渐近行为. 这里介绍的方法适用于有限多个偏微分方程描述的可靠性模型. 如果读者感兴趣, 更深的研究成果及思想来源

可参考 Gupur 的学术著作[15]. 该书首先介绍了泛函分析的有关知识, 特别是强连续算子半群的知识; 其次研究了有限多个偏微分方程描述的可靠性模型的适定性、时间依赖解的渐近行为及各种可靠性指标的渐近行为; 然后研究了由无穷多个偏微分积分方程描述的可靠性模型的适定性、时间依赖解的渐近行为、各种可靠性指标的渐近行为等; 最后提供了需要进一步研究的公开问题.

第3章　一维马尔可夫型可修系统的数学方法

本章首先介绍马尔可夫型可修系统的一般模型并求可靠性指标的步骤, 其次通过许多实际问题的讨论来介绍用一维马尔可夫过程建立数学模型的思想与方法, 最后介绍通过数学模型求可靠性指标的方法. 本章对曹晋华与程侃的学术著作[8] 补充各种系统的数学模型的详细推导过程和方程求解的详细过程. 本章的主要内容参考了文献 [1].

3.1　马尔可夫型可修系统的一般模型

假定一个可修系统有 $N+1$ 个状态; 其中状态 $0, 1, \cdots, K$ 是系统的工作状态; $K+1, \cdots, N$ 是系统的故障状态. 记 $\mathbb{E} = \{0, 1, \cdots, N\}, W = \{0, 1, \cdots, K\}$ 和 $F = \{K+1, K+2, \cdots, N\}$. 令 $X(t)$ 表示时刻 t 该系统所处的状态. 若已知 $\{X(t) \,|\, t \geqslant 0\}$ 是一个时齐的马尔可夫过程, 即满足条件式 (1-1) 和式 (1-2), 且在充分小的时间 Δt 内的转移概率函数满足

$$P_{ij}(\Delta t) = a_{ij}\Delta t + o(\Delta t), \ i, j \in \mathbb{E}, \ i \neq j \tag{3-1}$$

其中, $a_{ij} \ (i, j \in \mathbb{E}, \ i \neq j)$ 是给定的, 并且 $a_{ij} \geqslant 0$. 显然

$$P_{ii}(\Delta t) = 1 - \sum_{\substack{j \neq i \\ j \in \mathbb{E}}} P_{ij}(\Delta t) = 1 - \sum_{\substack{j \neq i \\ j \in \mathbb{E}}} a_{ij}\Delta t - o(\Delta t) \tag{3-2}$$

令

$$a_{ii} = -\sum_{\substack{j \neq i \\ j \in \mathbb{E}}} a_{ij} \tag{3-3}$$

则式 (3-2) 与式 (3-3) 给出

$$\begin{aligned} P_{ii}(\Delta t) &= 1 + \left(-\sum_{\substack{j \neq i \\ j \in \mathbb{E}}} a_{ij} \right) \Delta t - o(\Delta t) \\ &= 1 + a_{ii}\Delta t - o(\Delta t) \end{aligned} \tag{3-4}$$

结合式 (1-6), 式 (3-1) 与式 (3-4) 立即可知:
当 $i = j$ 时

$$\begin{aligned} q_i &= \lim_{\Delta t \to 0} \frac{1 - P_{ii}(\Delta t)}{\Delta t} = \lim_{\Delta t \to 0} \frac{-a_{ii}\Delta t + o(\Delta t)}{\Delta t} \\ &= -a_{ii} + \lim_{\Delta t \to 0} \frac{o(\Delta t)}{\Delta t} = -a_{ii} \end{aligned}$$

当 $i \neq j$ 时

$$q_{ij} = \lim_{\Delta t \to 0} \frac{P_{ij}(\Delta t)}{\Delta t} = \lim_{\Delta t \to 0} \frac{a_{ij}\Delta t + o(\Delta t)}{\Delta t}$$

$$= a_{ij} + \lim_{\Delta t \to 0} \frac{o(\Delta t)}{\Delta t} = a_{ij}$$

即

$$a_{ij} = \begin{cases} q_{ij}, & i \neq j \\ -q_i, & i = j \end{cases}, \quad i, j \in \mathbb{E}$$

对上述描述的一般模型, 我们来求系统的各种可靠性数量指标.

3.1.1　系统的瞬时可用度

记　$P_j(t) = P\{X(t) = j\}, j \in \mathbb{E}$.

定理 3.1　当给定初始状态分布 $P_0(0), P_1(0), \cdots, P_N(0)$ 时, 系统的瞬时可用度为

$$A(t) = \sum_{j \in W} P_j(t) \tag{3-5}$$

其中, $P_j(t)$ $(j \in W)$ 是下列微分方程组的解:

$$\begin{cases} \dfrac{\mathrm{d}P_i(t)}{\mathrm{d}t} = \sum_{k \in \mathbb{E}} P_k(t)a_{ki}, & i \in \mathbb{E} \\ \text{初始条件 } P_0(0), P_1(0), \cdots, P_N(0) \end{cases} \tag{3-6}$$

证明　由瞬时可用度的定义 (见定义 2.6) 并 $\{X(t) = i\}$ 与 $\{X(t) = j\}$ $(i \neq j)$ 的独立性立即可得

$$A(t) = P\{X(t) = j, \ j \in W\} = \sum_{j \in W} P_j(t)$$

即公式 (3-5). 用全概率公式、条件概率公式、马尔可夫性、式 (3-1) 和式 (3-4) 推出

$$\begin{aligned} P_i(t + \Delta t) &= P\{X(t + \Delta t) = i\} \\ &= P\left\{ X(t + \Delta t) = i, \ \bigcup_{k \in \mathbb{E}} X(t) = k \right\} \\ &= \sum_{k \in \mathbb{E}} P\{X(t + \Delta t) = i, \ X(t) = k\} \\ &= \sum_{k \in \mathbb{E}} P\{X(t) = k\} P\{X(t + \Delta t) = i \mid X(t) = k\} \\ &= \sum_{k \in \mathbb{E}} P_k(t) P_{ki}(\Delta t) \\ &= P_i(t) P_{ii}(\Delta t) + \sum_{\substack{k \neq i \\ k \in \mathbb{E}}} P_k(t) P_{ki}(\Delta t) \\ &= P_i(t)[1 + a_{ii}\Delta t - o(\Delta t)] + \sum_{\substack{k \neq i \\ k \in \mathbb{E}}} P_k(t)[a_{ki}\Delta t + o(\Delta t)] \\ &= P_i(t) + P_i(t)a_{ii}\Delta t + \sum_{\substack{k \neq i \\ k \in \mathbb{E}}} P_k(t)a_{ki}\Delta t - o(\Delta t)P_i(t) + o(\Delta t) \sum_{\substack{k \neq i \\ k \in \mathbb{E}}} P_k(t) \\ &= P_i(t) + \sum_{k \in \mathbb{E}} P_k(t)a_{ki}\Delta t - o(\Delta t)P_i(t) + o(\Delta t) \sum_{\substack{k \neq i \\ k \in \mathbb{E}}} P_k(t), \quad i \in \mathbb{E} \end{aligned}$$

即

$$\frac{P_i(t+\Delta t)-P_i(t)}{\Delta t} = \sum_{k\in\mathbb{E}} P_k(t)a_{ki} - \frac{o(\Delta t)}{\Delta t}P_i(t)$$
$$+ \frac{o(\Delta t)}{\Delta t}\sum_{\substack{k\neq i\\k\in\mathbb{E}}} P_k(t), \quad i\in\mathbb{E}$$

当 $\Delta t\to 0$ 时右端的极限存在, 因而左端的极限也存在. 故取 $\Delta t\to 0$ 的极限得到式 (3-6). $\square$
　　用矩阵将式 (3-6) 可等价地改写为

$$\begin{cases} \dfrac{\mathrm{d}P(t)}{\mathrm{d}t} = P(t)\mathbb{A} \\[2mm] \text{初始条件}\ P(0) \end{cases} \tag{3-7}$$

其中

$$P(t) = (P_0(t), P_1(t), \cdots, P_N(t)),$$

$$\mathbb{A} = \begin{pmatrix} a_{00} & a_{01} & a_{02} & \cdots & a_{0N} \\ a_{10} & a_{11} & a_{12} & \cdots & a_{1N} \\ \vdots & \vdots & \vdots & & \vdots \\ a_{N0} & a_{N1} & a_{N2} & \cdots & a_{NN} \end{pmatrix}$$

$\dfrac{\mathrm{d}P(t)}{\mathrm{d}t}$ 表示对每个分量分别求导数. 由式 (3-3) 易见矩阵 $\mathbb{A}$ 的每行元素之和都等于零, 即

$$\sum_{i=0}^{N} a_{ki} = 0, \quad k\in\mathbb{E}$$

式 (3-6) 也可写成分块矩阵的形式

$$\begin{cases} \left(\dfrac{\mathrm{d}P_W(t)}{\mathrm{d}t}, \dfrac{\mathrm{d}P_F(t)}{\mathrm{d}t}\right) = (P_W(t), P_F(t))\begin{pmatrix} B & C \\ D & \tilde{E} \end{pmatrix} \\[2mm] \text{初始条件}\ P_W(0), P_F(0) \end{cases} \tag{3-8}$$

其中, $P_W(t) = (P_0(t), P_1(t),\cdots, P_K(t))$, $P_F(t) = (P_{K+1}(t),\cdots, P_N(t))$; $B, C, D, \tilde{E}$ 为相应的矩阵 $\mathbb{A}$ 的分块形式.
　　因为矩阵 $\mathbb{A}: \mathbb{R}^{N+1}\to\mathbb{R}^{N+1}$ 是有界线性算子, 所以由定理 1.9 与注解 1.8 知道微分方程组 (3-7) 的解是

$$P(t) = P(0)\mathrm{e}^{\mathbb{A}t} = P(0)\sum_{n=0}^{\infty} \frac{t^n}{n!}\mathbb{A}^n \tag{3-9}$$

一般来说, 由式 (3-9) 来求 $P(t)$ 是不方便的, 它需要将矩阵 $\mathbb{A}$ 化为若尔当标准型. 解此微分方程组的另一种方法是用拉普拉斯变换的工具. 记 $P_i(t)$ 的拉普拉斯变换为

$$P_i^*(s) = \int_0^\infty \mathrm{e}^{-st}P_i(t)\mathrm{d}t, \quad s>0, \quad i=0,1,2,\cdots,N$$

将式 (3-7) 的两端作拉普拉斯变换得到

$$\int_0^\infty \mathrm{e}^{-st}\frac{\mathrm{d}P(t)}{\mathrm{d}t}\mathrm{d}t = \int_0^\infty \mathrm{e}^{-st}P(t)\mathrm{d}t \cdot \mathbb{A}, \quad s > 0 \tag{3-10}$$

这里向量的拉普拉斯变换是指对每个分量作相应的变换. 式 (3-10) 左端

$$\int_0^\infty \mathrm{e}^{-st}\frac{\mathrm{d}P(t)}{\mathrm{d}t}\mathrm{d}t = \mathrm{e}^{-st}P(t)\Big|_0^\infty + \int_0^\infty s\mathrm{e}^{-st}P(t)\mathrm{d}t$$

$$= -P(0) + s\int_0^\infty \mathrm{e}^{-st}P(t)\mathrm{d}t$$

$$= -P(0) + sP^*(s) \tag{3-11}$$

将式 (3-11) 代入式 (3-10) 并整理

$$\left(\int_0^\infty \mathrm{e}^{-st}P(t)\mathrm{d}t\right)\mathbb{A} = -P(0) + sP^*(s)$$
$$\Rightarrow$$
$$P^*(s)\mathbb{A} = -P(0) + sP^*(s)$$
$$\Rightarrow$$
$$P(0) = P^*(s)(sI - \mathbb{A})$$
$$\Rightarrow$$
$$P^*(s) = P(0)(sI - \mathbb{A})^{-1}, \quad s > 0 \tag{3-12}$$

其中, I 是单位矩阵, $sI - \mathbb{A}$ 是可逆矩阵.

对式 (3-5) 的两端作拉普拉斯变换有

$$A^*(s) = \int_0^\infty \mathrm{e}^{-st}A(t)\mathrm{d}t = \sum_{j\in W}\int_0^\infty \mathrm{e}^{-st}P_j(t)\mathrm{d}t = \sum_{j\in W}P_j^*(s) \tag{3-13}$$

将式 (3-12) 代入式 (3-13) 并求拉普拉斯逆变换可求出系统的瞬时可用度.

3.1.2 系统的稳态可用度

引理 3.1 若对所有的 $i,j\in\mathbb{E}$, $\lim_{t\to 0}P_{ij}(t) = \delta_{ij}$, 则

$$\lim_{t\to\infty}P_{ij}(t) = \pi_j$$

存在.

由式 (3-1) 和式 (3-4) 可知引理 3.1 的条件满足. 由定理 1.3 有

$$P_j(t) = \sum_{k\in\mathbb{E}}P_k(0)P_{kj}(t), \quad j\in\mathbb{E} \tag{3-14}$$

当 $t\to\infty$ 时, 根据引理 3.1, 式 (3-14) 右端的极限存在, 因而左端的极限也存在并且

$$\lim_{t\to\infty}P_j(t) = \sum_{k\in\mathbb{E}}P_k(0)\lim_{t\to\infty}P_{kj}(t) = \sum_{k\in\mathbb{E}}P_k(0)\pi_j$$

$$= \left(\sum_{k\in\mathbb{E}}P_k(0)\right)\pi_j = \pi_j \tag{3-15}$$

定理 3.2　系统的稳态可用度为

$$A = \lim_{t\to\infty} A(t) = \lim_{s\to 0} sA^*(s) \tag{3-16}$$

证明　将式 (3-5) 的两端取 $t\to\infty$ 的极限, 则由式 (3-15) 知道极限

$$A = \lim_{t\to\infty} A(t) = \sum_{j\in W} \lim_{t\to\infty} P_j(t) = \sum_{j\in W} \pi_j \tag{3-17}$$

存在. 因而, 由式 (2-11) 有

$$\lim_{t\to\infty} \frac{1}{t}\int_0^t A(u)\mathrm{d}u = \lim_{t\to\infty} A(t)$$

又由托贝尔定理 (定理 1.2)

$$\lim_{t\to\infty} \frac{1}{t}\int_0^t A(u)\mathrm{d}u = \lim_{s\to 0+} sA^*(s)$$

从而

$$A = \lim_{t\to\infty} A(t) = \lim_{s\to 0+} sA^*(s). \qquad \square$$

当系统的瞬时可用度 $A(t)$ 或 $A^*(s)$ 已经求得时, 我们可用式 (3-16) 来进一步求系统的稳态可用度 A. 然而, 在许多情况下, 求 $A(t)$ 或 $A^*(s)$ 的表达式比较困难. 下面, 我们提供一个直接求 A 的方法.

引理 3.2　对任一 $j\in\mathbb{E}$ 有 $\lim_{t\to\infty} \dfrac{\mathrm{d}P_j(t)}{\mathrm{d}t} = 0$.

证明　将式 (3-6) 的两端取 $t\to\infty$ 的极限, 由式 (3-15) 可知右端极限存在, 因而 $\lim_{t\to\infty} \dfrac{\mathrm{d}P(t)}{\mathrm{d}t}$ 也存在. 下面指出此极限值为零. 否则, 若 $\lim_{t\to\infty} \dfrac{\mathrm{d}P(t)}{\mathrm{d}t} = c_j \neq 0$, 不妨设 $c_j > 0$ (当 $c_j < 0$ 时可类似证明). 取 a_j 使得 $c_j > a_j > 0$, 则由极限的保序性知道存在 t_0, 当 $t > t_0$ 时, $\dfrac{\mathrm{d}P_j(t)}{\mathrm{d}t} \geqslant a_j$, 故

$$\begin{aligned}\lim_{t\to\infty} P_j(t) &= \lim_{t\to\infty}\left[P_j(t_0) + \int_{t_0}^t \frac{\mathrm{d}P_j(u)}{\mathrm{d}u}\mathrm{d}u\right]\\ &\geqslant P_j(t_0) + \lim_{t\to\infty}\int_{t_0}^t a_j\mathrm{d}u\\ &= P_j(t_0) + \lim_{t\to\infty} a_j(t-t_0) = \infty\end{aligned} \tag{3-18}$$

这与 $P_j(t)\leqslant 1$ 矛盾, 即此引理的结论成立. $\qquad\square$

定理 3.3　系统的稳态可用度为

$$A = \sum_{j\in W}\pi_j \tag{3-19}$$

其中, $\pi_j\ (j\in\mathbb{E})$ 满足线性方程组

$$\begin{cases}(\pi_0,\pi_1,\cdots,\pi_N)\mathbb{A} = (0,0,\cdots,0)\\ \pi_0+\pi_1+\cdots+\pi_N = 1\end{cases} \tag{3-20}$$

证明　定理 3.2 即式 (3-17) 蕴含了式 (3-19). 将式 (3-7) 的两端取 $t \to \infty$ 的极限, 用式 (3-15) 和引理 3.2 的结果可得式 (3-20) 的前一式, 即 $(\pi_0, \pi_1, \cdots, \pi_N)\mathbb{A} = (0, 0, \cdots, 0)$. 用引理 3.2, 规范化公式

$$\sum_{j \in \mathbb{E}} P_j(t) = 1$$

的两段取 $t \to \infty$ 的极限得到式 (3-20) 的后一式, 即 $\pi_0 + \pi_1 + \cdots + \pi_N = 1$. □

当 Δt 时间内系统的转移概率函数 (3-1) 满足

$$\begin{cases} P_{i,i-1}(\Delta t) = \mu_i \Delta t + o(\Delta t), \ i = 1, 2, \cdots, N \\ P_{i,i+1}(\Delta t) = \lambda_i \Delta t + o(\Delta t), \ i = 0, 1, \cdots, N-1 \\ P_{i,j}(\Delta t) = o(\Delta t), \quad \text{其他的 } (i,j), \ i \neq j \end{cases} \tag{3-21}$$

时, 称时齐马尔可夫过程 $\{X(t), t \geqslant 0\}$ 为有限状态空间的生灭过程. 结合式 (3-21) 与式 (3-3) 计算出

$$a_{00} = -\sum_{j=1}^{N} a_{0j} = -a_{01} = -\lambda_0,$$

$$a_{ii} = -\sum_{\substack{j \neq i \\ j \in \mathbb{E}}} a_{ij} = -(a_{i,i+1} + a_{i,i-1}) = -(\lambda_i + \mu_i), \quad 1 \leqslant i \leqslant N.$$

从而, 对应的转移概率矩阵为

$$\mathbb{A} = (a_{ij})_{(N+1)\times(N+1)}$$
$$= \begin{pmatrix} -\lambda_0 & \lambda_0 & 0 & 0 & \cdots & 0 & 0 & 0 \\ \mu_1 & -\lambda_1-\mu_1 & \lambda_1 & 0 & \cdots & 0 & 0 & 0 \\ 0 & \mu_2 & -\lambda_2-\mu_2 & \lambda_2 & \cdots & 0 & 0 & 0 \\ \vdots & \vdots & \vdots & \vdots & \vdots & \vdots & \vdots & \vdots \\ 0 & 0 & 0 & 0 & \cdots & \mu_{N-1} & -\lambda_{N-1}-\mu_{N-1} & \lambda_{N-1} \\ 0 & 0 & 0 & 0 & \cdots & 0 & \mu_N & -\mu_N \end{pmatrix} \tag{3-22}$$

此时, 方程组 (3-20) 等价于

$$\mu_1\pi_1 - \lambda_0\pi_0 = 0 \tag{3-23}$$

$$\mu_{j+1}\pi_{j+1} - \lambda_j\pi_j = \mu_j\pi_j - \lambda_{j-1}\pi_{j-1}, \ 1 \leqslant j \leqslant N-1 \tag{3-24}$$

$$\mu_N\pi_N - \lambda_{N-1}\pi_{N-1} = 0 \tag{3-25}$$

$$\pi_0 + \pi_1 + \cdots + \pi_N = 1 \tag{3-26}$$

解式 (3-23)~ 式 (3-25) 得到

$$\pi_j = \frac{\lambda_{j-1}}{\mu_j}\pi_{j-1}, \ \ j = 1, 2, \cdots, N \tag{3-27}$$

因此

$$\pi_j = \frac{\lambda_{j-1}\lambda_{j-2}\cdots\lambda_0}{\mu_j\mu_{j-1}\cdots\mu_1}\pi_0, \ \ j = 1, 2, \cdots, N \tag{3-28}$$

由式 (3-28) 与式 (3-26) 联立得

$$\begin{cases} \pi_0 = \left[1 + \sum_{k=1}^{N} \dfrac{\lambda_0 \lambda_1 \cdots \lambda_{k-1}}{\mu_1 \mu_2 \cdots \mu_k} \right]^{-1} \\ \pi_j = \dfrac{\lambda_0 \lambda_1 \cdots \lambda_{j-1}}{\mu_1 \mu_2 \cdots \mu_j} \pi_0, \quad j = 1, 2, \cdots, N \end{cases} \tag{3-29}$$

3.1.3　系统的可靠度

为求系统的可靠度 $R(t)$ 或系统首次故障前时间分布 $F(t) = 1 - R(t)$, 我们令系统的所有故障状态为马尔可夫过程的吸收状态. 只要在式 (3-1) 中令

$$a_{ij} = 0, \ i \in F, \ j \in \mathbb{E}$$

即在式 (3-8) 中, 令 $D = 0$, $\tilde{E} = 0$. 这就构成了一个新的马尔可夫过程 $\{\tilde{X}(t) \mid t \geqslant 0\}$. 若令 $Q_j(t) = P\{\tilde{X}(t) = j\}$, $j \in \mathbb{E}$, 类似于式 (3-6), 可导出 $\{Q_j(t) \mid j \in \mathbb{E},\}$ 满足微分方程组

$$\left(\frac{\mathrm{d}Q_W(t)}{\mathrm{d}t}, \frac{\mathrm{d}Q_F(t)}{\mathrm{d}t} \right) = (Q_W(t), Q_F(t)) \begin{pmatrix} \tilde{B} & C \\ 0 & 0 \end{pmatrix} \tag{3-30}$$

其中, $Q_W(t) = (Q_0(t), Q_1(t), \cdots, Q_K(t))$, $Q_F(t) = (Q_{K+1}(t), \cdots, Q_N(t))$.

若在初始时刻 $t = 0$ 系统处于正常工作状态并且给定初始状态的概率分布 $Q(0)$, 其中

$$\begin{cases} \sum_{j \in W} Q_j(0) = 1 \\ Q_j(0) = 0, \quad j \in F \end{cases} \tag{3-31}$$

那么方程组 (3-30) 如同式 (3-6) 一样求解.

系统的可靠度 $R(t)$ 是从初始时刻起直到时刻 t 过程 $\{X(t) \mid t \geqslant 0\}$ 一直处于工作状态的概率, 亦即时刻 t 过程 $\{\tilde{X}(t) \mid t \geqslant 0\}$ 尚未进入吸收状态的概率. 因此, 系统可靠度 $R(t)$ 为过程 $\{\tilde{X}(t) \mid t \geqslant 0\}$ 从某个初始状态概率式 (3-31) 出发, 在时刻 t 过程仍处于正常状态的概率.

定理 3.4　若给定初始状态概率分布满足式 (3-31), 则系统的可靠度为

$$R(t) = \sum_{j \in W} Q_j(t) \tag{3-32}$$

其中, $Q_j(t) \ (j \in W)$ 满足微分方程组

$$\begin{cases} \dfrac{\mathrm{d}Q_W(t)}{\mathrm{d}t} = Q_W(t) \tilde{B} \\ \text{初始条件 } Q_W(0) \end{cases} \tag{3-33}$$

式 (3-32) 写成矩阵形式为

$$R(t) = Q_W(t) e_W \tag{3-34}$$

其中, e_W 为分量均为 1 的 $K + 1$ 维列向量. 解方程组 (3-33), 类似于瞬时可用度的求法 (见式 (3-12)) 可得

$$Q_W^*(s) = Q_W(0)(sI - \tilde{B})^{-1}, \quad s > 0 \tag{3-35}$$

因此, 将式 (3-34) 的两端作拉普拉斯变换并用式 (3-35) 就有

$$R^*(s) = Q_W^*(s)e_W = Q_W(0)(sI - \widetilde{B})^{-1}e_W \tag{3-36}$$

求此式的拉普拉斯逆变换可求得系统可靠度.

3.1.4 系统首次故障前平均时间

对于一个具体系统, 如果已经求得系统可靠度 $R(t)$ 或 $R^*(s)$, 则系统首次故障前平均时间 (见定义 2.5) 为

$$\text{MTTFF} = \int_0^\infty R(t)\mathrm{d}t = R^*(0) \tag{3-37}$$

但是, 当系统状态数比较多时, 解方程组 (3-33) 比较困难. 下面给出一个直接求 MTTFF 的方法.

定理 3.5 若给定系统初始状态分布 $Q_W(0)$, 则

$$\text{MTTFF} = x_0 + x_1 + \cdots + x_K$$

其中, $x_0 + x_1 + \cdots + x_K$ 满足线性方程组

$$(x_0, x_1, \cdots, x_K)\widetilde{B} = -Q_W(0)$$

证明 由式 (3-36) 与式 (3-37) 联立得

$$\text{MTTFF} = R^*(0) = -Q_W(0)\widetilde{B}^{-1}e_W \tag{3-38}$$

若令

$$(x_0, x_1, \cdots, x_K) = -Q_W(0)B^{-1} \Leftrightarrow (x_0, x_1, \cdots, x_K)\widetilde{B} = -Q_W(0)$$

则由式 (3-38) 可推得

$$\text{MTTFF} = (x_0, x_1, \cdots, x_K)e_W = x_0 + x_1 + \cdots + x_K$$

其中, $x_0 + x_1 + \cdots + x_K$ 满足线性方程组

$$(x_0, x_1, \cdots, x_K)\widetilde{B} = -Q_W(0) \qquad\qquad \square$$

3.1.5 系统的故障频度

令 $N(t)$ 表示 $(0, t]$ 时间内系统的故障次数,

$$M_i(t) = E\{N(t) \mid X(0) = i\}, \quad i \in \mathbb{E} \tag{3-39}$$

$M_i(t)$ 表示时刻 $t = 0$ 系统从状态 i 出发的条件下, 在 $(0, t]$ 中系统的平均故障次数.

定理 3.6　$M_i(t)$ $(i \in \mathbb{E})$ 满足下列的微分方程组

$$\begin{cases} \dfrac{\mathrm{d}M_i(t)}{\mathrm{d}t} = \sum_{j\in\mathbb{E}} a_{ij}M_j(t) + \sum_{j\in F} a_{ij}, & i \in W \\[2mm] \dfrac{\mathrm{d}M_i(t)}{\mathrm{d}t} = \sum_{j\in\mathbb{E}} a_{ij}M_j(t), & i \in F \\[2mm] \text{初始条件 } M_i(0) = 0, & i \in \mathbb{E} \end{cases} \quad (3\text{-}40)$$

证明　考虑 $(0, t+\Delta t]$ 内系统的平均故障次数. 将此时间区间分解为 $(0,t]$ 和 $(t,t+\Delta t]$ 两段, 利用马尔可夫过程的性质、全概率公式、条件期望和引理 1.2 得到

当 $i \in W$ 时

$$\begin{aligned} M_i(t+\Delta t) &= E\{N(t+\Delta t) \mid X(0)=i\} \\ &= \sum_{k\in\mathbb{E}} kP\{N(t+\Delta t)=k \mid X(0)=i\} \\ &= \sum_{k\in\mathbb{E}} kP\left\{N(t+\Delta t)=k, \bigcup_{j\in\mathbb{E}} X(\Delta t)=j \,\Big|\, X(0)=i\right\} \\ &= \sum_{k\in\mathbb{E}}\sum_{j\in\mathbb{E}} kP\{N(t+\Delta t)=k, X(\Delta t)=j \mid X(0)=i\} \\ &= \sum_{k\in\mathbb{E}}\sum_{j\in\mathbb{E}} kP\{N(t+\Delta t)=k \mid X(\Delta t)=j, X(0)=i\} \\ &\quad\times P\{X(\Delta t)=j \mid X(0)=i\} \\ &= \sum_{j\in\mathbb{E}}\sum_{k\in\mathbb{E}} kP\{N(t+\Delta t)=k \mid X(\Delta t)=j, X(0)=i\} \\ &\quad\times P\{X(\Delta t)=j \mid X(0)=i\} \\ &= \sum_{j\in W}\sum_{k\in\mathbb{E}} kP\{N(t+\Delta t)=k \mid X(\Delta t)=j, X(0)=i\} \\ &\quad\times P\{X(\Delta t)=j \mid X(0)=i\} \\ &\quad+ \sum_{j\in F}\sum_{k\in\mathbb{E}} kP\{N(t+\Delta t)=k \mid X(\Delta t)=j, X(0)=i\} \\ &\quad\times P\{X(\Delta t)=j \mid X(0)=i\} \\ &= \sum_{j\in W}\sum_{k\in\mathbb{E}} kP\{N(t+\Delta t)=k \mid X(\Delta t)=j\} \\ &\quad\times P\{X(\Delta t)=j \mid X(0)=i\} \\ &\quad+ \sum_{j\in F}\sum_{k\in\mathbb{E}} kP\{N(t+\Delta t)=k \mid X(\Delta t)=j, X(0)=i\} \\ &\quad\times P\{X(\Delta t)=j \mid X(0)=i\} \\ &= \sum_{j\in W}\sum_{k\in\mathbb{E}} kP\{N(t)=k \mid X(0)=j\} \\ &\quad\times P\{X(\Delta t)=j \mid X(0)=i\} \\ &\quad+ \sum_{j\in F}\left\{\sum_{\substack{k\neq j\\k\in\mathbb{E}}} kP\{N(t+\Delta t)=k \mid X(\Delta t)=j, X(0)=i\}\right. \end{aligned}$$

$$+ P\{N(t + \Delta t) = j \mid X(\Delta t) = j, X(0) = i\}\big\}$$

$$\times P\{X(\Delta t) = j \mid X(0) = i\}$$

$$= \sum_{j \in W} \sum_{k \in \mathbb{E}} k P\{N(t) = k \mid X(0) = j\}$$

$$\times P\{X(\Delta t) = j \mid X(0) = i\}$$

$$+ \sum_{j \in F} \Big\{ \sum_{\substack{k \neq j \\ k \in \mathbb{E}}} k P\{N(t + \Delta t) = k \mid X(\Delta t) = j\}$$

$$+ P\{N(t + \Delta t) = j \mid X(\Delta t) = j, X(0) = i\}\Big\}$$

$$\times P\{X(\Delta t) = j \mid X(0) = i\}$$

$$= \sum_{j \in W} \Big\{ \sum_{k \in \mathbb{E}} k P\{N(t) = k \mid X(0) = j\}\Big\}$$

$$\times P\{X(\Delta t) = j \mid X(0) = i\}$$

$$+ \sum_{j \in F} \Big\{ \sum_{\substack{k \neq j \\ k \in \mathbb{E}}} k P\{N(t) = k \mid X(0) = j\}$$

$$+ P\{N(t + \Delta t) = j \mid X(\Delta t) = j, X(0) = i\}\Big\}$$

$$\times P\{X(\Delta t) = j \mid X(0) = i\}$$

$$= \sum_{j \in W} M_j(t) P_{ij}(\Delta t)$$

$$+ \sum_{j \in F} \Big\{ \sum_{k \in \mathbb{E}} k P\{N(t) = k \mid X(0) = j\} + o(\Delta t)$$

$$+ P\{N(t + \Delta t) = j \mid X(\Delta t) = j, X(0) = i\}\Big\}$$

$$\times P\{X(\Delta t) = j \mid X(0) = i\}$$

$$= \sum_{j \in W} M_j(t) P_{ij}(\Delta t) + \sum_{j \in F} \Big\{ M_j(t) + o(\Delta t) + 1 \Big\} P_{ij}(\Delta t)$$

$$= \sum_{j \in W} P_{ij}(\Delta t) M_j(t) + \sum_{j \in F} P_{ij}(\Delta t)[M_j(t) + 1]$$

$$+ o(\Delta t)$$

$$= \sum_{j \in W} P_{ij}(\Delta t) M_j(t) + \sum_{j \in F} P_{ij}(\Delta t) M_j(t)$$

$$+ \sum_{j \in F} P_{ij}(\Delta t) + o(\Delta t)$$

$$= \sum_{j \in \mathbb{E}} P_{ij}(\Delta t) M_j(t) + \sum_{j \in F} P_{ij}(\Delta t) + o(\Delta t)$$

$$= P_{ii}(\Delta t) M_i(t) + \sum_{\substack{j \neq i \\ j \in \mathbb{E}}} P_{ij}(\Delta t) M_j(t) + \sum_{j \in F} P_{ij}(\Delta t) + o(\Delta t)$$

$$= M_i(t) + \sum_{\substack{j \neq i \\ j \in \mathbb{E}}} P_{ij}(\Delta t) M_j(t) + \sum_{j \in F} P_{ij}(\Delta t) + o(\Delta t) \qquad (3\text{-}41)$$

将式 (3-1) 和式 (3-4) 代入式 (3-41) 得到

$$M_i(t + \Delta t) = M_i(t) + \sum_{\substack{j \neq i \\ j \in \mathbb{E}}} a_{ij}\Delta t M_j(t) + \sum_{j \in F} a_{ij}\Delta t + o(\Delta t)$$

$$\Rightarrow$$

$$\frac{M_i(t + \Delta t) - M_i(t)}{\Delta t} = \sum_{\substack{j \neq i \\ j \in \mathbb{E}}} a_{ij}M_j(t) + \sum_{j \in F} a_{ij} + \frac{o(\Delta t)}{\Delta t} \tag{3-42}$$

当 $i \in F$ 时, 从式 (3-41) 的推导过程不难看出

$$M_i(t + \Delta t) = \sum_{j \in \mathbb{E}} P_{ij}(\Delta t)M_j(t) + o(\Delta t) \tag{3-43}$$

将式 (3-1) 和式 (3-4) 代入式 (3-43) 得到

$$M_i(t + \Delta t) = M_i(t) + \sum_{\substack{j \neq i \\ j \in \mathbb{E}}} a_{ij}\Delta t M_j(t) + o(\Delta t)$$

$$\Rightarrow$$

$$\frac{M_i(t + \Delta t) - M_i(t)}{\Delta t} = \sum_{\substack{j \neq i \\ j \in \mathbb{E}}} a_{ij}M_j(t) + \frac{o(\Delta t)}{\Delta t} \tag{3-44}$$

令 $\Delta t \to 0$, 则以上各式右端的极限存在, 故 $M_i(t)$ 可微, 且导出式 (3-40) 中的微分方程组. 由 $M_i(t)$ 的定义, 显然有 $M_i(0) = 0, i \in \mathbb{E}$. □

式 (3-40) 可以写成矩阵形式为

$$\begin{cases} \dfrac{\mathrm{d}M(t)}{\mathrm{d}t} = \mathbb{A}M(t) + \begin{pmatrix} Ce_F \\ 0 \end{pmatrix} \\ M(0) = 0 \end{cases} \tag{3-45}$$

其中

$$M(t) = \begin{pmatrix} M_0(t) \\ M_1(t) \\ \vdots \\ M_N(t) \end{pmatrix}, \quad e_F = \begin{pmatrix} 1 \\ 1 \\ \vdots \\ 1 \end{pmatrix}, \quad 0 = \begin{pmatrix} 0 \\ 0 \\ \vdots \\ 0 \end{pmatrix}.$$

令其导数为

$$m_i(t) = \frac{\mathrm{d}M_i(t)}{\mathrm{d}t}, \, i \in \mathbb{E} \tag{3-46}$$

则称 $m_i(t)$ 为在时刻 t 系统的瞬时故障频度.

令

$$m_j^*(s) = \int_0^\infty \mathrm{e}^{-st}m_j(t)\mathrm{d}t = \int_0^\infty \mathrm{e}^{-st}\mathrm{d}M_j(t), \quad s > 0, \, j \in \mathbb{E}$$

则由式 (3-46), 式 (3-45) 与分部积分公式

$$\int_0^\infty \mathrm{e}^{-st}\frac{\mathrm{d}M(t)}{\mathrm{d}t}\mathrm{d}t = \int_0^\infty \mathrm{e}^{-st}\mathbb{A}M(t)\mathrm{d}t + \int_0^\infty \mathrm{e}^{-st}\begin{pmatrix} Ce_F \\ 0 \end{pmatrix}\mathrm{d}t$$

$$\Rightarrow$$

$$\int_0^\infty \mathrm{e}^{-st}\mathrm{d}M(t) = \mathbb{A}\int_0^\infty -\frac{1}{s}M(t)\mathrm{d}\mathrm{e}^{-st} + \frac{1}{s}\begin{pmatrix} Ce_F \\ 0 \end{pmatrix}$$

$$\Rightarrow$$

$$m^*(s) = \mathbb{A}\left[-\frac{1}{s}M(t)\mathrm{e}^{-st}\Big|_{t=0}^{t=\infty} + \frac{1}{s}\int_0^\infty \mathrm{e}^{-st}\mathrm{d}M(t)\right] + \frac{1}{s}\begin{pmatrix} Ce_F \\ 0 \end{pmatrix}$$

$$= \mathbb{A}\frac{1}{s}M(0) + \mathbb{A}\frac{1}{s}m^*(s) + \frac{1}{s}\begin{pmatrix} Ce_F \\ 0 \end{pmatrix}$$

$$= \frac{1}{s}\mathbb{A}M(0) + \frac{1}{s}\mathbb{A}m^*(s) + \frac{1}{s}\begin{pmatrix} Ce_F \\ 0 \end{pmatrix}$$

$$= \frac{1}{s}\mathbb{A}m^*(s) + \frac{1}{s}\begin{pmatrix} Ce_F \\ 0 \end{pmatrix}$$

$$\Rightarrow$$

$$sm^*(s) = \mathbb{A}m^*(s) + \begin{pmatrix} Ce_F \\ 0 \end{pmatrix} \tag{3-47}$$

这里

$$m^*(s) = \begin{pmatrix} m_0^*(s) \\ m_1^*(s) \\ \vdots \\ m_N^*(s) \end{pmatrix}$$

由式 (3-47) 得

$$m^*(s) = (sI - \mathbb{A})^{-1}\begin{pmatrix} Ce_F \\ 0 \end{pmatrix} \tag{3-48}$$

求此式的拉普拉斯逆变换得到 $m(t)$, 从而得出 $M(t)$.

下面的定理提供了一个求系统瞬时故障频度的更方便的方法.

定理 3.7　在时刻 $t = 0$ 系统的初始分布为

$$P(0) = (P_0(0), P_1(0), \cdots, P_N(0)),$$

则在任意时刻 t 的系统的瞬时故障频度为

$$m(t) = \sum_{k\in W} P_k(t)\sum_{j\in F} a_{kj} = P_W(t)Ce_F \tag{3-49}$$

其中, $P_k(t)\ (k\in W)$ 是方程组 (3-6) 的解.

证明　时刻 $t = 0$ 系统处于状态 $i\ (i\in \mathbb{E})$, 即当初始分布为

$$P_i(0) = (0, 0, \cdots, 0, 1, 0, \cdots, 0)$$

时 (第 i 个分量为 1, 其余分量为 0), 时刻 t 系统瞬时故障频度 $m_i(t)$ 的拉普拉斯变换是 $m^*(s)$ 的第 $i+1$ 个分量. 由式 (3-48) 得

$$m_i^*(s) = P_i(0)m^*(s) = P_i(0)(sI - \mathbb{A})^{-1}\begin{pmatrix} Ce_F \\ 0 \end{pmatrix} \tag{3-50}$$

而由式 (3-7), 初始分布为 $P_i(0)$ 时, 时刻 t 系统状态概率分布

$$P\{X(t) = k \mid X(0) = i\} = P_{ik}(t)$$

的拉普拉斯变换为

$$\int_0^\infty \mathrm{e}^{-st} \frac{\mathrm{d}P(t)}{\mathrm{d}t} \mathrm{d}t = \int_0^\infty \mathrm{e}^{-st} P(t) \mathbb{A} \mathrm{d}t$$
$$\Rightarrow$$
$$-P(0) + sP^*(s) = P^*(s)\mathbb{A}$$
$$\Rightarrow$$
$$(P_{i0}^*(s), P_{i1}^*(s), \cdots, P_{iN}^*(s)) = P_i(0)(sI - \mathbb{A})^{-1} \tag{3-51}$$

将式 (3-51) 代入式 (3-50) 得到

$$\begin{aligned} m_i^*(s) &= (P_{i0}^*(s), P_{i1}^*(s), \cdots, P_{iN}^*(s)) \begin{pmatrix} Ce_F \\ 0 \end{pmatrix} \\ &= \sum_{k \in W} P_{ik}^*(s) \sum_{j \in F} a_{kj}, \quad i \in \mathbb{E} \end{aligned} \tag{3-52}$$

因此, 当时刻 0 系统从状态 i 出发时, 式 (3-52) 给出了时刻 t 系统瞬时故障频度 $m_i(t)$ 和转移概率 $P_{ik}(t)$ $(k \in W)$ 之间的关系.

在一般情形, 当时刻 $t = 0$ 系统的初始分布为

$$P(0) = (P_0(0), P_1(0), \cdots, P_N(0))$$

时, 由全概率公式推出时刻 t 的系统瞬时故障频度为

$$m(t) = \sum_{i \in \mathbb{E}} P_i(0) m_i(t) \tag{3-53}$$

将式 (3-52) 代入式 (3-53) 并用式 (1-5) 得到

$$\begin{aligned} m(t) &= \sum_{i \in \mathbb{E}} P_i(0) \sum_{k \in W} P_{ik}(t) \sum_{j \in F} a_{kj} \\ &= \sum_{k \in W} \left[\sum_{i \in \mathbb{E}} P_i(0) P_{ik}(t) \right] \sum_{j \in F} a_{kj} \\ &= \sum_{k \in W} P_k(t) \sum_{j \in F} a_{kj} \end{aligned} \tag{3-54}$$

其中, $P_k(t)$ $(k \in W)$ 是在一般初始条件 $P(0)$ 之下方程组 (3-6) 的解.　　　　　$\square$

将式 (3-49) 的两端取 $t \to \infty$ 的极限可得到定理 3.8.

定理 3.8　系统稳态故障频度为

$$M = \lim_{t \to \infty} m(t) = \sum_{k \in W} \pi_k \sum_{j \in F} a_{kj} = \pi_W Ce_F \tag{3-55}$$

其中

$$\pi_W = (\pi_0, \pi_1, \pi_2, \cdots, \pi_K)$$

是方程组 (3-20) 的解.

由定理 3.7 知道只要从方程组 (3-6) 中解出了 $P_j(t)$ $(j \in W)$ 就可同时求得系统的瞬时可用度 $A(t)$ 和瞬时故障频度 $m(t)$. 进而可由

$$M(t) = \int_0^t m(u)\mathrm{d}u \tag{3-56}$$

来求 $(0, t]$ 内系统的平均故障次数. 类似地, 由定理 3.3 可知, 只要从方程组 (3-20) 中解出了 π_j $(j \in W)$, 就可同时求得系统的稳态可用度 A 和稳态故障频度 M.

3.1.6　系统平均开工时间、系统平均停工时间和系统平均周期

定理 3.9　在系统已经处于稳态的条件下, 系统平均开工时间、系统平均停工时间和系统平均周期分别为

$$\begin{cases} \mathrm{MUT} = \dfrac{A}{M} \\[2mm] \mathrm{MDT} = \dfrac{\overline{A}}{M} \\[2mm] \mathrm{MCT} = \dfrac{1}{M} \end{cases} \tag{3-57}$$

其中, $\overline{A} = 1 - A$.

证明　系统的一个开工时间区间的开始时刻必是从某个故障状态 i 到正常状态 j 的转移时刻. 因此, 在系统已经处于稳态的条件下, 在正常状态 j 开始一个开工时间区间的概率是

$$P_j^0 = \frac{\displaystyle\sum_{i \in F} \pi_i a_{ij}}{\displaystyle\sum_{j \in W} \sum_{i \in F} \pi_i a_{ij}}, \quad j \in W \tag{3-58}$$

写成矩阵形式为

$$P_W^0 = \frac{\pi_F D}{\pi_F D e_W} \tag{3-59}$$

由于 $\pi_W = (\pi_0, \pi_1, \cdots, \pi_K)$, $\pi_F = (\pi_{K+1}, \cdots, \pi_N)$ 是方程组 (3-20) 的解, 即

$$(\pi_W, \pi_F) \begin{pmatrix} \widetilde{B} & C \\ D & \widetilde{E} \end{pmatrix} = (0, 0) \tag{3-60}$$

所以

$$\pi_W \widetilde{B} + \pi_F D = \mathbf{0} \tag{3-61}$$

又由于矩阵

$$\mathbb{A} = \begin{pmatrix} \widetilde{B} & C \\ D & \widetilde{E} \end{pmatrix}$$

的每行元素之和为零, 因而

$$\widetilde{B}e_W + Ce_F = \mathbf{0}$$

故

$$P_W^0 = \frac{-\pi_W \widetilde{B}}{\pi_F De_W} = \frac{\pi_W \widetilde{B}}{\pi_W \widetilde{B}e_W} = \frac{-\pi_W \widetilde{B}}{\pi_W Ce_F} \tag{3-62}$$

这个开工时间的结束时刻就是在这个开工时间区间内系统首次故障的时刻 MTTFF. 因而只要在式 (3-38) 中, 取初始分布 $Q_W^0 = P_W^0$, 即得系统平均开工时间

$$\mathrm{MUT} = -P_W^0 \widetilde{B}^{-1} e_W = \frac{\pi_W e_W}{\pi_F De_W}$$

$$= \frac{\pi_W e_W}{\pi_W Ce_F} = \frac{A}{M} \tag{3-63}$$

从马尔可夫过程的一般观点来看, 故障状态集和正常状态集之间的地位完全是对称的. 因此, 求系统平均停工时间只需将式 (3-63) 中 W 和 F 的位置互换, D 和 C 的位置互换立即有

$$\mathrm{MDT} = \frac{\pi_F e_F}{\pi_W Ce_F} = \frac{\pi_F e_F}{\pi_F De_W} = \frac{\overline{A}}{M} \tag{3-64}$$

由式 (2-18) 与式 (3-63), 式 (3-64) 得到

$$\mathrm{MCT} = \mathrm{MUT} + \mathrm{MDT} = \frac{\overline{A}}{M} + \frac{A}{M} = \frac{1-A}{M} + \frac{A}{M} = \frac{1}{M} \qquad \square$$

反映修理设备忙闲程度的数量指标, 也可在 $\{P_j(t) \mid j \in \mathbb{E}\}$ 和 $\{\pi_j \mid j \in \mathbb{E}\}$ 的基础上求得. 若修理设备忙的状态集是 $U \subset \mathbb{E}$, 则时刻 t 修理设备忙的概率为

$$B(t) = P\{X(t) \in U\} = \sum_{j \in U} P_j(t) \tag{3-65}$$

修理设备忙的稳态概率为

$$B = \lim_{t \to \infty} B(t) = \sum_{j \in U} \pi_j \tag{3-66}$$

它们的求法与 $A(t)$ 和 A 的求法完全类似.

3.1.7　分析马尔可夫型可修系统的步骤

当给定一个具体的可修系统, 能够用上述马尔可夫过程方法求其各种可靠性数量指标的基本条件和具体步骤如下.

1. 基本条件

组成该系统各部件的寿命分布和故障后的修理时间分布, 以及其他出现的有关分布均为指数分布并且所有与这些分布有关的随机变量都相互独立.

2. 具体步骤

(1) 定义系统的状态. 要保证所定义的状态足以区分系统的各种不同状况. 令 $\mathbb{E} = \{0, 1, \cdots, N\}$ 为系统的状态集, 其中 $W = \{0, 1, \cdots, K\}$ 和 $F = \{K+1, \cdots, N\}$ 分别表示系统正常状态集和故障状态集.

(2) 定义随机过程 $\{X(t) \,|\, t \geqslant 0\}$ 并讨论它是不是在 $\mathbb{E}$ 上的时齐 (齐次) 马尔可夫过程.

(3) 求转移概率矩阵 $\mathbb{A}$. 对已定义的过程, 求出

$$P_{ij}(\Delta t) = a_{ij}\Delta t + o(\Delta t), \quad i \neq j, \quad i, j \in \mathbb{E}$$

进一步写出转移概率矩阵

$$\mathbb{A} = (a_{ij})$$

其中

$$a_{ii} = -\sum_{j \neq i} a_{ij}$$

(4) 通过解微分方程组

$$\begin{cases} \left(\dfrac{\mathrm{d}P_0(t)}{\mathrm{d}t}, \dfrac{\mathrm{d}P_1(t)}{\mathrm{d}t}, \cdots, \dfrac{\mathrm{d}P_N(t)}{\mathrm{d}t} \right) \\ = (P_0(t), P_1(t), \cdots, P_N(t))\mathbb{A} \\ \text{初始分布}(P_0(0), P_1(0), \cdots, P_N(0)) \end{cases} \tag{3-67}$$

求 $P_j(t) = P\{X(t) = j\}, j \in \mathbb{E}$.

具体解法可用拉普拉斯变换, 将上面的微分方程组化为线性方程组, 解出线性方程组后, 再做反演.

(5) 求系统可用度. 系统的瞬时可用度和系统的稳态可用度分别为

$$A(t) = \sum_{j \in W} P_j(t) \tag{3-68}$$

$$A = \lim_{t \to \infty} A(t) = \lim_{s \to 0+} sA^*(s) \tag{3-69}$$

(6) 通过解方程组

$$\begin{cases} \left(\dfrac{\mathrm{d}Q_0(t)}{\mathrm{d}t}, \dfrac{\mathrm{d}Q_1(t)}{\mathrm{d}t}, \cdots, \dfrac{\mathrm{d}Q_K(t)}{\mathrm{d}t} \right) \\ = (Q_0(t), Q_1(t), \cdots, Q_K(t))\widetilde{B} \\ \text{给定} \ (Q_0(0), Q_1(0), \cdots, Q_K(0)) \end{cases} \tag{3-70}$$

求系统的可靠度, 其中 B 是 $\mathbb{A}$ 的左上角 $K+1$ 行、$K+1$ 列子矩阵. 系统的可靠度和首次故障前平均时间分别为

$$R(t) = \sum_{j \in W} Q_j(t) \tag{3-71}$$

$$\mathrm{MTTFF} = \int_0^\infty R(t)\mathrm{d}t = \lim_{s \to 0+} R^*(s) \tag{3-72}$$

(7) 求系统的故障频度. 系统的瞬时故障频度、稳态故障频度和 $(0, t]$ 内系统的平均故障次数分别为

$$m(t) = \sum_{i \in W} P_i(t) \sum_{j \in F} a_{ij} \tag{3-73}$$

$$M = \lim_{t \to \infty} m(t) \tag{3-74}$$

$$M(t) = \int_0^t m(u)\mathrm{d}u \tag{3-75}$$

以上步骤 (4), (7) 中, 为求瞬时指标, 都需要解微分方程组. 这在许多情况下, 往往是很麻烦的. 如果仅需要求系统可靠性的稳态指标和平均指标, 则要简单得多. 可从步骤 (1) ～ (3) 之后, 按以下步骤来做.

(4)′ 通过解线性方程组

$$\begin{cases} (\pi_0, \pi_1, \cdots, \pi_N)\mathbb{A} = (0, 0, \cdots, 0) \\ \pi_0 + \pi_1 + \cdots + \pi_N = 1 \end{cases} \tag{3-76}$$

求 π_j, $j \in \mathbb{E}$.

(5)′ 系统可用度

$$A = \sum_{j \in W} \pi_j \tag{3-77}$$

(6)′

$$\mathrm{MTTFF} = -(Q_0(0), Q_1(0), \cdots, Q_K(0))\widetilde{B}^{-1}\overrightarrow{e_W} \tag{3-78}$$

(7)′ 系统稳态故障频度

$$M = \sum_{i \in W} \pi_i \sum_{j \in F} a_{ij} \tag{3-79}$$

(8)′ 系统平均开工时间 (MUT) 为

$$\mathrm{MUT} = \frac{A}{M} \tag{3-80}$$

系统平均停工时间 (MDT) 为

$$\mathrm{MDT} = \frac{\overline{A}}{M} \tag{3-81}$$

系统平均周期 (MCT) 为

$$\mathrm{MCT} = \frac{1}{M} \tag{3-82}$$

3.2　单部件可修系统

单部件组成的可修系统是最简单的可修系统, 为有助于理解 3.1 节中一般结果的实际背景, 将详细讨论这个系统并求出各种可靠性指标.

　　假设系统由一个部件构成, 当部件工作时系统工作, 当部件故障时系统故障. 部件的寿命 X 遵从指数分布

$$P\{X \leqslant t\} = 1 - \mathrm{e}^{-\lambda t}, \quad t \geqslant 0, \ \lambda > 0 \tag{3-83}$$

部件故障后的修理时间 Y 服从指数分布

$$P\{Y \leqslant t\} = 1 - \mathrm{e}^{-\mu t}, \quad t \geqslant 0, \ \mu > 0 \tag{3-84}$$

假定 X 和 Y 相互独立, 故障部件修复后的寿命分布与新的部件相同 (通常简称为修复如新).

　　上述系统可由工作和故障两个状态不断交替的过程来描述. 假定用状态 0 表示系统工作, 用状态 1 表示系统故障, 则

$$\mathbb{E} = \{0,1\}, \quad W = \{0\}, \quad F = \{1\}$$

$$X(t) = \begin{cases} 0, & \text{时刻 } t \text{ 系统工作} \\ 1, & \text{时刻 } t \text{ 系统故障} \end{cases}$$

显然, $\{X(t) \mid t \geqslant 0\}$ 是一个连续时间的有限状态空间 $\mathbb{E} = \{0,1\}$ 的随机过程. 由于指数分布的无记忆性, 可以证明, $\{X(t) \mid t \geqslant 0\}$ 是一个时齐马尔可夫过程. 事实上, 若已知 $\{X(t) = 0\}$ (时刻 t 系统工作) 或 $X(t) = 1$ (时刻 t 系统故障), 由于部件的寿命分布和修理时间分布是指数分布, 因此时刻 t 以后系统发展的概率规律完全由时刻 t 系统是工作还是故障决定, 而与该部件在时刻 t 已工作了多长时间或已修理了多长时间无关, 即时刻 t 以后系统发展的概率规律由 $X(t) = 0$ 还是 $X(t) = 1$ 完全决定, 而与时刻 t 以前的历史无关. 还可类似地说明过程的时齐性.

　　由式 (3-83) 与式 (3-84) 有

$$\begin{aligned}
P_{00}(\Delta t) &= P\{X(t + \Delta t) = 0 \mid X(t) = 0\} \\
&= P\{X(\Delta t) = 0 \mid X(0) = 0\} \\
&= P\{\Delta t \text{ 内系统工作} \mid X(0) = 0\} + o(\Delta t) \\
&= P\{\Delta t \text{ 内没有发生故障} \mid X(0) = 0\} + o(\Delta t) \\
&= P\{X > \Delta t\} + o(\Delta t) \\
&= 1 - \lambda \Delta t + o(\Delta t)
\end{aligned} \tag{3-85}$$

由引理 1.2 在 Δt 时间内系统发生两次或两次以上状态变化的概率为 $o(\Delta t)$, 所以

$$\begin{aligned}
P_{01}(\Delta t) &= P\{X(\Delta t) = 1 \mid X(0) = 0\} \\
&= P\{\Delta t \text{ 内发生故障} \mid X(0) = 0\} \\
&= P\{\Delta t \text{ 内至少发生一次故障} \mid X(0) = 0\} \\
&= P\{X \leqslant \Delta t\} + o(\Delta t) \\
&= \lambda \Delta t + o(\Delta t)
\end{aligned} \tag{3-86}$$

由

$$P_{00}(\Delta t) = 1 - P_{01}(\Delta t) = 1 - \lambda \Delta t + o(\Delta t)$$

重新得到式 (3-85).

$$
\begin{aligned}
P_{10}(\Delta t) &= P\{X(\Delta t) = 0 \mid X(0) = 1\} \\
&= P\{\Delta t \text{ 内恰好修理一次} \mid X(0) = 1\} \\
&= P\{\Delta t \text{ 内至少修理一次} \mid X(0) = 1\} + o(\Delta t) \\
&= P\{Y \leqslant \Delta t\} + o(\Delta t) \\
&= \mu \Delta t + o(\Delta t) \\
&\Rightarrow
\end{aligned}
\tag{3-87}
$$

$$
\begin{aligned}
P_{11}(\Delta t) &= 1 - P_{10}(\Delta t) \\
&= 1 - \mu \Delta t + o(\Delta t)
\end{aligned}
\tag{3-88}
$$

图 3-1 表示 Δt 时间内系统状态转移的可能性.

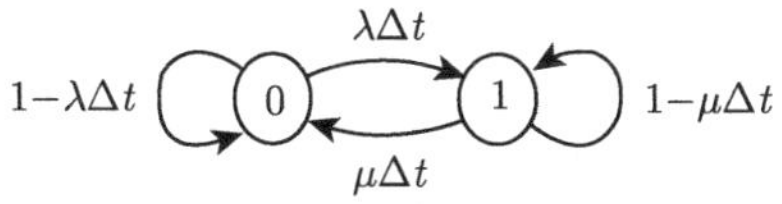

图 3-1　系统状态转移的可能性

进而, 系统的转移概率矩阵为

$$
\mathbb{A} = \begin{pmatrix} -\lambda & \lambda \\ \mu & -\mu \end{pmatrix}
$$

式 (3-85)～式 (3-88) 刚好与式 (3-1) 和式 (3-4) 的形式一致. 因此, 若令

$$
P_j(t) = P\{X(t) = j\}, \quad j = 0, 1
$$

则由式 (3-6)

$$
\left(\frac{\mathrm{d}P_0(t)}{\mathrm{d}t}, \frac{\mathrm{d}P_1(t)}{\mathrm{d}t} \right) = (P_0(t), P_1(t))\mathbb{A}
\tag{3-89}
$$

或

$$
\begin{cases}
\dfrac{\mathrm{d}P_0(t)}{\mathrm{d}t} = -\lambda P_0(t) + \mu P_1(t) \\
\dfrac{\mathrm{d}P_1(t)}{\mathrm{d}t} = \lambda P_0(t) - \mu P_1(t)
\end{cases}
\tag{3-90}
$$

若时刻 $t = 0$ 系统处于工作状态, 即初始条件是 $(P_0(0), P_1(0)) = (1, 0)$. 对式 (3-90) 的两端作拉普拉斯变换得到线性方程组

$$
\begin{cases}
sP_0^*(s) - P_0(0) = -\lambda P_0^*(s) + \mu P_1^*(s) \\
sP_1^*(s) - P_1(0) = \lambda P_0^*(s) - \mu P_1^*(s)
\end{cases}
\tag{3-91}
$$

解此方程组并用初始条件 $(P_0(0), P_1(0)) = (1, 0)$ 得到

$$
\begin{aligned}
P_0^*(s) &= \frac{s + \mu}{s(s + \lambda + \mu)} \\
&= \frac{(\lambda + \mu)(\mu + s)}{(\lambda + \mu)s(\lambda + \mu + s)}
\end{aligned}
$$

$$= \frac{\mu(\lambda+\mu) + s(\lambda+\mu)}{(\lambda+\mu)s(\lambda+\mu+s)}$$

$$= \frac{\mu(\lambda+\mu+s) + \lambda s}{(\lambda+\mu)s(\lambda+\mu+s)}$$

$$= \frac{\mu}{\lambda+\mu} \cdot \frac{1}{s} + \frac{\lambda}{\lambda+\mu} \cdot \frac{1}{s+\lambda+\mu} \tag{3-92}$$

反演式 (3-92) 并用

$$\int_0^\infty e^{-st}dt = \frac{1}{s}, \quad \int_0^\infty e^{-(\lambda+\mu)t}e^{-st}dt = \frac{1}{\lambda+\mu+s}$$

得到

$$\begin{cases} P_0(t) = \frac{\mu}{\lambda+\mu} + \frac{\lambda}{\lambda+\mu}e^{-(\lambda+\mu)t} \\ P_1(t) = 1 - P_0(t) = \frac{\lambda}{\lambda+\mu} - \frac{\lambda}{\lambda+\mu}e^{-(\lambda+\mu)t} \end{cases} \tag{3-93}$$

由定理 3.1, 系统的瞬时可用度是

$$A(t) = P_0(t) = \frac{\mu}{\lambda+\mu} + \frac{\lambda}{\lambda+\mu}e^{-(\lambda+\mu)t} \tag{3-94}$$

若时刻 $t = 0$ 系统处于故障状态, 即初始条件是 $(P_0(0), P_1(0)) = (0,1)$, 则类似地有

$$\begin{cases} P_0(t) = \frac{\mu}{\lambda+\mu} - \frac{\mu}{\lambda+\mu}e^{-(\lambda+\mu)t} \\ P_1(t) = \frac{\lambda}{\lambda+\mu} + \frac{\mu}{\lambda+\mu}e^{-(\lambda+\mu)t} \end{cases} \tag{3-95}$$

此时, 系统的瞬时可用度是

$$A(t) = \frac{\mu}{\lambda+\mu} - \frac{\mu}{\lambda+\mu}e^{-(\lambda+\mu)t} \tag{3-96}$$

为求系统的稳定分布 π_0, π_1 和稳定可用度 A, 解方程组

$$\begin{cases} -\lambda\pi_0 + \mu\pi_1 = 0 \\ \lambda\pi_0 - \mu\pi_1 = 0 \\ \pi_0 + \pi_1 = 1 \end{cases} \tag{3-97}$$

推出

$$\pi_0 = \frac{\mu}{\lambda+\mu}, \quad \pi_1 = \frac{\lambda}{\lambda+\mu} \tag{3-98}$$

故系统稳态可用度是

$$A = \pi_0 = \frac{\mu}{\lambda+\mu} \tag{3-99}$$

式 (3-98) 和式 (3-99) 也可直接从式 (3-93) 和式 (3-94) (或式 (3-95) 和式 (3-96)) 中取 $t \to \infty$ 的极限得到.

以下求系统的可靠度 $R(t)$. 我们令系统的故障状态 1 为吸收状态, 即令 $\mu = 0$. 这就构成一个新的马尔可夫过程 $\{\tilde{X}(t) \mid t \geqslant 0\}$. 这个新的马尔可夫过程的状态转移图如图 3-2 所示.

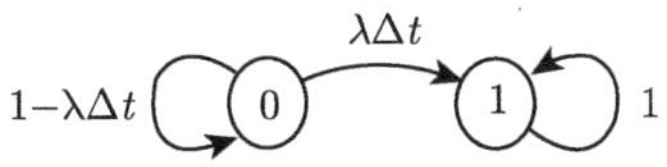

图 3-2　马尔可夫过程的状态转移

令 $Q_j(t) = P\{\tilde{X}(t) = j\}$, $j = 0, 1$, 则有

$$\left(\frac{\mathrm{d}Q_0(t)}{\mathrm{d}t}, \frac{\mathrm{d}Q_1(t)}{\mathrm{d}t} \right) = (Q_0(t), Q_1(t)) \begin{pmatrix} -\lambda & \lambda \\ 0 & 0 \end{pmatrix} \tag{3-100}$$

设在时刻 $t = 0$ 系统处在工作状态, 即已知

$$Q_0(0) = 1, \quad Q_1(0) = 0 \tag{3-101}$$

解式 (3-100) 并用式 (3-101) 有

$$Q_0(t) = Q_0(0)\mathrm{e}^{-\lambda t} = \mathrm{e}^{-\lambda t} \tag{3-102}$$

因而系统的可靠度是

$$R(t) = Q_0(t) = \mathrm{e}^{-\lambda t} \tag{3-103}$$

系统首次故障前平均时间是

$$\mathrm{MTTFF} = \int_0^\infty R(t)\mathrm{d}t = \frac{1}{\lambda} \tag{3-104}$$

式 (3-103) 和式 (3-104) 是十分显然的. 因为系统由一个部件组成, 所以系统的首次故障前时间分布也就是部件的寿命分布.

用定理 3.7 可得系统的瞬时故障频度

$$m(t) = P_0(t)a_{01} = \lambda P_0(t)$$

若时刻 0 系统处于状态 0, 则

$$m(t) = \lambda \left(\frac{\mu}{\lambda + \mu} + \frac{\lambda}{\lambda + \mu} \mathrm{e}^{-(\lambda + \mu)t} \right) \tag{3-105}$$

系统在 $(0, t]$ 中的平均故障次数为

$$\begin{aligned} M(t) &= \int_0^t m(\tau)\mathrm{d}\tau \\ &= \frac{\lambda \mu}{\lambda + \mu} t + \frac{\lambda^2}{(\lambda + \mu)^2} \left[1 - \mathrm{e}^{-(\lambda + \mu)t} \right] \end{aligned} \tag{3-106}$$

系统的稳态故障频度

$$M = \lim_{t \to \infty} m(t) = \frac{\lambda \mu}{\lambda + \mu} \tag{3-107}$$

若时刻 0 系统处于状态 1, 则

$$m(t) = \lambda \left(\frac{\mu}{\lambda + \mu} - \frac{\mu}{\lambda + \mu} \mathrm{e}^{-(\lambda + \mu)t} \right)$$

系统在 $(0,t]$ 中的平均故障次数为

$$
\begin{aligned}
M(t) &= \int_0^t m(\tau)\mathrm{d}\tau \\
&= \frac{\lambda\mu}{\lambda+\mu}t - \frac{\lambda\mu}{(\lambda+\mu)^2}\left[1-\mathrm{e}^{-(\lambda+\mu)t}\right]
\end{aligned} \tag{3-108}
$$

系统的稳态故障频度与式 (3-107) 相同.

用式 (3-57) 给出

$$
\begin{cases}
\mathrm{MUT} = \dfrac{1}{\lambda} \\[2mm]
\mathrm{MDT} = \dfrac{1}{\mu} \\[2mm]
\mathrm{MCT} = \dfrac{1}{\lambda} + \dfrac{1}{\mu}
\end{cases} \tag{3-109}
$$

修理设备忙的状态只有状态 1, 即 $U=\{1\}$. 故时刻 t 修理设备忙的概率及其稳态概率分别为

$$
\begin{cases}
B(t) = P_1(t) \\
B = \pi_1
\end{cases} \tag{3-110}
$$

3.3　串　联　系　统

系统由 n 个部件串联而成. 第 i 个部件的寿命 X_i 的分布为 $1-\mathrm{e}^{-\lambda_i t}$ $(t\geqslant 0)$, 故障后的修理时间 Y_i 的分布为 $1-\mathrm{e}^{-\mu_i t}$ $(t\geqslant 0)$, 其中 $\lambda_i,\ \mu_i>0$ $(i=1,2,\cdots,n)$. 若 n 个部件都正常工作, 则系统处于工作状态. 若某个部件发生故障, 则系统处于故障状态, 此时修理工立即对故障的部件进行修理, 其余部件停止工作. 若故障的部件修复, 则所有部件立即进入工作状态, 此时系统进入工作状态. 进一步假定, 所有随机变量是相互独立的, 故障部件修复后其寿命分布像新的一样.

为区别系统的不同情形, 有以下定义.

状态 0 : n 个部件都正常.

状态 i : 第 i $(i=1,2,\cdots,n)$ 个部件故障, 其余部件都正常.

显然

$$
\mathbb{E}=\{0,1,\cdots,n\},\ \ W=\{0\},\ \ F=\{1,2,\cdots,n\}.
$$

令 $X(t)$ 表示时刻 t 系统所处的状态, 即

$$
X(t)=\begin{cases}
0, & t\ \text{时刻}\ n\ \text{个部件都正常} \\
i, & t\ \text{时刻第}\ i\ \text{个部件故障且其余部件正常},\ i\in F
\end{cases}
$$

由定义 1.4 不难验证 $\{X(t)\,|\,t\geqslant 0\}$ 是状态空间为 $\mathbb{E}$ 的时齐马尔可夫过程.

通过讨论 Δt 时间内的系统的变化情况得到

$$
\begin{aligned}
P_{0i}(\Delta t) &= P\{X(\Delta t)=i\mid X(0)=0\} \\
&= \lambda_i\Delta t + o(\Delta t) \\
P_{i0}(\Delta t) &= P\{X(\Delta t)=0\mid X(0)=i\}
\end{aligned} \tag{3-111}
$$

$$= \mu_i \Delta t + o(\Delta t), \quad i = 1, 2, \cdots, n \tag{3-112}$$

注意到当 $j, k \neq 0, j \neq k$ 时, 从状态 j 出发必须经过状态 0 才能到达状态 k. 因此

$$P_{jk}(\Delta t) = P\{X(\Delta t) = k \mid X(0) = j\}$$
$$= o(\Delta t), \quad j, k \neq 0, j \neq k \tag{3-113}$$

由式 (3-111)~ 式 (3-113) 联立可得

$$P_{00}(\Delta t) = 1 - \sum_{i=1}^{n} P_{0i}(\Delta t)$$
$$= 1 - \sum_{i=1}^{n} \lambda_i \Delta t + o(\Delta t) \tag{3-114}$$

$$P_{jj}(\Delta t) = 1 - \sum_{\substack{i=0 \\ i \neq j}}^{n} P_{ji}(\Delta t)$$
$$= 1 - \mu_j \Delta t + o(\Delta t), \quad j = 1, 2, \cdots, n \tag{3-115}$$

在 Δt 系统的状态转移图可见图 3-3. 为了简便, 在图 3-3 中略去了系统停留在原状态的概率.

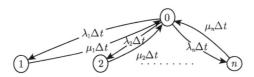

图 3-3　原状态外的状态转移

式 (3-111)~ 式 (3-115) 蕴含系统的转移概率矩阵为

$$\mathbb{A} = \begin{pmatrix} -\Lambda & \lambda_1 & \lambda_2 & \cdots & \lambda_n \\ \mu_1 & -\mu_1 & 0 & \cdots & 0 \\ \mu_2 & 0 & -\mu_2 & \cdots & 0 \\ \cdots & \cdots & \cdots & \cdots & \cdots \\ \mu_n & 0 & 0 & \cdots & -\mu_n \end{pmatrix} \tag{3-116}$$

其中

$$\Lambda = \sum_{i=1}^{n} \lambda_i$$

下面, 从式 (3-116) 的矩阵 $\mathbb{A}$ 出发求系统可靠性的稳态指标. 解线性方程组

$$\begin{cases} (\pi_0, \pi_1, \cdots, \pi_n)\mathbb{A} = (0, 0, \cdots, 0) \\ \pi_0 + \pi_1 + \cdots + \pi_n = 1 \end{cases} \tag{3-117}$$

即解

$$\begin{cases} -\Lambda \pi_0 + \mu_1 \pi_1 + \cdots + \mu_n \pi_n = 0 \\ \lambda_i \pi_0 - \mu_i \pi_i = 0, \quad i = 1, 2, \cdots, n \\ \pi_0 + \pi_1 + \cdots + \pi_n = 1 \end{cases} \tag{3-118}$$

得到

$$\begin{cases} \pi_0 = \left(1 + \sum_{i=1}^{n} \frac{\lambda_i}{\mu_i}\right)^{-1} \\ \pi_i = \frac{\lambda_i}{\mu_i}\pi_0, \quad i = 1, 2, \cdots, n \end{cases} \tag{3-119}$$

系统的稳态可用度是

$$A = \pi_0 = \left(1 + \sum_{i=1}^{n} \frac{\lambda_i}{\mu_i}\right)^{-1} \tag{3-120}$$

由 3.1.7 节中公式求出其他可靠性指标如下:

$$\begin{cases} \text{MTTFF} = \frac{1}{\Lambda} \\ M = \pi_0 \sum_{j=1}^{n} a_{0j} = \Lambda \left(1 + \sum_{i=1}^{n} \frac{\lambda_i}{\mu_i}\right)^{-1} \\ \text{MUT} = \frac{1}{\Lambda} \\ \text{MDT} = \frac{1}{\Lambda}\left(\sum_{i=1}^{n} \frac{\lambda_i}{\mu_i}\right) \\ \text{MCT} = \frac{1}{\Lambda}\left(1 + \sum_{i=1}^{n} \frac{\lambda_i}{\mu_i}\right) \\ B = \sum_{j=1}^{n} \pi_j = 1 - \pi_0 = 1 - \left[1 + \sum_{i=1}^{n} \frac{\lambda_i}{\mu_i}\right]^{-1} \end{cases} \tag{3-121}$$

为求系统的瞬时可用度和故障频度, 需解下列微分方程组

$$\begin{cases} \left(\frac{\mathrm{d}P_0(t)}{\mathrm{d}t}, \frac{\mathrm{d}P_1(t)}{\mathrm{d}t}, \cdots, \frac{\mathrm{d}P_n(t)}{\mathrm{d}t}\right) \\ = (P_0(t), P_1(t), \cdots, P_n(t))\mathbb{A} \\ \text{初始条件 } (P_0(0), P_1(0), \cdots, P_n(0)) \end{cases} \tag{3-122}$$

假定时刻 $t = 0$ 系统处于正常状态, 即给定初始条件

$$(P_0(0), P_1(0), \cdots, P_n(0)) = (1, 0, \cdots, 0)$$

对式 (3-122) 的两端作拉普拉斯变换

$$\begin{cases} sP_0^*(s) - 1 = -\Lambda P_0^*(s) + \sum_{i=1}^{n} \mu_i P_i^*(s) \\ sP_i^*(s) = \lambda_i P_0^*(s) - \mu_i P_i^*(s), \quad i = 1, 2, \cdots, n \end{cases} \tag{3-123}$$

解此线性方程组得到

$$\begin{cases} P_0^*(s) = \dfrac{1}{s + s\sum_{i=1}^{n} \dfrac{\lambda_i}{s + \mu_i}} \\ P_i^*(s) = \dfrac{\lambda_i}{s + \mu_i}P_0^*(s), \quad i = 1, 2, \cdots, n \end{cases} \tag{3-124}$$

为了求系统的瞬时可用度和瞬时故障频度讨论式 (3-124) 中 $P_0^*(s)$ 的反演问题. 将 $P_0^*(s)$ 改写成

$$P_0^*(s) = \cfrac{1}{s\left\{1 + \sum\limits_{i=1}^{n} \cfrac{\lambda_i}{s + \mu_i}\right\}}$$

$$= \cfrac{\prod\limits_{i=1}^{n}(s + \mu_i)}{s\left\{\prod\limits_{i=1}^{n}(s + \mu_i) + \sum\limits_{i=1}^{n}\lambda_i \prod\limits_{\substack{j=1 \\ j \neq i}}^{n}(s + \mu_j)\right\}} \tag{3-125}$$

若引入 n 次多项式

$$H(s) = \prod_{i=1}^{n}(s + \mu_i) + \sum_{i=1}^{n}\lambda_i \prod_{\substack{j=1 \\ j \neq i}}^{n}(s + \mu_j) \tag{3-126}$$

不妨假设

$$0 < \mu_1 < \mu_2 < \cdots < \mu_n < \infty$$

显然有

$$H(-\mu_1) > 0, H(-\mu_2) < 0, H(-\mu_3) > 0, \cdots, H(-\mu_n), H(-\infty)$$

它们是正负交替出现的. 从而由连续函数的零点定理 $H(s)$ 有 n 个负实根, 记为

$$s_n < s_{n-1} < \cdots < s_2 < s_1 < 0$$

其中

$$-\mu_{i+1} < s_i < -\mu_i, \ \ i = 1, 2, \cdots, n-1; \ -\infty < s_n < -\mu_n$$

故由多项式的因式分解

$$H(s) = \prod_{i=1}^{n}(s - s_i) \tag{3-127}$$

因此, 式 (3-125) 变为

$$P_0^*(s) = \cfrac{\prod\limits_{j=1}^{n}(s + \mu_j)}{s\prod\limits_{j=1}^{n}(s - s_j)} \tag{3-128}$$

将式 (3-128) 化为部分分式, 令

$$P_0^*(s) = \cfrac{1}{s}\cfrac{\prod\limits_{j=1}^{n}(s + \mu_j)}{\prod\limits_{j=1}^{n}(s - s_j)}$$

$$= \frac{1}{s} \sum_{j=1}^{n} \frac{\alpha_j s + \beta_j}{s - s_j}$$

$$= \frac{1}{s} \sum_{j=1}^{n} \frac{(\alpha_j s + \beta_j)s_j}{(s - s_j)s_j}$$

$$= \frac{1}{s} \sum_{j=1}^{n} \frac{\alpha_j s s_j + \beta_j s_j}{(s - s_j)s_j}$$

$$= \frac{1}{s} \sum_{j=1}^{n} \frac{\alpha_j s s_j + \beta_j s_j - \beta_j s + \beta_j s}{(s - s_j)s_j}$$

$$= \frac{1}{s} \sum_{j=1}^{n} \frac{s(\alpha_j s_j + \beta_j) - \beta_j(s - s_j)}{(s - s_j)s_j}$$

$$= -\sum_{j=1}^{n} \frac{\beta_j}{s_j} \cdot \frac{1}{s} + \sum_{j=1}^{n} \left(\alpha_j + \frac{\beta_j}{s_j} \right) \frac{1}{s - s_j} \tag{3-129}$$

其中, α_j, β_j 为待定系数. 首先在式 (3-129) 两端同乘 s, 然后令 $s \to 0$ 并用式 (3-127) 与式 (3-126) 可得

$$-\sum_{j=1}^{n} \frac{\beta_j}{s_j} = \frac{\displaystyle\prod_{j=1}^{n} \mu_j}{\displaystyle\prod_{j=1}^{n} (-s_j)}$$

$$= \frac{\displaystyle\prod_{j=1}^{n} \mu_j}{H(0)}$$

$$= \frac{\displaystyle\prod_{j=1}^{n} \mu_j}{\displaystyle\prod_{i=1}^{n} \mu_i + \sum_{i=1}^{n} \lambda_i \prod_{\substack{j=1 \\ j \neq i}}^{n} \mu_j}$$

$$= \frac{1}{1 + \displaystyle\sum_{j=1}^{n} \frac{\lambda_j}{\mu_j}} \tag{3-130}$$

在式 (3-129) 的两端同乘 $s - s_i$ 并令 $s \to s_i$ 得到

$$\alpha_i + \frac{\beta_i}{s_i} = \frac{1}{s_i} \frac{\displaystyle\prod_{j=1}^{n} (s_i + \mu_j)}{\displaystyle\prod_{\substack{j=1 \\ j \neq i}}^{n} (s_i - s_j)}, \quad i = 1, 2, \cdots, n \tag{3-131}$$

将式 (3-130) 与式 (3-131) 代入式 (3-129) 并用式 (3-128) 有

$$P_0^*(s) = \frac{1}{1 + \sum\limits_{j=1}^{n} \dfrac{\lambda_j}{\mu_j}} \cdot \frac{1}{s} + \sum_{i=1}^{n} \frac{\prod\limits_{j=1}^{n}(s_i + \mu_j)}{s_i \prod\limits_{\substack{j=1 \\ j \neq i}}^{n}(s_i - s_j)} \cdot \frac{1}{s - s_i} \tag{3-132}$$

反演此式并用 $\displaystyle\int_0^\infty \mathrm{e}^{-st}\mathrm{d}t = \frac{1}{s}$, $\displaystyle\int_0^\infty \mathrm{e}^{s_i t}\mathrm{e}^{-st}\mathrm{d}t = \frac{1}{s - s_i}$ 推出

$$P_0(t) = \frac{1}{1 + \sum\limits_{j=1}^{n} \dfrac{\lambda_j}{\mu_j}} + \sum_{i=1}^{n} \frac{\prod\limits_{j=1}^{n}(s_i + \mu_j)}{s_i \prod\limits_{\substack{j=1 \\ j \neq i}}^{n}(s_i - s_j)} \mathrm{e}^{s_i t} \tag{3-133}$$

系统的瞬时可用度和瞬时故障频度分别为

$$\begin{cases} A(t) = P_0(t) \\ m(t) = \Lambda P_0(t) \end{cases} \tag{3-134}$$

不难验证: 当 $t \to \infty$ 时它们的极限值分别与式 (3-120) 和式 (3-121) 一致.

为求系统的可靠度, 需解方程

$$\begin{cases} \dfrac{\mathrm{d}Q_0(t)}{\mathrm{d}t} = -\Lambda Q_0(t) \\ Q_0(0) = 1 \end{cases}$$

立即解出

$$Q_0(t) = \mathrm{e}^{-\Lambda t}$$

因此

$$\begin{cases} R(t) = \mathrm{e}^{-\Lambda t} \\ \mathrm{MTTFF} = \dfrac{1}{\Lambda} \end{cases} \tag{3-135}$$

时刻 t 修理设备忙的概率及其稳态概率分别为

$$\begin{cases} B(t) = 1 - P_0(t) = \overline{A}(t) \\ B = \overline{A} \end{cases} \tag{3-136}$$

特别地, 当 $n = 2$ 时, 式 (3-124) 中的

$$P_0^*(s) = \frac{(s + \mu_1)(s + \mu_2)}{s[s^2 + (\lambda_1 + \lambda_2 + \mu_1 + \mu_2)s + (\lambda_1\mu_2 + \lambda_2\mu_1 + \mu_1\mu_2)]}$$

化为部分分式

$$P_0^*(s) = \frac{(s + \mu_1)(s + \mu_2)}{s(s - \mu_1)(s - \mu_2)}$$

$$= \frac{\mu_1\mu_2}{s_1 s_2} \cdot \frac{1}{s} + \frac{s_1^2 + (\mu_1 + \mu_2)s_1 + \mu_1\mu_2}{s_1(s_1 - s_2)} \cdot \frac{1}{s - s_1}$$
$$+ \frac{s_2^2 + (\mu_1 + \mu_2)s_2 + \mu_1\mu_2}{s_2(s_2 - s_1)} \cdot \frac{1}{s - s_2}$$

其中, s_1, s_2 是方程

$$s^2 + (\lambda_1 + \lambda_2 + \mu_1 + \mu_2)s + (\lambda_1\mu_2 + \lambda_2\mu_1 + \mu_1\mu_2) = 0$$

的两个根

$$s_1, s_2 = \frac{1}{2}\Big[-(\lambda_1 + \lambda_2 + \mu_1 + \mu_2) \pm \sqrt{(\lambda_1 - \lambda_2 + \mu_1 - \mu_2)^2 + 4\lambda_1\lambda_2} \Big] < 0$$

通过反演 $P_0^*(s)$ 得到系统的瞬时可用度和故障频度

$$\begin{cases} A(t) = P_0(t) = \dfrac{\mu_1\mu_2}{s_1 s_2} + \dfrac{s_1^2 + (\mu_1 + \mu_2)s_1 + \mu_1\mu_2}{s_1(s_1 - s_2)}\mathrm{e}^{s_1 t} \\ \qquad\qquad\quad + \dfrac{s_2^2 + (\mu_1 + \mu_2)s_2 + \mu_1\mu_2}{s_2(s_2 - s_1)}\mathrm{e}^{s_2 t} \\ m(t) = (\lambda_1 + \lambda_2)P_0(t) \end{cases} \tag{3-137}$$

其对应的稳态指标为

$$\begin{cases} A = \dfrac{\mu_1\mu_2}{s_1 s_2} = \dfrac{\mu_1\mu_2}{\lambda_1\mu_2 + \lambda_2\mu_1 + \mu_1\mu_2} \\ M = \dfrac{\mu_1\mu_2(\lambda_1 + \lambda_2)}{\lambda_1\mu_2 + \lambda_2\mu_1 + \mu_1\mu_2} \end{cases} \tag{3-138}$$

它们与式 (3-120) 和式 (3-121) 中 $n = 2$ 时的结果一致.

3.4 并 联 系 统

3.4.1 n 个同型部件和一个修理设备的情形

系统由 n 个同型部件和一个修理设备组成. 每个部件的寿命分布均为 $1 - \mathrm{e}^{-\lambda t}$ ($t \geqslant 0, \lambda > 0$), 故障后的修理时间分布均为

$$1 - \mathrm{e}^{-\mu t}, \quad t \geqslant 0, \mu > 0$$

假定所有随机变量是相互独立的, 故障部件修复后其寿命分布与新部件一样. 由于只有一个修理设备, 它每次只能修理一个故障的部件. 当修理设备正在修理一个故障的部件时, 其他故障的部件必须等待修理. 当正在修理的部件修复后, 修理设备立即转去修理其他的故障部件.

此系统共有 $n + 1$ 个不同状态. 令

$$X(t) = j, \quad 若时刻 \ t \ 系统中有 \ j \ 个故障的部件$$
$$(包括正在修理的部件), \quad j = 0, 1, \cdots, n$$

根据并联系统的定义, 状态 n 是系统的故障状态, 其余状态都是系统的工作状态. 因此,

$$\mathbb{E} = \{0, 1, \cdots, n\}, \quad W = \{0, 1, \cdots, n-1\}, \quad F = \{n\}$$

由定义 1.4 可以证明 $\{X(t) \mid t \geqslant 0\}$ 是状态空间为 $\mathbb{E}$ 的时齐马尔可夫过程.

讨论在 Δt 内系统的变化情况. 由马尔可夫性得到

$$
\begin{aligned}
P_{0,1}(\Delta t) &= P\{X(\Delta t) = 1 \mid X(0) = 0\} \\
&= P\{\Delta t\ \text{内部件 1 故障} \mid 0\ \text{时刻系统正常}\} \\
&\quad + P\{\Delta t\ \text{内部件 2 故障} \mid 0\ \text{时刻系统正常}\} \\
&\quad + P\{\Delta t\ \text{内部件 3 故障} \mid 0\ \text{时刻系统正常}\} \\
&\quad + \cdots \\
&\quad + P\{\Delta t\ \text{内部件 } n\ \text{故障} \mid 0\ \text{时刻系统正常}\} \\
&= \overbrace{\lambda\Delta t + \lambda\Delta t + \lambda\Delta t + \cdots + \lambda\Delta t}^{n} + o(\Delta t) \\
&= n\lambda\Delta t + o(\Delta t)
\end{aligned}
\tag{3-139}
$$

$$
\begin{aligned}
P_{1,2}(\Delta t) &= P\{X(\Delta t) = 2 \mid X(0) = 1\} \\
&= P\{\Delta t\ \text{内部件 2 故障} \mid 0\ \text{时刻部件 1 故障}\} \\
&\quad + P\{\Delta t\ \text{内部件 3 故障} \mid 0\ \text{时刻部件 1 故障}\} \\
&\quad + P\{\Delta t\ \text{内部件 4 故障} \mid 0\ \text{时刻部件 1 故障}\} \\
&\quad + \cdots \\
&\quad + P\{\Delta t\ \text{内部件 } n\ \text{故障} \mid 0\ \text{时刻部件 1 故障}\} \\
&= \overbrace{\lambda\Delta t + \lambda\Delta t + \lambda\Delta t + \cdots + \lambda\Delta t}^{n-1} + o(\Delta t) \\
&= (n-1)\lambda\Delta t + o(\Delta t)
\end{aligned}
\tag{3-140}
$$

以上公式的推导过程中我们只讨论了: $X(0) = 1$ 表示部件 1 故障的情形, 其余情形类似, 但是最终结果与式 (3-140) 一致.

类似于式 (3-139) 与式 (3-140) 的过程得到

$$P_{j,j+1}(\Delta t) = (n-j)\lambda\Delta t + o(\Delta t), \ j = 0, 1, \cdots, n-1 \tag{3-141}$$

$$
\begin{aligned}
P_{j,j-1}(\Delta t) &= P\{\Delta t\ \text{内 } j-1\text{个部件故障} \mid 0\ \text{时刻 } j\ \text{个部件故障}\} \\
&= P\{\Delta t\ \text{内修好了一个故障部件} \mid 0\ \text{时刻 } j\ \text{个部件故障}\} \\
&= \mu\Delta t + o(\Delta t), \quad j = 1, 2, \cdots, n
\end{aligned}
\tag{3-142}
$$

由于修理设备一次只修理一个故障部件, 所以

$$P_{j,k}(\Delta t) = P\{\Delta t\ \text{内 } k\ \text{个部件故障} \mid 0\ \text{时刻 } j\ \text{个部件故障}\}$$

$$= o(\Delta t), \quad j \neq k,\ k \neq j-1,\ k \neq j+1 \tag{3-143}$$

由式 (1-4)、式 (3-141) 与式 (3-142) 推出

$$\sum_{i=0}^{n} P_{j,i}(\Delta t) = 1 \Rightarrow$$

$$\begin{aligned}
P_{j,j}(\Delta t) &= 1 - \sum_{\substack{i=0 \\ i \neq j}}^{n} P_{j,i}(\Delta t) \\
&= 1 - P_{j,j+1}(\Delta t) - P_{j,j-1}(\Delta t) + o(\Delta t) \\
&= 1 - (n-j)\lambda \Delta t - \mu \Delta t + o(\Delta t) \\
&= 1 - [(n-j)\lambda + \mu]\Delta t + o(\Delta t), \quad j = 0, 1, \cdots, n
\end{aligned} \tag{3-144}$$

在 Δt 时间内系统的状态转移图见图 3-4.

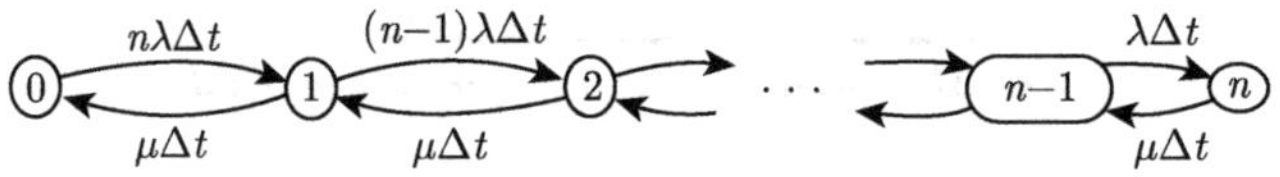

图 3-4　Δt 内状态转移

因此, 转移概率矩阵为

$$\mathbb{A} = \begin{pmatrix}
-n\lambda & n\lambda & & & \mathbf{0} \\
\mu & -(n-1)\lambda - \mu & (n-1)\lambda & & \\
& \ddots & \ddots & \ddots & \\
& \mu & & -\lambda - \mu & \lambda \\
\mathbf{0} & & & \mu & -\mu
\end{pmatrix} \tag{3-145}$$

下面从转移概率矩阵 $\mathbb{A}$ 出发求系统的各种可靠性指标.

解线性方程组

$$\begin{cases}
(\pi_0, \pi_1, \cdots, \pi_n)\mathbb{A} = (0, 0, \cdots, 0) \\
\pi_0 + \pi_1 + \cdots + \pi_n = 1
\end{cases} \tag{3-146}$$

由于矩阵 $\mathbb{A}$ 是一个三对角线矩阵 (见式 (3-22)), 此时 $\{X(t) \mid t \geqslant 0\}$ 是一个生灭过程. 因此, 直接用式 (3-29) 推出

$$\begin{aligned}
\pi_j &= \frac{1}{(n-j)!}\left(\frac{\lambda}{\mu}\right)^j \left[\sum_{k=0}^{n} \frac{1}{(n-k)!}\left(\frac{\lambda}{\mu}\right)^k\right]^{-1} \\
&= \frac{1}{(n-j)!}\left(\frac{\mu}{\lambda}\right)^{n-j}\left[\sum_{k=0}^{n} \frac{1}{k!}\left(\frac{\mu}{\lambda}\right)^k\right]^{-1}, \quad 0 \leqslant j \leqslant n
\end{aligned} \tag{3-147}$$

由此得到系统的各种可靠性指标:

$$
\begin{cases}
A = \sum_{j=0}^{n-1} \pi_j = \dfrac{\sum\limits_{k=1}^{n} \dfrac{1}{k!}\left(\dfrac{\mu}{\lambda}\right)^k}{\sum\limits_{k=0}^{n} \dfrac{1}{k!}\left(\dfrac{\mu}{\lambda}\right)^k} \\[4ex]
M = \prod_{j=0}^{n-1} \pi_j a_{jn} = \pi_{n-1} a_{n-1,n} = \dfrac{\mu}{\sum\limits_{k=0}^{n} \dfrac{1}{k!}\left(\dfrac{\mu}{\lambda}\right)^k} \\[4ex]
\mathrm{MUT} = \dfrac{A}{M} = \dfrac{1}{\mu} \sum_{k=1}^{n} \dfrac{1}{k!}\left(\dfrac{\mu}{\lambda}\right)^k \\[3ex]
\mathrm{MDT} = \dfrac{\overline{A}}{M} = \dfrac{1}{\mu} \\[3ex]
\mathrm{MCT} = \dfrac{1}{M} = \dfrac{1}{\mu} \sum_{k=0}^{n} \dfrac{1}{k!}\left(\dfrac{\mu}{\lambda}\right)^k \\[4ex]
B = \sum_{j=1}^{n} \pi_j = \dfrac{\sum\limits_{k=0}^{n-1} \dfrac{1}{k!}\left(\dfrac{\mu}{\lambda}\right)^k}{\sum\limits_{k=0}^{n} \dfrac{1}{k!}\left(\dfrac{\mu}{\lambda}\right)^k}
\end{cases}
\tag{3-148}
$$

下面求系统首次故障前平均时间 MTTFF. 假定时刻 $t=0$, n 个部件都是正常的, 即初始条件为

$$
Q_W(0) = (Q_0(0), Q_1(0), \cdots, Q_{n-1}(0)) = (1, 0, \cdots, 0)
$$

用定理 3.5, 我们有

$$
\mathrm{MTTFF} = x_0 + x_1 + \cdots + x_{n-1} \tag{3-149}
$$

其中, $x_0, x_1, \cdots, x_{n-1}$ 满足方程组

$$
(x_0, x_1, \cdots, x_{n-1}) \times
\begin{pmatrix}
-n\lambda & n\lambda & & & \mathbf{0} \\
\mu & -(n-1)\lambda-\mu & (n-1)\lambda & & \\
& \mu & -(n-2)\lambda-\mu & (n-1)\lambda & \\
& & \ddots & \ddots & \ddots \\
& & \mu & -2\lambda-\mu & 2\lambda \\
\mathbf{0} & & & \mu & -\lambda-\mu
\end{pmatrix}
$$
$$
= (-1, 0, \cdots, 0) \tag{3-150}
$$

我们用克拉默法则解此方程组, 其系数行列式

$$\Delta = \begin{vmatrix} -n\lambda & & n\lambda & & \mathbf{0} \\ \mu & -(n-1)\lambda-\mu & (n-1)\lambda & & \\ & \ddots & & \ddots & & \ddots \\ & & \mu & -2\lambda-\mu & 2\lambda \\ \mathbf{0} & & & \mu & -\lambda-\mu \end{vmatrix}$$

$$= (-1)^n n! \lambda^n \tag{3-151}$$

用 $(-1,0,\cdots,0)$ 代替 Δ 的第 $i+1$ 行得到行列式 Δ_i, 然后将 Δ_i 关于第 $i+1$ 行的元素展开, 就有

$$\Delta_i = (-1)^{i+1} \frac{n!}{(n-i)!} \lambda^i d_{n-i-1}, \quad i=0,1,\cdots,n-1 \tag{3-152}$$

其中, $d_0 = 1$,

$$d_k = \begin{vmatrix} -k\lambda-\mu & & k\lambda & & 0 \\ \mu & -(k-1)\lambda-\mu & (k-1)\lambda & & \\ & \ddots & & \ddots & & \ddots \\ & & \mu & -2\lambda-\mu & 2\lambda \\ 0 & & & \mu & -\lambda-\mu \end{vmatrix}, \quad k=1,2,\cdots,n-1$$

将 d_k 按第一行展开就得递推关系式

$$\begin{cases} d_0 = 1 \\ d_1 = -\lambda-\mu \\ d_k = -(k\lambda+\mu)d_{k-1} - k\lambda\mu d_{k-2}, \quad 2 \leqslant k \leqslant n-1 \end{cases} \tag{3-153}$$

由此递推公式, 用数学归纳法易证

$$d_k = (-1)^k \sum_{j=0}^{k} j! \lambda^j \mu^{k-j}, \quad k=1,2,\cdots,n-1 \tag{3-154}$$

因此, 方程组 (3-150) 的解为

$$x_i = \frac{\Delta_i}{\Delta}, \quad i=0,1,\cdots,n-1 \tag{3-155}$$

故

$$\text{MTTFF} = \sum_{i=0}^{n-1} x_i = \frac{1}{\Delta} \sum_{i=0}^{n-1} \Delta_i$$

$$= \frac{1}{\Delta} \sum_{i=0}^{n-1} (-1)^{i+1} \frac{n!}{(n-i)!} \lambda^i d_{n-i-1}$$

$$= \frac{1}{\mu} \sum_{i=0}^{n-1} \sum_{j=0}^{n-i-1} \frac{j!}{(n-i)!} \left(\frac{\mu}{\lambda}\right)^{n-i-j}$$

$$= \frac{1}{\mu} \sum_{k=1}^{n} \sum_{j=0}^{k-1} \frac{j!}{k!} \left(\frac{\mu}{\lambda}\right)^{k-j} \tag{3-156}$$

以下仅对 $n=2$ 的情形求系统可靠性的瞬时指标. 假定时刻 0 两个部件都是正常的. 此时, $P_j(t)\ (j=0,1,2)$ 满足微分方程组

$$\left(\frac{\mathrm{d}P_0(t)}{\mathrm{d}t}, \frac{\mathrm{d}P_1(t)}{\mathrm{d}t}, \frac{\mathrm{d}P_2(t)}{\mathrm{d}t}\right)$$
$$= (P_0(t), P_1(t), P_2(t)) \begin{pmatrix} -2\lambda & 2\lambda & 0 \\ \mu & -\lambda-\mu & \lambda \\ 0 & \mu & -\mu \end{pmatrix} \tag{3-157}$$

$$(P_0(0), P_1(0), P_2(0)) = (1, 0, 0) \tag{3-158}$$

首先对微分方程组 (3-157) 的两边作拉普拉斯变换并利用初始条件式 (3-158), 然后用根因式分解

$$P_0^*(s) = \frac{1}{s\Delta(s)}[(s+\lambda+\mu)(s+\mu) - \lambda\mu]$$
$$= \frac{s^2 + (\lambda+2\mu)s + \mu^2}{s(s-s_1)(s-s_2)} \tag{3-159}$$

$$P_1^*(s) = \frac{1}{s\Delta(s)}[2\lambda(s+\mu)]$$
$$= \frac{2\lambda s + 2\lambda\mu}{s(s-s_1)(s-s_2)} \tag{3-160}$$

$$P_2^*(s) = \frac{2\lambda^2}{s\Delta(s)} = \frac{2\lambda^2}{s(s-s_1)(s-s_2)} \tag{3-161}$$

其中

$$\Delta(s) = s^2 + (3\lambda+2\mu)s + (2\lambda^2 + 2\lambda\mu + \mu^2) \tag{3-162}$$

s_1, s_2 是 $\Delta(s) = 0$ 的两个根

$$s_1, s_2 = \frac{1}{2}\left[-(3\lambda+2\mu) \pm \sqrt{\lambda^2 + 4\lambda\mu}\right] < 0 \tag{3-163}$$

设

$$P_0^*(s) = \frac{a_0}{s} + \frac{b_0}{s-s_1} + \frac{c_0}{s-s_2} \tag{3-164}$$

$$P_1^*(s) = \frac{a_1}{s} + \frac{b_1}{s-s_1} + \frac{c_1}{s-s_2} \tag{3-165}$$

$$P_2^*(s) = \frac{a_2}{s} + \frac{b_2}{s-s_1} + \frac{c_2}{s-s_2} \tag{3-166}$$

比较式 (3-164)~ 式 (3-166) 与式 (3-159)~ 式 (3-161) 确定 a_i, b_i, c_i $(i = 0, 1, 2)$. 然后求式 (3-164)~ 式 (3-166) 的拉普拉斯逆变换并用 $\int_0^\infty \mathrm{e}^{-st}\mathrm{d}t = \dfrac{1}{s}, \int_0^\infty \mathrm{e}^{s_i t}\mathrm{e}^{-st}\mathrm{d}t = \dfrac{1}{s - s_i}, i = 1, 2$ 得到

$$P_0(t) = \frac{\mu^2}{s_1 s_2} + \frac{s_1^2 + (\lambda + 2\mu)s_1 + \mu^2}{s_1(s_1 - s_2)}\mathrm{e}^{s_1 t}$$
$$+ \frac{s_2^2 + (\lambda + 2\mu)s_2 + \mu^2}{s_2(s_2 - s_1)}\mathrm{e}^{s_2 t} \tag{3-167}$$

$$P_1(t) = \frac{2\lambda\mu}{s_1 s_2} + \frac{2\lambda s_1 + 2\lambda\mu}{s_1(s_1 - s_2)}\mathrm{e}^{s_1 t} + \frac{2\lambda s_2 + 2\lambda\mu}{s_2(s_2 - s_1)}\mathrm{e}^{s_2 t} \tag{3-168}$$

$$P_2(t) = \frac{2\lambda^2}{s_1 s_2} + \frac{2\lambda^2}{s_1(s_1 - s_2)}\mathrm{e}^{s_1 t} + \frac{2\lambda^2}{s_2(s_2 - s_1)}\mathrm{e}^{s_2 t} \tag{3-169}$$

因此, 系统的瞬时可用度为

$$A(t) = 1 - P_2(t)$$
$$= \frac{2\lambda\mu + \mu^2}{2\lambda^2 + 2\lambda\mu + \mu^2} - \frac{2\lambda^2(s_2\mathrm{e}^{s_1 t} - s_1\mathrm{e}^{s_2 t})}{s_1 s_2(s_1 - s_2)} \tag{3-170}$$

由此式推出系统的稳态可用度, 由式 (3-163) 知 $s_1, s_2 < 0$, 所以知道极限存在.

$$A = \lim_{t\to\infty} A(t) = \frac{2\lambda\mu + \mu^2}{2\lambda^2 + 2\lambda\mu + \mu^2} \tag{3-171}$$

为求系统的可靠度, 只需解微分方程组

$$\begin{cases} \left(\dfrac{\mathrm{d}Q_0(t)}{\mathrm{d}t}, \dfrac{\mathrm{d}Q_1(t)}{\mathrm{d}t}\right) = (Q_0(t), Q_1(t))\begin{pmatrix} -2\lambda & 2\lambda \\ \mu & -\lambda - \mu \end{pmatrix} \\ (Q_0(0), Q_1(0)) = (1, 0) \end{cases} \tag{3-172}$$

先对此式的两端作拉普拉斯变换, 然后用初始条件解出

$$\begin{cases} Q_0^*(s) = \dfrac{s + \lambda + \mu}{s^2 + (3\lambda + \mu)s + 2\lambda^2} \\ Q_1^*(s) = \dfrac{2\lambda}{s^2 + (3\lambda + \mu)s + 2\lambda^2} \end{cases} \tag{3-173}$$

先将式 (3-173) 中两式相加, 然后化成部分分式

$$Q_0^*(s) + Q_1^*(s) = \frac{s_1' + 3\lambda + \mu}{s_1' - s_2'}\cdot\frac{1}{s - s_1'} + \frac{s_2' + 3\lambda + \mu}{s_2' - s_1'}\cdot\frac{1}{s - s_2'} \tag{3-174}$$

其中, s_1', s_2' 为方程 $s^2 + (3\lambda + \mu)s + 2\lambda^2 = 0$ 的两个根:

$$s_1', s_2' = \frac{1}{2}\left[-(3\lambda + 2\mu) \pm \sqrt{\lambda^2 + 6\lambda\mu + \mu^2}\right] < 0 \tag{3-175}$$

将式 (3-174) 反演并用 $\int_0^\infty \mathrm{e}^{s_i t}\mathrm{e}^{-st}\mathrm{d}t = \dfrac{1}{s - s_i}, (i = 1, 2)$ 得到系统的可靠度

$$R(t) = Q_0(t) + Q_1(t)$$

$$= \frac{s_1' + 3\lambda + \mu}{s_1' - s_2'}e^{s_1't} + \frac{s_2' + 3\lambda + \mu}{s_2' - s_1'}e^{s_2't} \tag{3-176}$$

因此

$$\mathrm{MTTFF} = \int_0^\infty R(t)\mathrm{d}t = \frac{-(s_1' + s_2')}{s_1's_2'} = \frac{3\lambda + \mu}{2\lambda^2} \tag{3-177}$$

由式 (3-49) 知道系统的瞬时故障频度为

$$m(t) = P_1(t)a_{12} = \lambda P_1(t)$$
$$= \frac{2\lambda^2\mu}{2\lambda^2 + 2\lambda\mu + \mu^2} + \frac{2\lambda^2(s_1 + \mu)}{s_1(s_1 - s_2)}e^{s_1t} + \frac{2\lambda^2(s_2 + \mu)}{s_2(s_2 - s_1)}e^{s_2t} \tag{3-178}$$

系统的稳态故障频度和 $(0,t]$ 时间内系统平均故障次数分别为

$$M = \lim_{t\to\infty} m(t) = \frac{2\lambda^2\mu}{2\lambda^2 + 2\lambda\mu + \mu^2} \tag{3-179}$$

$$M(t) = \int_0^t m(u)\mathrm{d}u$$
$$= \frac{2\lambda^2\mu}{2\lambda^2 + 2\lambda\mu + \mu^2}t + \frac{2\lambda^2(s_1 + \mu)}{s_1^2(s_2 - s_1)}(1 - e^{s_1t}) + \frac{2\lambda^2(s_2 + \mu)}{s_2^2(s_1 - s_2)}(1 - e^{s_2t}) \tag{3-180}$$

时刻 t 修理设备忙的概率及其稳态概率为

$$\begin{cases} B(t) = P_1(t) + P_2(t) \\ B = \lim_{t\to\infty} B(t) = \frac{2\lambda^2 + 2\lambda\mu}{2\lambda^2 + 2\lambda\mu + \mu^2} \end{cases} \tag{3-181}$$

3.4.2　n 个同型部件和 K 个修理设备的情形

系统由 n 个同型部件和 K 个修理设备组成. 每个部件的寿命分布均为 $1 - e^{-\lambda t}$ ($t \geqslant 0$, $\lambda > 0$), 故障后的修理时间分布均为

$$1 - e^{-\mu t}, \quad t \geqslant 0, \ \mu > 0$$

假定所有随机变量是相互独立的, 故障部件修复后其寿命分布与新部件一样. 由于只有 K 个修理设备, 每次只能修理 K 个故障的部件. 当正在修理 K 个故障的部件时, 其他故障的部件必须等待修理. 当正在修理的部件修复后, 修理设备立即转去修理其他的故障部件. 令 $X(t) = j$ 表示系统有 j 个故障部件 (包括正在修理的部件), $j = 0, 1, 2, \cdots, n$, 则状态 n 是系统的故障状态, 其余状态都是系统的工作状态, 即

$$\mathbb{E} = \{0, 1, 2, \cdots, n\}, \ W = \{0, 1, \cdots, n-1\}, \ F = \{n\}.$$

以下讨论在 Δt 时间内系统的变化情况. 由马尔可夫性

$$P_{0,1}(\Delta t) = P\{X(\Delta t) = 1 \mid X(0) = 0\}$$
$$= P\{\Delta t \ \text{内部件 1 故障} \mid 0 \ \text{时刻系统正常}\}$$

$$+ P\{\Delta t \text{ 内部件 2 故障} \mid 0 \text{ 时刻系统正常}\}$$

$$+ \cdots$$

$$+ P\{\Delta t \text{ 内部件 } n \text{ 故障} \mid 0 \text{ 时刻系统正常}\}$$

$$= \overbrace{\lambda\Delta t + \lambda\Delta t + \cdots + \lambda\Delta t}^{n} + o(\Delta t)$$

$$= n\lambda\Delta t + o(\Delta t) \tag{3-182}$$

$$P_{1,2}(\Delta t) = P\{X(\Delta t) = 2 \mid X(0) = 1\}$$

$$= P\{\Delta t \text{ 内部件 2 故障} \mid 0 \text{ 时刻部件 1 故障}\}$$

$$+ P\{\Delta t \text{ 内部件 3 故障} \mid 0 \text{ 时刻部件 1 故障}\}$$

$$+ \cdots$$

$$+ P\{\Delta t \text{ 内部件 } n \text{ 故障} \mid 0 \text{ 时刻部件 1 故障}\}$$

$$= \overbrace{\lambda\Delta t + \lambda\Delta t + \cdots + \lambda\Delta t}^{n-1} + o(\Delta t)$$

$$= (n-1)\lambda\Delta t + o(\Delta t) \tag{3-183}$$

式 (3-183) 只讨论了: $X(0) = 1$ 表示部件 1 故障的情形, 其余情形类似, 最终结果与式 (3-183) 一样.

与式 (3-182), 式 (3-183) 一样的过程推出

$$P_{j,j+1}(\Delta t) = (n-j)\lambda\Delta t + o(\Delta t), \quad j = 0, 1, \cdots, n-1 \tag{3-184}$$

$$P_{1,0}(\Delta t) = P\{X(\Delta t) = 0 \mid X(0) = 1\}$$

$$= P\{\Delta t \text{ 内系统正常} \mid 0 \text{ 时刻一个部件故障}\}$$

$$= P\{\Delta t \text{ 内修好一个部件} \mid 0 \text{ 时刻一个部件故障}\}$$

$$= \mu\Delta t + o(\Delta t) \tag{3-185}$$

$$P_{2,1}(\Delta t) = P\{X(\Delta t) = 1 \mid X(0) = 2\}$$

$$= P\{\Delta t \text{ 内一个部件故障} \mid 0 \text{ 时刻两个部件故障}\}$$

$$= P\{\Delta t \text{ 内修好一个部件} \mid 0 \text{ 时刻两个部件故障}\}$$

$$+ P\{\Delta t \text{ 内修好另一个部件} \mid 0 \text{ 时刻两个部件故障}\}$$

$$= \mu\Delta t + \mu\Delta t + o(\Delta t)$$

$$= 2\mu\Delta t + o(\Delta t) \tag{3-186}$$

利用与式 (3-185) 和式 (3-186) 同样的方法可得

$$P_{K,K-1}(\Delta t) = K\mu\Delta t + o(\Delta t) \tag{3-187}$$

因为每次修理 K 个故障设备, 所以

$$P_{K+1,K}(\Delta t) = P\{X(\Delta t) = K \mid X(0) = K+1\}$$

$$- P\{\Delta t \text{ 内修好部件 } 1 \mid 0 \text{ 时刻 } K+1 \text{个部件故障}\}$$

$$+ P\{\Delta t \text{ 内修好部件 } 2 \mid 0 \text{ 时刻 } K+1 \text{个部件故障}\}$$

$$+ P\{\Delta t \text{ 内修好部件 } 3 \mid 0 \text{ 时刻 } K+1 \text{个部件故障}\}$$

$$+ \cdots$$

$$+ P\{\Delta t \text{ 内修好部件 } K \mid 0 \text{ 时刻 } K+1 \text{个部件故障}\}$$

$$= \overbrace{\mu\Delta t + \mu\Delta t + \mu\Delta t + \cdots + \mu\Delta t}^{K} + o(\Delta t)$$

$$= K\mu\Delta t + o(\Delta t) \tag{3-188}$$

$$P_{n,n-1}(\Delta t) = P\{X(\Delta t) = n-1 \mid X(0) = n\}$$

$$= P\{\Delta t \text{ 内修好部件 } 1 \mid 0 \text{ 时刻 } n \text{ 个部件故障}\}$$

$$+ P\{\Delta t \text{ 内修好部件 } 2 \mid 0 \text{ 时刻 } n \text{ 个部件故障}\}$$

$$+ P\{\Delta t \text{ 内修好部件 } 3 \mid 0 \text{ 时刻 } n \text{ 个部件故障}\}$$

$$+ \cdots$$

$$+ P\{\Delta t \text{ 内修好部件 } K \mid 0 \text{ 时刻 } n \text{ 个部件故障}\}$$

$$= \overbrace{\mu\Delta t + \mu\Delta t + \mu\Delta t + \cdots + \mu\Delta t}^{K} + o(\Delta t)$$

$$= K\mu\Delta t + o(\Delta t) \tag{3-189}$$

式 (3-188) 与式 (3-189) 只讨论了一种情况, 其余情况类似讨论, 最终结果一样.

式 (3-185)~ 式 (3-189) 给出

$$P_{j,j-1}(\Delta t) = \begin{cases} j\mu\Delta t + o(\Delta t), & j = 1, 2, \cdots, K \\ K\mu\Delta t + o(\Delta t), & j = K+1, \cdots, n \end{cases} \tag{3-190}$$

因为一次最多修理 K 个故障设备, 所以

$$P_{j,k}(\Delta t) = P\{X(\Delta t) = k \mid X(0) = j\}$$

$$= o(\Delta t), \quad k \neq j, j-1, j+1; \ 0 \leqslant j, k \leqslant n \tag{3-191}$$

由式 (1-4)、式 (3-184) 与式 (3-190)、式 (3-191) 推出

$$\sum_{i=0}^{n} P_{j,i}(\Delta t) = 1 \Rightarrow$$

$$P_{j,j}(\Delta t) = 1 - \sum_{\substack{i=0 \\ i \neq j}}^{n} P_{j,i}(\Delta t)$$

$$= \begin{cases} 1 - [(n-j)\lambda + j\mu]\Delta t + o(\Delta t), & 0 \leqslant j \leqslant K \\ 1 - [(n-j)\lambda + K\mu]\Delta t + o(\Delta t), & K+1 \leqslant j \leqslant n \end{cases} \tag{3-192}$$

由式 (3-184), 式 (3-190), 式 (3-191) 与式 (3-192) 知道转移概率矩阵

$$A = \begin{pmatrix} -n\lambda & n\lambda & & & & & \mathbf{0} \\ \mu & -(n-1)\lambda-\mu & (n-1)\lambda & & & & \\ & 2\mu & -(n-2)\lambda-2\mu & (n-2)\lambda & & & \\ & & \ddots & \ddots & \ddots & & \\ & & K\mu & -(n-K)\lambda-K\mu & (n-K)\lambda & & \\ & & & \ddots & \ddots & \ddots & \\ & & & & K\mu & -\lambda-K\mu & \lambda \\ \mathbf{0} & & & & & K\mu & -K\mu \end{pmatrix} \quad (3\text{-}193)$$

是一个三对角线的矩阵 (对比式 (3-22)). 由式 (3-29) 有

$$\lambda_j = (n-j)\lambda, \quad j = 0, 1, \cdots, n-1 \tag{3-194}$$

$$\mu_j = \begin{cases} j\mu, & j = 1, \cdots, K \\ K\mu, & j = K+1, \cdots, n \end{cases} \tag{3-195}$$

从而

$$\pi_j = \begin{cases} \left[\displaystyle\sum_{i=0}^{K} \binom{n}{i} \left(\frac{\lambda}{\mu}\right)^i + \sum_{i=K+1}^{n} \frac{n!}{(n-i)!K!K^{i-K}} \left(\frac{\lambda}{\mu}\right)^i \right]^{-1}, & j = 0 \\[4mm] \dbinom{n}{j} \left(\dfrac{\lambda}{\mu}\right)^j \pi_0, & 1 \leqslant j \leqslant K \\[4mm] \dfrac{n!}{(n-j)!K!K^{j-K}} \left(\dfrac{\lambda}{\mu}\right)^j \pi_0, & K+1 \leqslant j \leqslant n \end{cases} \tag{3-196}$$

由此用以下公式

$$\begin{cases} A = 1 - \pi_n \\[2mm] M = \pi_{n-1}\lambda = \pi_n K\mu \\[2mm] \mathrm{MUT} = \dfrac{1-\pi_n}{\pi_n K\mu} \\[2mm] \mathrm{MDT} = \dfrac{1}{K\mu} \\[2mm] \mathrm{MCT} = \dfrac{1}{M} \end{cases} \tag{3-197}$$

求出系统的各种可靠性指标.

下面只对 $n=2$ 的情形求各项瞬时可靠性指标. $n=2, K=2$, 并假定时刻 0 两个部件都正常. 此时, $P_j(t)$ $(j=0,1,2)$ 满足微分方程组

$$\left(\frac{\mathrm{d}P_0(t)}{\mathrm{d}t}, \frac{\mathrm{d}P_1(t)}{\mathrm{d}t}, \frac{\mathrm{d}P_2(t)}{\mathrm{d}t} \right)$$

$$= (P_0(t), P_1(t), P_2(t)) \begin{pmatrix} -2\lambda & 2\lambda & 0 \\ \mu & -\lambda-\mu & \lambda \\ 0 & 2\mu & -2\mu \end{pmatrix} \tag{3-198}$$

$$(P_0(0), P_1(0), P_2(0)) = (1, 0, 0) \tag{3-199}$$

用类似于解方程组 (3-157) 和式 (3-158) 的方法得到

$$P_0(t) = \frac{2\mu^2}{s_1 s_2} + \frac{s_1^2 + (\lambda+3\mu)s_1 + 2\mu^2}{s_1(s_1-s_2)} \mathrm{e}^{s_1 t} + \frac{s_2^2 + (\lambda+3\mu)s_2 + 2\mu^2}{s_2(s_2-s_1)} \mathrm{e}^{s_2 t} \tag{3-200}$$

$$P_1(t) = \frac{4\lambda\mu}{s_1 s_2} + \frac{2\lambda s_1 + 4\lambda\mu}{s_1(s_1-s_2)} \mathrm{e}^{s_1 t} + \frac{2\lambda s_2 + 4\lambda\mu}{s_2(s_2-s_1)} \mathrm{e}^{s_2 t} \tag{3-201}$$

$$P_2(t) = \frac{2\lambda^2}{s_1 s_2} + \frac{2\lambda^2}{s_1(s_1-s_2)} \mathrm{e}^{s_1 t} + \frac{2\lambda^2}{s_2(s_2-s_1)} \mathrm{e}^{s_2 t} \tag{3-202}$$

其中, s_1, s_2 是方程 $s^2 + 3(\lambda+\mu)s + 2(\lambda+\mu)^2 = 0$ 的两个根:

$$s_1 = -2(\lambda+\mu), \quad s_2 = -(\lambda+\mu)$$

因此

$$P_0(t) = \frac{\mu^2}{(\lambda+\mu)^2} + \frac{\lambda^2}{(\lambda+\mu)^2} \mathrm{e}^{-2(\lambda+\mu)t} + \frac{2\lambda\mu}{(\lambda+\mu)^2} \mathrm{e}^{-(\lambda+\mu)t} \tag{3-203}$$

$$P_1(t) = \frac{2\lambda\mu}{(\lambda+\mu)^2} - \frac{2\lambda^2}{(\lambda+\mu)^2} \mathrm{e}^{-2(\lambda+\mu)t} + \frac{2\lambda(\lambda-\mu)}{(\lambda+\mu)^2} \mathrm{e}^{-(\lambda+\mu)t} \tag{3-204}$$

$$P_2(t) = \frac{\lambda^2}{(\lambda+\mu)^2} + \frac{\lambda^2}{(\lambda+\mu)^2} \mathrm{e}^{-2(\lambda+\mu)t} - \frac{2\lambda^2}{(\lambda+\mu)^2} \mathrm{e}^{-(\lambda+\mu)t} \tag{3-205}$$

系统的瞬时可用度为

$$A(t) = 1 - P_2(t) = \frac{2\lambda\mu+\mu^2}{(\lambda+\mu)^2} - \frac{\lambda^2}{(\lambda+\mu)^2}\left[\mathrm{e}^{-2(\lambda+\mu)t} - 2\mathrm{e}^{-(\lambda+\mu)t}\right] \tag{3-206}$$

系统的故障频度为

$$\begin{aligned} m(t) &= \lambda P_1(t) \\ &= \frac{2\lambda^2\mu}{(\lambda+\mu)^2} - \frac{2\lambda^3}{(\lambda+\mu)^2} \mathrm{e}^{-2(\lambda+\mu)t} + \frac{2\lambda^2(\lambda-\mu)}{(\lambda+\mu)^2} \mathrm{e}^{-(\lambda+\mu)t} \end{aligned} \tag{3-207}$$

系统的稳态可用度和故障频度是

$$\begin{cases} A = \lim\limits_{t\to\infty} A(t) = \dfrac{2\lambda\mu+\mu^2}{(\lambda+\mu)^2} \\ M = \lim\limits_{t\to\infty} m(t) = \dfrac{2\lambda^2\mu}{(\lambda+\mu)^2} \end{cases} \tag{3-208}$$

显然, 系统的可靠度 $R(t)$ 和 MTTFF 与一个修理设备的情形完全一样, 见式 (3-176) 和式 (3-177).

$$R(t) = \frac{1}{s_1'-s_2'}\left(s_1'\mathrm{e}^{s_2' t} - s_2'\mathrm{e}^{s_1' t}\right) \tag{3-209}$$

$$\text{MTTFF} = \int_0^\infty R(t)\mathrm{d}t = \frac{-(s_1' + s_2')}{s_1' s_2'} \tag{3-210}$$

在本章以后的各部分所讨论的系统中, 我们均假定只有一个修理设备. 对于多个修理设备的情形, 仅矩阵的系数稍有变化, 讨论的方法完全相同.

3.4.3 两个不同型部件的情形

系统由两个不同型部件和一个修理设备组成. 部件 i 的寿命分布是 $1 - \mathrm{e}^{-\lambda_i t}$ ($t \geqslant 0$, $\lambda_i > 0$, $i = 1, 2$), 其故障后的修理时间分布是 $1 - \mathrm{e}^{-\mu_i t}$ ($t \geqslant 0$, $\mu_i > 0$, $i = 1, 2$). 假定所有随机变量是相互独立的, 故障部件修复后其寿命分布与新部件一样. 由于只有一个修理设备, 它每次只能修理一个故障的部件. 当修理设备正在修理一个故障的部件时, 其他故障的部件必须等待修理. 当正在修理的部件修复后, 修理设备立即转去修理其他的故障部件. 这个系统共有五个不同的状态.

状态 0: 部件 1 和部件 2 都在工作.

状态 1: 部件 1 在工作, 部件 2 在修理.

状态 2: 部件 2 在工作, 部件 1 在修理.

状态 3: 部件 1 在修理, 部件 2 待修.

状态 4: 部件 2 在修理, 部件 1 待修.

状态 3 和状态 4 是系统的故障状态, 其余状态是工作状态. 故 $\mathbb{E} = \{0, 1, 2, 3, 4\}$, $W = \{0, 1, 2\}$, $F = \{3, 4\}$.

令 $X(t) = j$ 表示时刻 t 系统处于状态 j ($j = 0, 1, \cdots, 4$). 由定义 1.4 可以验证 $\{X(t) \mid t \geqslant 0\}$ 是时齐马尔可夫过程. Δt 时间内系统不同状态之间的转移如图 3-5.

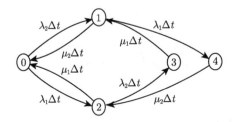

图 3-5 Δt 时间内系统不同状态之间的转移

由此图看出

$$P_{0,1}(\Delta t) = \lambda_2 \Delta t + o(\Delta t), \quad P_{0,2}(\Delta t) = \lambda_1 \Delta t + o(\Delta t) \tag{3-211}$$

$$P_{0,3}(\Delta t) = P_{0,4}(\Delta t) = o(\Delta t) \tag{3-212}$$

$$P_{1,0}(\Delta t) = \mu_2 \Delta t + o(\Delta t), \quad P_{1,2}(\Delta t) = o(\Delta t) \tag{3-213}$$

$$P_{1,3}(\Delta t) = 0, \ P_{1,4}(\Delta t) = \lambda_1 \Delta t + o(\Delta t) \tag{3-214}$$

$$P_{2,0}(\Delta t) = \mu_1 \Delta t + o(\Delta t), \quad P_{2,1}(\Delta t) = o(\Delta t) \tag{3-215}$$

$$P_{2,3}(\Delta t) = \lambda_2 \Delta t + o(\Delta t), \quad P_{2,4}(\Delta t) = o(\Delta t) \tag{3-216}$$

$$P_{3,0}(\Delta t) = 0, \ P_{3,1}(\Delta t) = \mu_1 \Delta t + o(\Delta t) \tag{3-217}$$

$$P_{3,2}(\Delta t) = P_{3,4}(\Delta t) = o(\Delta t) \tag{3-218}$$

$$P_{4,0}(\Delta t) = P_{4,1}(\Delta t) = o(\Delta t) \tag{3-219}$$

$$P_{4,2}(\Delta t) = \mu_2 \Delta t + o(\Delta t), \ P_{4,3}(\Delta t) = o(\Delta t) \tag{3-220}$$

由式 (3-211) 与式 (3-212) 求出

$$
\begin{aligned}
P_{0,0}(\Delta t) &= 1 - \sum_{i=1}^{4} P_{0,i}(\Delta t) \\
&= 1 - \lambda_2 \Delta t - \lambda_1 \Delta t + o(\Delta t) \\
&= 1 - (\lambda_1 + \lambda_2)\Delta t + o(\Delta t)
\end{aligned}
\tag{3-221}
$$

式 (3-213) 和式 (3-214) 蕴含

$$
\begin{aligned}
P_{1,1}(\Delta t) &= 1 - P_{1,0}(\Delta t) - \sum_{i=2}^{4} P_{1,i}(\Delta t) \\
&= 1 - \mu_2 \Delta t - \lambda_1 \Delta t + o(\Delta t) \\
&= 1 - (\lambda_1 + \mu_2)\Delta t + o(\Delta t)
\end{aligned}
\tag{3-222}
$$

式 (3-215) 与式 (3-216) 给出

$$
\begin{aligned}
P_{2,2}(\Delta t) &= 1 - P_{2,0}(\Delta t) - P_{2,1}(\Delta t) - P_{2,3}(\Delta t) - P_{2,4}(\Delta t) \\
&= 1 - \mu_1 \Delta t - \lambda_2 \Delta t + o(\Delta t) \\
&= 1 - (\lambda_2 + \mu_1)\Delta t + o(\Delta t)
\end{aligned}
\tag{3-223}
$$

合并式 (3-217) 与式 (3-218) 计算出

$$
\begin{aligned}
P_{3,3}(\Delta t) &= 1 - \sum_{i=0}^{2} P_{3,i}(\Delta t) - P_{3,4}(\Delta t) \\
&= 1 - \mu_1 \Delta t + o(\Delta t)
\end{aligned}
\tag{3-224}
$$

利用式 (3-219) 和式 (3-220) 推出

$$
\begin{aligned}
P_{4,4}(\Delta t) &= 1 - \sum_{i=0}^{3} P_{4,i}(\Delta t) \\
&= 1 - \mu_2 \Delta t + o(\Delta t)
\end{aligned}
\tag{3-225}
$$

因此, 由式 (3-211)∼ 式 (3-225) 可写出转移概率矩阵

$$
A = \begin{pmatrix}
-\lambda_1 - \lambda_2 & \lambda_2 & \lambda_1 & 0 & 0 \\
\mu_2 & -\lambda_1 - \mu_2 & 0 & 0 & \lambda_1 \\
\mu_1 & 0 & -\lambda_2 - \mu_1 & \lambda_2 & 0 \\
0 & \mu_1 & 0 & -\mu_1 & 0 \\
0 & 0 & \mu_2 & 0 & -\mu_2
\end{pmatrix}
\tag{3-226}
$$

下面求系统可靠性的稳态指标和平均指标. 解方程组

$$\begin{cases} (\pi_0, \pi_1, \pi_2, \pi_3, \pi_4)\mathbb{A} = (0, 0, 0, 0, 0) \\ \pi_0 + \pi_1 + \pi_2 + \pi_3 + \pi_4 = 1 \end{cases}$$

得到系统各状态的稳态分布

$$\begin{cases} \pi_1 = \dfrac{\lambda_2(\lambda_1 + \lambda_2 + \mu_1)}{\lambda_1\mu_1 + \lambda_2\mu_2 + \mu_1\mu_2}\pi_0 \\[3mm] \pi_2 = \dfrac{\lambda_1(\lambda_1 + \lambda_2 + \mu_2)}{\lambda_1\mu_1 + \lambda_2\mu_2 + \mu_1\mu_2}\pi_0 \\[3mm] \pi_3 = \dfrac{\lambda_1\lambda_2(\lambda_1 + \lambda_2 + \mu_2)}{\mu_1(\lambda_1\mu_1 + \lambda_2\mu_2 + \mu_1\mu_2)}\pi_0 \\[3mm] \pi_4 = \dfrac{\lambda_1\lambda_2(\lambda_1 + \lambda_2 + \mu_1)}{\mu_2(\lambda_1\mu_1 + \lambda_2\mu_2 + \mu_1\mu_2)}\pi_0 \\[3mm] \pi_0 = \dfrac{\mu_1\mu_2(\lambda_1\mu_1 + \lambda_2\mu_2 + \mu_1\mu_2)}{\tilde{\alpha}} \end{cases} \tag{3-227}$$

其中

$$\tilde{\alpha} = \lambda_1\mu_2(\lambda_2 + \mu_1)(\lambda_1 + \lambda_2 + \mu_2) + \lambda_2\mu_1(\lambda_1 + \mu_2)(\lambda_1 + \lambda_2 + \mu_1)$$
$$+ \mu_1\mu_2(\lambda_1\mu_1 + \lambda_2\mu_2 + \mu_1\mu_2)$$

用公式

$$\begin{cases} A = \pi_0 + \pi_1 + \pi_2 \\[2mm] M = \lambda_1\pi_1 + \lambda_2\pi_2 \\[2mm] \mathrm{MUT} = \dfrac{A}{M} \\[2mm] \mathrm{MDT} = \dfrac{\overline{A}}{M} \\[2mm] \mathrm{MCT} = \dfrac{1}{M} \\[2mm] B = 1 - \pi_0 \end{cases} \tag{3-228}$$

可得到系统的可靠性指标的具体值.

以下用定理 3.5 来求系统的 MTTFF. 若时刻 0 两个部件都正常, 解方程组

$$(x_0, x_1, x_2)\begin{pmatrix} -\lambda_1 - \lambda_2 & \lambda_2 & \lambda_1 \\ \mu_2 & -\lambda_1 - \mu_2 & 0 \\ \mu_1 & 0 & -\lambda_2 - \mu_1 \end{pmatrix} = (-1, 0, 0)$$

用克拉默法则

$$\mathrm{MTTFF} = x_0 + x_1 + x_2$$

$$
= \frac{\begin{vmatrix} -1 & 0 & 0 \\ \mu_2 & -\lambda_1 - \mu_2 & 0 \\ \mu_1 & 0 & -\lambda_2 - \mu_1 \end{vmatrix}}{\begin{vmatrix} -\lambda_1 - \lambda_2 & \lambda_2 & \lambda_1 \\ \mu_2 & -\lambda_1 - \mu_2 & 0 \\ \mu_1 & 0 & -\lambda_2 - \mu_1 \end{vmatrix}} + \frac{\begin{vmatrix} -\lambda_1 - \lambda_2 & \lambda_2 & \lambda_1 \\ -1 & 0 & 0 \\ \mu_1 & 0 & -\lambda_2 - \mu_1 \end{vmatrix}}{\begin{vmatrix} -\lambda_1 - \lambda_2 & \lambda_2 & \lambda_1 \\ \mu_2 & -\lambda_1 - \mu_2 & 0 \\ \mu_1 & 0 & -\lambda_2 - \mu_1 \end{vmatrix}}
$$

$$
+ \frac{\begin{vmatrix} -\lambda_1 - \lambda_2 & \lambda_2 & \lambda_1 \\ \mu_2 & -\lambda_1 - \mu_2 & 0 \\ -1 & 0 & 0 \end{vmatrix}}{\begin{vmatrix} -\lambda_1 - \lambda_2 & \lambda_2 & \lambda_1 \\ \mu_2 & -\lambda_1 - \mu_2 & 0 \\ \mu_1 & 0 & -\lambda_2 - \mu_1 \end{vmatrix}}
$$

$$
= \frac{-(\lambda_1 + \mu_2)(\lambda_2 + \mu_1)}{-\lambda_1\lambda_2(\lambda_1 + \lambda_2 + \mu_1 + \mu_2)} + \frac{-\lambda_2(\lambda_2 + \mu_1)}{-\lambda_1\lambda_2(\lambda_1 + \lambda_2 + \mu_1 + \mu_2)}
$$

$$
+ \frac{-\lambda_1(\lambda_1 + \mu_2)}{-\lambda_1\lambda_2(\lambda_1 + \lambda_2 + \mu_1 + \mu_2)}
$$

$$
= \frac{(\lambda_1 + \mu_2)(\lambda_2 + \mu_1) + \lambda_2(\lambda_2 + \mu_1) + \lambda_1(\lambda_1 + \mu_2)}{\lambda_1\lambda_2(\lambda_1 + \lambda_2 + \mu_1 + \mu_2)}
$$

$$
= \frac{(\lambda_2 + \mu_1)(\lambda_1 + \lambda_2 + \mu_2) + \lambda_1(\lambda_1 + \mu_2)}{\lambda_1\lambda_2(\lambda_1 + \lambda_2 + \mu_1 + \mu_2)} \tag{3-229}
$$

特别地, 当 $\lambda_1 = \lambda_2 = \lambda$, $\mu_1 = \mu_2 = \mu$ 时, 式 (3-229) 与式 (3-177) 一致.

3.5　表 决 系 统

$k/n(G)$ 表决系统 (n 中取 k 个表决系统) 是指由 n 个部件组成, 当 n 个部件中 k ($1 \leqslant k \leqslant n$) 个或 k 个以上部件正常工作时, 系统正常工作, 即当失效的部件数大于或等于 $n-k+1$ 时, 系统失效. 本节讨论此系统. 系统由 n 个同型部件和一个修理设备组成, 每个部件的寿命分布均为 $1 - \mathrm{e}^{-\lambda t}$ ($t \geqslant 0$, $\lambda > 0$), 故障后的修理时间分布均为 $1 - \mathrm{e}^{-\mu t}$ ($t \geqslant 0$, $\mu > 0$). 假定所有这些随机变量相互独立, 故障部件经过修复后其寿命分布与新部件一样. 由于只有一个修理设备, 当它正在修理一个故障部件时, 其他故障部件必须等待修理. 由 $k/n(G)$ 表决系统的基本定义知道:

(1) k 个或 k 个以上部件正常工作时, 系统正常工作 ($1 \leqslant k \leqslant n$).

(2) 当有 $n-k+1$ 个部件故障时, 系统故障. 在系统故障期内, $k-1$ 个正常的部件停止工作, 不再发生故障直到正在修理的部件修理完成, k 个正常的部件同时进入工作状态, 此时系统重新进入工作状态.

显然, $1/n(G)$ 系统就是 n 个部件的并联系统, $n/n(G)$ 系统就是 n 个部件的串联系统.

将系统中故障的部件个数定义为系统的状态, 则系统共有 $n-k+2$ 个不同状态. 由于条件 (2), 故障的部件个数不能多于 $n-k+1$ 且状态 $n-k+1$ 是系统的故障状态. 因此 $\mathbb{E} = \{0, 1, \cdots, n-k+1\}$, $W = \{0, 1, \cdots, n-k\}$, $F = \{n-k+1\}$.

令 $X(t) = j$ 表示时刻 t 系统处于状态 j $(j = 0, 1, \cdots, n-k+1)$ 或 $X(t) = j$ 表示时刻 t 系统有 j 个故障的部件 (包括正在修理的部件). 由定义 1.4 可以证明 $\{X(t) \mid t \geqslant 0\}$ 是状态空间为 $\mathbb{E}$ 的时齐马尔可夫过程. 从而, 讨论 Δt 内的状态转移概率

$$
\begin{aligned}
P_{0,1}(\Delta t) &= P\{X(\Delta t) = 1 \mid X(0) = 0\} \\
&= P\{\Delta t \text{ 内部件 1 故障} \mid 0 \text{ 时刻无故障部件}\} \\
&\quad + P\{\Delta t \text{ 内部件 2 故障} \mid 0 \text{ 时刻无故障部件}\} \\
&\quad + P\{\Delta t \text{ 内部件 3 故障} \mid 0 \text{ 时刻无故障部件}\} \\
&\quad + \cdots \\
&\quad + P\{\Delta t \text{ 内部件 } n \text{ 故障} \mid 0 \text{ 时刻无故障部件}\} \\
&= \overbrace{\lambda\Delta t + \lambda\Delta t + \cdots + \lambda\Delta t}^{n} + o(\Delta t) \\
&= n\lambda\Delta t + o(\Delta t)
\end{aligned}
\tag{3-230}
$$

$$
\begin{aligned}
P_{1,2}(\Delta t) &= P\{X(\Delta t) = 2 \mid X(0) = 1\} \\
&= P\{\Delta t \text{ 内部件 2 故障} \mid 0 \text{ 时刻部件 1 故障}\} \\
&\quad + P\{\Delta t \text{ 内部件 3 故障} \mid 0 \text{ 时刻部件 1 故障}\} \\
&\quad + P\{\Delta t \text{ 内部件 4 故障} \mid 0 \text{ 时刻部件 1 故障}\} \\
&\quad + \cdots \\
&\quad + P\{\Delta t \text{ 内部件 } n \text{ 故障} \mid 0 \text{ 时刻部件 1 故障}\} \\
&= \overbrace{\lambda\Delta t + \lambda\Delta t + \cdots + \lambda\Delta t}^{n-1} + o(\Delta t) \\
&= (n-1)\lambda\Delta t + o(\Delta t)
\end{aligned}
\tag{3-231}
$$

式 (3-231) 中只讨论了一种情况, 其余情况类似讨论, 最终结果与式 (3-231) 一致.

与式 (3-230), 式 (3-231) 一样的过程得到

$$
P_{j,j+1}(\Delta t) = (n-j)\lambda\Delta t + o(\Delta t), \quad j = 0, 1, \cdots, n-k
\tag{3-232}
$$

$$
\begin{aligned}
P_{1,0}(\Delta t) &= P\{X(\Delta t) = 0 \mid X(0) = 1\} \\
&= P\{\Delta t \text{ 内无故障部件} \mid 0 \text{ 时刻有 1 个故障部件}\} \\
&= P\{\Delta t \text{ 内修好一个部件} \mid 0 \text{ 时刻有 1 个故障部件}\} \\
&= \mu\Delta t + o(\Delta t)
\end{aligned}
\tag{3-233}
$$

$$
\begin{aligned}
P_{2,1}(\Delta t) &= P\{X(\Delta t) = 1 \mid X(0) = 2\} \\
&= P\{\Delta t \text{ 内有 1 个故障部件} \mid 0 \text{ 时刻有 2 个故障部件}\} \\
&= P\{\Delta t \text{ 内修好一个部件} \mid 0 \text{ 时刻有 2 个故障部件}\} \\
&= \mu\Delta t + o(\Delta t)
\end{aligned}
\tag{3-234}
$$

与式 (3-233), 式 (3-234) 同样的方法

$$P_{j,j-1}(\Delta t) = \mu\Delta t + o(\Delta t), \quad j = 1, 2, \cdots, n - k + 1 \tag{3-235}$$

因为一次只修理一个故障部件, 所以

$$\begin{aligned}
P_{j,k}(\Delta t) &= P\{X(\Delta t) = k \mid X(0) = j\} \\
&= P\{\Delta t \text{ 内有 } k \text{ 个故障部件} \mid 0 \text{ 时刻有 } j \text{ 个故障部件}\} \\
&= o(\Delta t), \quad k \neq j - 1, j, j + 1; \ j, k = 0, 1, \cdots, n
\end{aligned} \tag{3-236}$$

由式 (3-232), 式 (3-235) 与式 (3-236) 推出

$$\begin{aligned}
P_{j,j}(\Delta t) &= 1 - \sum_{\substack{i=0 \\ i \neq j}}^{n} P_{j,i}(\Delta t) \\
&= 1 - (n - j)\lambda\Delta t - \mu\Delta t + o(\Delta t)
\end{aligned} \tag{3-237}$$

图 3-6 为系统的状态转移概率图.

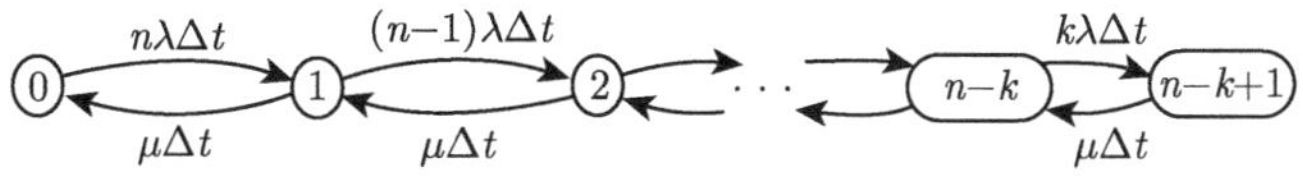

图 3-6　Δt 内的状态转移

由式 (3-232), 式 (3-235), 式 (3-236), 式 (3-237) 写出转移概率矩阵

$$\mathbb{A} = \begin{pmatrix}
-n\lambda & n\lambda & & & \mathbf{0} \\
\mu & -(n-1)\lambda - \mu & (n-1)\lambda & & \\
\mu & & -(n-2)\lambda - \mu & (n-2)\lambda & \\
& \ddots & & \ddots & \ddots \\
& & \mu & & -k\lambda - \mu & k\lambda \\
\mathbf{0} & & & \mu & & -\mu
\end{pmatrix} \tag{3-238}$$

由于矩阵 $\mathbb{A}$ 是三对角线的 (见式 (3-22)), 所以直接用式 (3-29) 得到

$$\begin{aligned}
\pi_j &= \dfrac{\dfrac{1}{(n-j)!}\left(\dfrac{\lambda}{\mu}\right)^j}{\displaystyle\sum_{i=0}^{n-k+1} \dfrac{1}{(n-i)!}\left(\dfrac{\lambda}{\mu}\right)^i} \\
&= \dfrac{\dfrac{1}{(n-j)!}\left(\dfrac{\mu}{\lambda}\right)^{n-j}}{\displaystyle\sum_{i=k-1}^{n} \dfrac{1}{i!}\left(\dfrac{\mu}{\lambda}\right)^i}, \quad j = 0, 1, \cdots, n - k + 1
\end{aligned} \tag{3-239}$$

因此, 系统可靠性的稳态指标和平均指标为

$$
\begin{cases}
A = \sum_{j=0}^{n-k} \pi_j = \dfrac{\sum\limits_{i=k}^{n} \dfrac{1}{i!}\left(\dfrac{\mu}{\lambda}\right)^i}{\sum\limits_{i=k-1}^{n} \dfrac{1}{i!}\left(\dfrac{\mu}{\lambda}\right)^i} \\[4ex]
M = k\lambda\pi_{n-k} = \dfrac{\dfrac{\mu}{(k-1)!}\left(\dfrac{\mu}{\lambda}\right)^{k-1}}{\sum\limits_{i=k-1}^{n} \dfrac{1}{i!}\left(\dfrac{\mu}{\lambda}\right)^i} \\[4ex]
\mathrm{MUT} = \dfrac{A}{M} = \dfrac{(k-1)!}{\mu}\sum\limits_{i=k}^{n}\dfrac{1}{i!}\left(\dfrac{\mu}{\lambda}\right)^{i-k+1} \\[4ex]
\mathrm{MDT} = \dfrac{\bar{A}}{M} = \dfrac{1}{\mu} \\[4ex]
\mathrm{MCT} = \dfrac{(k-1)!}{\mu}\sum\limits_{i=k-1}^{n}\dfrac{1}{i!}\left(\dfrac{\mu}{\lambda}\right)^{i-k+1} \\[4ex]
B = \sum_{j=1}^{n-k+1}\pi_j = \dfrac{\sum\limits_{i=k-1}^{n-1}\dfrac{1}{i!}\left(\dfrac{\mu}{\lambda}\right)^i}{\sum\limits_{i=k-1}^{n}\dfrac{1}{i!}\left(\dfrac{\mu}{\lambda}\right)^i}
\end{cases}
\tag{3-240}
$$

以下仅对 $k = n-1$ 的情况求系统的可靠性瞬时指标. 对于 $(n-1)/n(G)$ 系统, 如果 0 时刻 n 个部件都是正常的, 那么 $P_j(t)$ $(j = 0, 1, 2)$ 满足微分方程组

$$
\left(\frac{\mathrm{d}P_0(t)}{\mathrm{d}t}, \frac{\mathrm{d}P_1(t)}{\mathrm{d}t}, \frac{\mathrm{d}P_2(t)}{\mathrm{d}t}\right)
$$
$$
= (P_0(t), P_1(t), P_2(t))\begin{pmatrix} -n\lambda & n\lambda & 0 \\ \mu & -(n-1)\lambda-\mu & (n-1)\lambda \\ 0 & \mu & -\mu \end{pmatrix}
\tag{3-241}
$$
$$
(P_0(0), P_1(0), P_2(0)) = (1, 0, 0)
\tag{3-242}
$$

此方程组与式 (3-157) 和式 (3-158) 的形式一样, 所以用类似的解法得到

$$
\begin{aligned}
P_0(t) = {} & \frac{\mu^2}{s_1 s_2} + \frac{s_1^2 + [(n-1)\lambda + 2\mu]s_1 + \mu^2}{s_1(s_1 - s_2)}\mathrm{e}^{s_1 t} \\
& + \frac{s_2^2 + [(n-1)\lambda + 2\mu]s_2 + \mu^2}{s_2(s_2 - s_1)}\mathrm{e}^{s_2 t}
\end{aligned}
\tag{3-243}
$$

$$
P_1(t) = \frac{n\lambda\mu}{s_1 s_2} + \frac{n\lambda(s_1 + \mu)}{s_1(s_1 - s_2)}\mathrm{e}^{s_1 t} + \frac{n\lambda(s_2 + \mu)}{s_2(s_2 - s_1)}\mathrm{e}^{s_2 t}
\tag{3-244}
$$

$$
P_2(t) = \frac{n(n-1)\lambda^2}{s_1 s_2} + \frac{n(n-1)\lambda^2}{s_1(s_1 - s_2)}\mathrm{e}^{s_1 t} + \frac{n(n-1)\lambda^2}{s_2(s_2 - s_1)}\mathrm{e}^{s_2 t}
\tag{3-245}
$$

其中, s_1, s_2 是方程

$$
s^2 + [(2n-1)\lambda + 2\mu]s + [n(n-1)\lambda^2 + n\lambda\mu + \mu^2] = 0
$$

的两个根:

$$s_1, s_2 = \frac{1}{2} \left\{ -[(2n-1)\lambda + 2\mu] \pm \sqrt{\lambda^2 + 4(n-1)\lambda\mu} \right\} < 0$$

因此, 系统的瞬时可用度

$$A(t) = 1 - P_2(t) = \frac{n\lambda\mu + \mu^2}{s_1 s_2} - \frac{n(n-1)\lambda^2(s_2 e^{s_1 t} - s_1 e^{s_2 t})}{s_1 s_2(s_1 - s_2)} \tag{3-246}$$

稳态可用度为

$$A = \frac{n\lambda\mu + \mu^2}{s_1 s_2} = \frac{n\lambda\mu + \mu^2}{n(n-1)\lambda^2 + n\lambda\mu + \mu^2} \tag{3-247}$$

系统的瞬时故障频度为

$$m(t) = (n-1)\lambda P_1(t) \tag{3-248}$$

稳态故障频度

$$M = \lim_{t \to \infty} m(t) = \frac{n(n-1)\lambda^2 \mu}{n(n-1)\lambda^2 + n\lambda\mu + \mu^2} \tag{3-249}$$

$(0, t]$ 内系统平均故障次数为

$$M(t) = \frac{n(n-1)\lambda^2 \mu}{s_1 s_2} t + \frac{n(n-1)\lambda^2(s_1 + \mu)}{s_1^2(s_2 - s_1)} \left(1 - e^{s_1 t}\right)$$
$$+ \frac{n(n-1)\lambda^2(s_2 + \mu)}{s_2^2(s_1 - s_2)} \left(1 - e^{s_2 t}\right) \tag{3-250}$$

为求系统的可靠度需要解微分方程组

$$\left(\frac{\mathrm{d}Q_0(t)}{\mathrm{d}t}, \frac{\mathrm{d}Q_1(t)}{\mathrm{d}t} \right) = (Q_0(t), Q_1(t)) \begin{pmatrix} -n\lambda & n\lambda \\ \mu & -(n-1)\lambda - \mu \end{pmatrix} \tag{3-251}$$

$$(Q_0(0), Q_1(0)) = (1, 0) \tag{3-252}$$

此方程组与式 (3-172) 的形式一样, 类似解得

$$R(t) = Q_0(t) + Q_1(t) = \frac{1}{s_1' - s_2'} \left(s_1' e^{s_2' t} - s_2' e^{s_1' t} \right) \tag{3-253}$$

其中, s_1', s_2' 是方程

$$s^2 + [(2n-1)\lambda + \mu]s + n(n-1)\lambda^2 = 0$$

的两个根:

$$s_1', s_2' = \frac{1}{2} \left\{ -[(2n-1)\lambda + \mu] \pm \sqrt{\lambda^2 + 2(2n-1)\lambda\mu + \mu^2} \right\} < 0$$

从而

$$\mathrm{MTTFF} = \int_0^\infty R(t)\mathrm{d}t = \frac{(2n-1)\lambda + \mu}{n(n-1)\lambda^2} \tag{3-254}$$

对于多个修理设备的情形, 可以类似得到相应的各种可靠性指标.

3.6 冷储备系统

3.6.1 n 个同型部件的情形

系统由 n 个同型部件和一个修理设备组成. 当 n 个部件均正常时, 一个部件工作, 其余 $n-1$ 个部件做冷储备. 工作部件发生故障时, 储备部件之一立即去替换而转为工作状态, 修理设备则立即对故障的部件进行修理. 当修理设备正在修理某个故障部件时, 其他故障部件必须等待修理. 修好的部件或进入冷储备状态 (或此时某个部件正在工作), 或立即进入工作状态 (若此时其他所有部件都已故障). 本节都假定转换开关是完全可靠的, 开关转换是瞬时的.

假设这 n 个部件的寿命分布均为 $1-\mathrm{e}^{-\lambda t}$ $(t \geqslant 0,\ \lambda > 0)$, 故障后的修理时间分布均为 $1-\mathrm{e}^{-\mu t}$ $(t \geqslant 0,\ \mu > 0)$, 所有这些随机变量都相互独立并且故障的部件修复后的寿命分布与新的部件相同.

系统共有 $n+1$ 个不同状态. 令

$$X(t) = j, \quad \text{时刻 } t \text{ 系统中有 } j \text{ 个故障的部件}$$
$$(\text{包括正在修理的部件}), \quad j = 0,1,\cdots,n$$

显然

$$\mathbb{E} = \{0,1,\cdots,n\}, \quad W = \{0,1,\cdots,n-1\}, \quad F = \{n\}$$

由定义 1.4 可以证明 $\{X(t) \mid t \geqslant 0\}$ 是状态空间 $\mathbb{E}$ 上的时齐马尔可夫过程.

考虑 Δt 内系统的变化情况, 注意到只有一个部件工作

$$
\begin{aligned}
P_{j,j+1}(\Delta t) &= P\{X(\Delta t) = j+1 \mid X(0) = j\} \\
&= P\{\Delta t \text{ 内有 } j+1 \text{个故障部件} \mid 0 \text{ 时刻有 } j \text{个故障部件}\} \\
&= P\{\Delta t \text{ 内又故障 } 1 \text{个部件} \mid 0 \text{ 时刻有 } j \text{个故障部件}\} \\
&= \lambda \Delta t + o(\Delta t), \quad j = 0,1,\cdots,n-1
\end{aligned}
\tag{3-255}
$$

$$
\begin{aligned}
P_{j,j-1}(\Delta t) &= P\{X(\Delta t) = j-1 \mid X(0) = j\} \\
&= P\{\Delta t \text{ 内有 } j-1 \text{个故障部件} \mid 0 \text{ 时刻有 } j \text{个故障部件}\} \\
&= P\{\Delta t \text{ 内修好 } 1 \text{个故障部件} \mid 0 \text{ 时刻有 } j \text{个故障部件}\} \\
&= \mu \Delta t + o(\Delta t), \quad j = 1,2,\cdots,n
\end{aligned}
\tag{3-256}
$$

$$
\begin{aligned}
P_{j,k}(\Delta t) &= P\{\Delta t \text{ 内有 } k \text{个故障部件} \mid 0 \text{ 时刻有 } j \text{个故障部件}\} \\
&= o(\Delta t), \quad k \neq j-1, j, j+1;\ j,k = 0,1,\cdots,n
\end{aligned}
\tag{3-257}
$$

由式 (3-255), 式 (3-256) 与式 (3-257) 推出

$$P_{j,j}(\Delta t) = 1 - \sum_{\substack{i=0 \\ i \neq j}}^{n} P_{j,i}(\Delta t)$$

$$= 1 - \lambda\Delta t - \mu\Delta t + o(\Delta t)$$

$$= 1 - (\lambda + \mu)\Delta t + o(\Delta t), \quad j = 0, 1, \cdots, n \qquad (3\text{-}258)$$

在 Δt 时间内系统的状态转移图如图 3-7 所示.

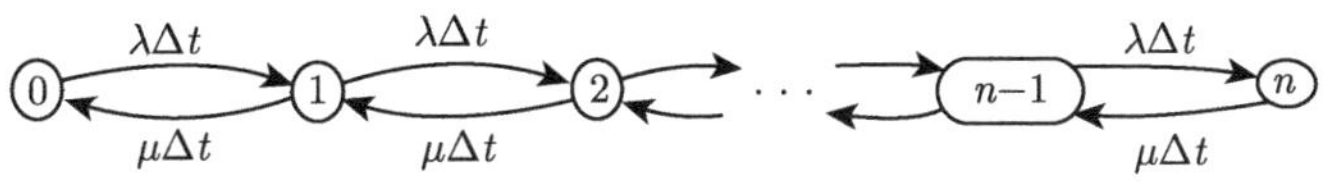

图 3-7　Δt 内各个状态之间的转移

式 (3-255), 式 (3-256), 式 (3-257), 式 (3-258) 给出转移概率矩阵

$$\mathbb{A} = \begin{pmatrix} -\lambda & \lambda & & & & \mathbf{0} \\ \mu & -\lambda-\mu & \lambda & & & \\ & \mu & -\lambda-\mu & \lambda & & \\ & & \ddots & \ddots & \ddots & \\ & & & \mu & -\lambda-\mu & \lambda \\ \mathbf{0} & & & & \mu & -\mu \end{pmatrix} \qquad (3\text{-}259)$$

由于矩阵 $\mathbb{A}$ 是三对角线的 (见式 (3-22)), 所以用式 (3-29) 得到

$$\pi_j = \left(\frac{\lambda}{\mu}\right)^j \frac{\mu^{n+1} - \lambda\mu^n}{\mu^{n+1} - \lambda^{n+1}}, \quad j = 0, 1, \cdots, n \qquad (3\text{-}260)$$

因此

$$\begin{cases} A = 1 - \pi_n = \dfrac{\mu^{n+1} - \lambda^n\mu}{\mu^{n+1} - \lambda^{n+1}} \\[3mm] M = \lambda\pi_{n-1} = \dfrac{\lambda^n\mu^2 - \lambda^{n+1}\mu}{\mu^{n+1} - \lambda^{n+1}} \\[3mm] \mathrm{MUT} = \dfrac{\mu^{n+1} - \lambda^n\mu}{\lambda^n\mu^2 - \lambda^{n+1}\mu} = \dfrac{\mu^n - \lambda^n}{\lambda^n\mu - \lambda^{n+1}} \\[3mm] \mathrm{MDT} = \dfrac{1}{\mu} \\[3mm] \mathrm{MCT} = \dfrac{\mu^{n+1} - \lambda^{n+1}}{\lambda^n\mu^2 - \lambda^{n+1}\mu} \\[3mm] B = 1 - \pi_0 = \dfrac{\lambda\mu^n - \lambda^{n+1}}{\mu^{n+1} - \lambda^{n+1}} \\[3mm] \mathrm{MTTFF} = \dfrac{1}{\mu} \sum\limits_{i=0}^{n-1} \sum\limits_{j=0}^{n-i-1} \left(\dfrac{\mu}{\lambda}\right)^{n-i-j} \\[3mm] \qquad\quad = \dfrac{\mu^{n+1} - (n+1)\lambda^n\mu + n\lambda^{n+1}}{\lambda^n(\mu - \lambda)^2} \end{cases} \qquad (3\text{-}261)$$

其中 MTTFF 可用式 (3-156) 一样求得. 当 $\lambda = \mu$ 时, 上述诸式右端按 $\mu \to \lambda$ 的极限来理解.

以下, 仅对 $n = 2$ 的情形求系统可靠性的瞬时指标. 系统由两个同型部件和一个修理设备组成, 且假定时刻 0 两个部件都是正常的, 即 $P_0(0) = 1$, $P_1(0) = 0$. 此时, $P_j(t)$ $(j = 0, 1, 2)$ 满足微分方程组

$$\left(\frac{\mathrm{d}P_0(t)}{\mathrm{d}t}, \frac{\mathrm{d}P_1(t)}{\mathrm{d}t}, \frac{\mathrm{d}P_2(t)}{\mathrm{d}t}\right)$$

$$= (P_0(t), P_1(t), P_2(t)) \begin{pmatrix} -\lambda & \lambda & 0 \\ \mu & -\lambda-\mu & \lambda \\ 0 & \mu & -\mu \end{pmatrix} \tag{3-262}$$

$$(P_0(0), P_1(0), P_2(0)) = (1, 0, 0) \tag{3-263}$$

此方程组与式 (3-157) 和式 (3-158) 一样求解

$$P_0(t) = \frac{\mu^2}{s_1 s_2} + \frac{s_1^2 + (\lambda+2\mu)s_1 + \mu^2}{s_1(s_1-s_2)}\mathrm{e}^{s_1 t} + \frac{s_2^2 + (\lambda+2\mu)s_2 + \mu^2}{s_2(s_2-s_1)}\mathrm{e}^{s_2 t} \tag{3-264}$$

$$P_1(t) = \frac{\lambda\mu}{s_1 s_2} + \frac{\lambda(s_1+\mu)}{s_1(s_1-s_2)}\mathrm{e}^{s_1 t} + \frac{\lambda(s_2+\mu)}{s_2(s_2-s_1)}\mathrm{e}^{s_2 t} \tag{3-265}$$

$$P_2(t) = \frac{\lambda^2}{s_1 s_2} + \frac{\lambda^2}{s_1(s_1-s_2)}\mathrm{e}^{s_1 t} + \frac{\lambda^2}{s_2(s_2-s_1)}\mathrm{e}^{s_2 t} \tag{3-266}$$

其中, s_1, s_2 是方程

$$s^2 + 2(\lambda+\mu)s + (\lambda^2 + \lambda\mu + \mu^2) = 0$$

的两个根:

$$s_1, s_2 = -(\lambda+\mu) \pm \sqrt{\lambda\mu} < 0$$

因此, 系统的瞬时可用度和稳态可用度分别为

$$A(t) = 1 - P_2(t)$$
$$= \frac{\lambda\mu+\mu^2}{\lambda^2+\lambda\mu+\mu^2} - \frac{\lambda^2(s_2\mathrm{e}^{s_1 t} - s_1\mathrm{e}^{s_2 t})}{s_1 s_2(s_1-s_2)} \tag{3-267}$$

$$A = \frac{\lambda\mu+\mu^2}{\lambda^2+\lambda\mu+\mu^2} \tag{3-268}$$

系统的瞬时故障频度和稳态故障频度分别为

$$m(t) = \lambda P_1(t) \tag{3-269}$$

$$M = \lim_{t\to\infty} m(t) = \frac{\lambda^2\mu}{\lambda^2+\lambda\mu+\mu^2} \tag{3-270}$$

$(0, t]$ 内系统的平均故障次数为

$$M(t) = \int_0^t m(u)\mathrm{d}u$$
$$= \frac{\lambda^2\mu}{\lambda^2+\lambda\mu+\mu^2}t + \frac{\lambda^2(s_1+\mu)}{s_1^2(s_2-s_1)}(1-\mathrm{e}^{s_1 t}) + \frac{\lambda^2(s_2+\mu)}{s_2^2(s_1-s_2)}(1-\mathrm{e}^{s_2 t}) \tag{3-271}$$

为求系统的可靠度解下列微分方程组

$$\begin{cases} \left(\dfrac{\mathrm{d}Q_0(t)}{\mathrm{d}t}, \dfrac{\mathrm{d}Q_1(t)}{\mathrm{d}t}\right) = (Q_0(t), Q_1(t)) \begin{pmatrix} -\lambda & \lambda \\ \mu & -(\lambda+\mu) \end{pmatrix} \\ (Q_0(0), Q_1(0)) = (1, 0) \end{cases} \tag{3-272}$$

即

$$\frac{\mathrm{d}Q_0(t)}{\mathrm{d}t} = -\lambda Q_0(t) + \mu Q_1(t) \tag{3-273}$$

$$\frac{\mathrm{d}Q_1(t)}{\mathrm{d}t} = \lambda Q_0(t) - (\lambda+\mu)Q_1(t) \tag{3-274}$$

$$Q_0(0) = 1, \quad Q_1(0) = 0 \tag{3-275}$$

对式 (3-273) 与式 (3-274) 作拉普拉斯变换

$$-Q_0(0) + sQ_0^*(s) = -\lambda Q_0^*(s) + \mu Q_1^*(s) \tag{3-276}$$

$$-Q_1(0) + sQ_1^*(s) = \lambda Q_0^*(s) - (\lambda+\mu)Q_1^*(s) \tag{3-277}$$

将式 (3-275) 代入式 (3-276) 与式 (3-277) 得到

$$(s+\lambda)Q_0^*(s) - \mu Q_1^*(s) = 1 \tag{3-278}$$

$$\lambda Q_0^*(s) = (s+\lambda+\mu)Q_1^*(s)$$

$$\Rightarrow Q_0^*(s) = \frac{s+\lambda+\mu}{\lambda} Q_1^*(s) \tag{3-279}$$

结合式 (3-279) 与式 (3-278)

$$(s+\lambda)\frac{s+\lambda+\mu}{\lambda} Q_1^*(s) - \mu Q_1^*(s) = 1$$

$$\Rightarrow Q_1^*(s)[(s+\lambda)(s+\lambda+\mu) - \lambda\mu] = \lambda$$

$$\Rightarrow Q_1^*(s) = \frac{\lambda}{(s+\lambda)(s+\lambda+\mu) - \lambda\mu} \tag{3-280}$$

设 $(s+\lambda)(s+\lambda+\mu) - \lambda\mu = 0$, 则

$$s^2 + (2\lambda+\mu)s + \lambda^2 = 0$$

$$\Rightarrow s_1' = \frac{-(2\lambda+\mu) + \sqrt{(2\lambda+\mu)^2 - 4\lambda^2}}{2}$$

$$= \frac{-(2\lambda+\mu) + \sqrt{4\lambda\mu + \mu^2}}{2} < 0$$

$$s_2' = \frac{-(2\lambda+\mu) - \sqrt{4\lambda\mu + \mu^2}}{2} < 0$$

用 s_1', s_2' 将式 (3-279) 与式 (3-280) 化成部分分式

$$Q_0^*(s) = \frac{s+\lambda+\mu}{(s-s_1')(s-s_2')}$$

$$= \frac{a_0}{s-s_1'} + \frac{b_0}{s-s_2'} \tag{3-281}$$

$$Q_1^*(s) = \frac{\lambda}{(s-s_1')(s-s_2')}$$
$$= -\frac{\lambda}{s_2'-s_1'}\frac{1}{s-s_1'} + \frac{\lambda}{s_2'-s_1'}\frac{1}{s-s_2'} \tag{3-282}$$

其中, a_0, b_0 满足

$$a_0 + b_0 = 1, \quad -a_0 s_2' - b_0 s_1' = \lambda + \mu \Rightarrow$$
$$a_0 = \frac{\lambda+\mu+s_1'}{s_1'-s_2'}, \quad b_0 = -\frac{\lambda+\mu+s_2'}{s_1'-s_2'}$$

对式 (3-281) 与式 (3-282) 求拉普拉斯逆变换

$$Q_0(t) = a_0 e^{s_1' t} + b_0 e^{s_2' t}$$
$$= \frac{\lambda+\mu+s_1'}{s_1'-s_2'} e^{s_1' t} - \frac{\lambda+\mu+s_2'}{s_1'-s_2'} e^{s_2' t} \tag{3-283}$$

$$Q_1(t) = -\frac{\lambda}{s_2'-s_1'} e^{s_1' t} + \frac{\lambda}{s_2'-s_1'} e^{s_2' t} \tag{3-284}$$

由此推出

$$R(t) = Q_0(t) + Q_1(t)$$
$$= \frac{1}{s_1'-s_2'}\left[(2\lambda+\mu+s_1')e^{s_1' t} - (2\lambda+\mu+s_2')e^{s_2' t}\right] \tag{3-285}$$

由此式与 s_1', s_2' 的表达式计算出

$$\mathrm{MTTFF} = \int_0^\infty R(t)\mathrm{d}t$$
$$= \frac{1}{s_1'-s_2'}\left(-\frac{2\lambda+\mu+s_1'}{s_1'} + \frac{2\lambda+\mu+s_2'}{s_2'}\right)$$
$$= \frac{1}{s_1'-s_2'}\frac{s_1'(2\lambda+\mu+s_2') - s_2'(2\lambda+\mu+s_1')}{s_1' s_2'}$$
$$= \frac{2\lambda+\mu}{s_1' s_2'} = \frac{2\lambda+\mu}{\lambda^2} \tag{3-286}$$

3.6.2 两个不同型部件的情形

系统由两个不同型部件和一个修理设备组成. 部件 i 的寿命分布为 $1-e^{-\lambda_i t}$ ($t \geqslant 0$, $\lambda_i > 0$, $i=1,2$), 故障后的修理时间分布为 $1 - e^{-\mu_i t}$ ($t \geqslant 0$, $\mu_i > 0$, $i=1,2$). 当两个部件均正常时, 一个部件工作, 另一个部件做冷储备. 工作部件发生故障时, 储备部件立即替换而转为工作状态, 修理设备则立即对故障的部件进行修理. 当修理设备正在修理一个故障部件时, 另一个故障部件必须等待修理. 修好的部件或进入冷储备状态 (若此时一个部件正在工作), 或立即进入工作状态 (若此时其他所有部件都已故障). 此外, 我们都假定转换开关是完全可靠的, 开关转换是瞬时的.

假设所有这些随机变量都相互独立并且故障的部件修复后的寿命分布与新的部件一样. 这个系统共有六个不同的状态.

状态 0: 部件 1 在工作, 部件 2 储备.

状态 1: 部件 2 在工作, 部件 1 储备.

状态 2: 部件 1 在工作, 部件 2 在修理.

状态 3: 部件 2 在工作, 部件 1 在修理.

状态 4: 部件 1 在修理, 部件 2 待修.

状态 5: 部件 2 在修理, 部件 1 待修.

显然, 状态 4 和状态 5 是系统的故障状态, 因此

$$\mathbb{E} = \{0,1,2,3,4,5\}, W = \{0,1,2,3\}, F = \{4,5\}$$

令 $X(t) = j$ 表示时刻 t 系统处于状态 j $(j = 0,1,2,3,4,5)$, 则由定义 1.4 可以证明 $\{X(t) \mid t \geqslant 0\}$ 是状态空间为 $\mathbb{E}$ 的时齐马尔可夫过程. 系统不同状态之间的转移如图 3-8 所示.

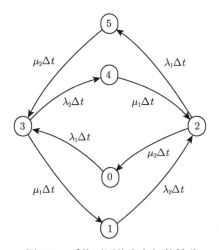

图 3-8　系统不同状态之间的转移

由图 3-8 写出转移概率矩阵

$$\mathbb{A} = \begin{pmatrix} -\lambda_1 & 0 & 0 & \lambda_1 & 0 & 0 \\ 0 & -\lambda_2 & \lambda_2 & 0 & 0 & 0 \\ \mu_2 & 0 & -\lambda_1 - \mu_2 & 0 & 0 & \lambda_1 \\ 0 & \mu_1 & 0 & -\lambda_2 - \mu_1 & \lambda_2 & 0 \\ 0 & 0 & \mu_1 & 0 & -\mu_1 & 0 \\ 0 & 0 & 0 & \mu_2 & 0 & -\mu_2 \end{pmatrix} \tag{3-287}$$

对此系统只求系统可靠性的稳态指标和平均指标. 解方程组

$$\begin{cases} (\pi_0, \pi_1, \pi_2, \pi_3, \pi_4, \pi_5)\mathbb{A} = (0,0,\cdots,0) \\ \pi_0 + \pi_1 + \pi_2 + \pi_3 + \pi_4 + \pi_5 = 1 \end{cases} \tag{3-288}$$

即

$$-\lambda_1 \pi_0 + \mu_2 \pi_2 = 0 \Rightarrow \pi_2 = \frac{\lambda_1}{\mu_2} \pi_0 \tag{3-289}$$

$$-\lambda_2\pi_1 + \mu_1\pi_3 = 0 \Rightarrow \pi_3 = \frac{\lambda_2}{\mu_1}\pi_1 \tag{3-290}$$

$$\lambda_2\pi_1 - (\lambda_1 + \mu_2)\pi_2 + \mu_1\pi_4 = 0$$
$$\Rightarrow \pi_4 = \frac{\lambda_1 + \mu_2}{\mu_1}\pi_2 - \frac{\lambda_2}{\mu_1}\pi_1 = \frac{\lambda_1(\lambda_1 + \mu_2)}{\mu_1\mu_2}\pi_0 - \frac{\lambda_2}{\mu_1}\pi_1 \tag{3-291}$$

$$\lambda_1\pi_0 - (\lambda_2 + \mu_1)\pi_3 + \mu_2\pi_5 = 0$$
$$\Rightarrow \pi_5 = \frac{\lambda_2 + \mu_1}{\mu_2}\pi_3 - \frac{\lambda_1}{\mu_2}\pi_0 = \frac{\lambda_2(\lambda_2 + \mu_1)}{\mu_1\mu_2}\pi_1 - \frac{\lambda_1}{\mu_2}\pi_0 \tag{3-292}$$

$$\lambda_2\pi_3 - \mu_1\pi_4 = 0 \Rightarrow \pi_4 = \left(\frac{\lambda_2}{\mu_1}\right)^2\pi_1 \tag{3-293}$$

$$\lambda_1\pi_2 - \mu_2\pi_5 = 0 \Rightarrow \pi_5 = \left(\frac{\lambda_1}{\mu_2}\right)^2\pi_0 \tag{3-294}$$

从而系统各状态的稳态概率分布为

$$\pi_0 = \left[1 + \frac{\lambda_1}{\mu_2} + \frac{\lambda_1^2}{\mu_2^2} + \frac{\lambda_1(\lambda_1 + \mu_2)}{\mu_2(\lambda_2 + \mu_1)}\right.$$
$$\left. + \frac{\lambda_1\lambda_2(\lambda_1 + \mu_2)}{\mu_1\mu_2(\lambda_2 + \mu_1)} + \frac{\lambda_1\mu_1(\lambda_1 + \mu_2)}{\lambda_2\mu_2(\lambda_2 + \mu_1)}\right]^{-1} \tag{3-295}$$

$$\pi_1 = \frac{\lambda_1\mu_1(\lambda_1 + \mu_2)}{\lambda_2\mu_2(\lambda_2 + \mu_1)}\left[1 + \frac{\lambda_1}{\mu_2} + \frac{\lambda_1^2}{\mu_2^2} + \frac{\lambda_1(\lambda_1 + \mu_2)}{\mu_2(\lambda_2 + \mu_1)}\right.$$
$$\left. + \frac{\lambda_1\lambda_2(\lambda_1 + \mu_2)}{\mu_1\mu_2(\lambda_2 + \mu_1)} + \frac{\lambda_1\mu_1(\lambda_1 + \mu_2)}{\lambda_2\mu_2(\lambda_2 + \mu_1)}\right]^{-1} \tag{3-296}$$

$$\pi_2 = \frac{\lambda_1}{\mu_2}\left[1 + \frac{\lambda_1}{\mu_2} + \frac{\lambda_1^2}{\mu_2^2} + \frac{\lambda_1(\lambda_1 + \mu_2)}{\mu_2(\lambda_2 + \mu_1)}\right.$$
$$\left. + \frac{\lambda_1\lambda_2(\lambda_1 + \mu_2)}{\mu_1\mu_2(\lambda_2 + \mu_1)} + \frac{\lambda_1\mu_1(\lambda_1 + \mu_2)}{\lambda_2\mu_2(\lambda_2 + \mu_1)}\right]^{-1} \tag{3-297}$$

$$\pi_3 = \frac{\lambda_1(\lambda_1 + \mu_2)}{\mu_2(\lambda_2 + \mu_1)}\left[1 + \frac{\lambda_1}{\mu_2} + \frac{\lambda_1^2}{\mu_2^2} + \frac{\lambda_1(\lambda_1 + \mu_2)}{\mu_2(\lambda_2 + \mu_1)}\right.$$
$$\left. + \frac{\lambda_1\lambda_2(\lambda_1 + \mu_2)}{\mu_1\mu_2(\lambda_2 + \mu_1)} + \frac{\lambda_1\mu_1(\lambda_1 + \mu_2)}{\lambda_2\mu_2(\lambda_2 + \mu_1)}\right]^{-1} \tag{3-298}$$

$$\pi_4 = \frac{\lambda_1\lambda_2(\lambda_1 + \mu_2)}{\mu_1\mu_2(\lambda_2 + \mu_1)}\left[1 + \frac{\lambda_1}{\mu_2} + \frac{\lambda_1^2}{\mu_2^2} + \frac{\lambda_1(\lambda_1 + \mu_2)}{\mu_2(\lambda_2 + \mu_1)}\right.$$
$$\left. + \frac{\lambda_1\lambda_2(\lambda_1 + \mu_2)}{\mu_1\mu_2(\lambda_2 + \mu_1)} + \frac{\lambda_1\mu_1(\lambda_1 + \mu_2)}{\lambda_2\mu_2(\lambda_2 + \mu_1)}\right]^{-1} \tag{3-299}$$

$$\pi_5 = \frac{\lambda_1^2}{\mu_2^2}\left[1 + \frac{\lambda_1}{\mu_2} + \frac{\lambda_1^2}{\mu_2^2} + \frac{\lambda_1(\lambda_1 + \mu_2)}{\mu_2(\lambda_2 + \mu_1)}\right.$$
$$\left. + \frac{\lambda_1\lambda_2(\lambda_1 + \mu_2)}{\mu_1\mu_2(\lambda_2 + \mu_1)} + \frac{\lambda_1\mu_1(\lambda_1 + \mu_2)}{\lambda_2\mu_2(\lambda_2 + \mu_1)}\right]^{-1} \tag{3-300}$$

因此, 由式 (3-295)~ 式 (3-300) 与以下公式

$$\begin{cases} A = \pi_0 + \pi_1 + \pi_2 + \pi_3 \\ M = \lambda_1 \pi_2 + \lambda_2 \pi_3 \\ \text{MUT} = \dfrac{A}{M} \\ \text{MDT} = \dfrac{\overline{A}}{M} \\ \text{MCT} = \dfrac{1}{M} \\ B = \pi_2 + \pi_3 + \pi_4 + \pi_5 \end{cases} \tag{3-301}$$

求出系统可靠性指标的具体值.

若时刻 0 两个部件都是正常的, 即 $Q_W(0) = (1,0,0,0)$, 则下面来求 MTTFF. 由定理 3.5 知道

$$(x_0, x_1, x_2, x_3) \begin{pmatrix} -\lambda_1 & 0 & 0 & \lambda_1 \\ 0 & -\lambda_2 & \lambda_2 & 0 \\ \mu_2 & 0 & -(\lambda_1 + \mu_2) & 0 \\ 0 & \mu_1 & 0 & -(\lambda_2 + \mu_1) \end{pmatrix} = (-1, 0, 0, 0) \tag{3-302}$$

其系数行列式为

$$\Delta = \lambda_1 \lambda_2 (\lambda_1 \lambda_2 + \lambda_1 \mu_1 + \lambda_2 \mu_2)$$

用克拉默法则推出

$$\begin{aligned} \text{MTTFF} &= x_0 + x_1 + x_2 + x_3 \\ &= \frac{1}{\Delta} \begin{vmatrix} -1 & 0 & 0 & 0 \\ 0 & -\lambda_2 & \lambda_2 & 0 \\ \mu_2 & 0 & -(\lambda_1 + \mu_2) & 0 \\ 0 & \mu_1 & 0 & -(\lambda_2 + \mu_1) \end{vmatrix} \\ &+ \frac{1}{\Delta} \begin{vmatrix} -\lambda_1 & 0 & 0 & \lambda_1 \\ -1 & 0 & 0 & 0 \\ \mu_2 & 0 & -(\lambda_1 + \mu_2) & 0 \\ 0 & \mu_1 & 0 & -(\lambda_2 + \mu_1) \end{vmatrix} \\ &+ \frac{1}{\Delta} \begin{vmatrix} -\lambda_1 & 0 & 0 & \lambda_1 \\ 0 & -\lambda_2 & \lambda_2 & 0 \\ -1 & 0 & 0 & 0 \\ 0 & \mu_1 & 0 & -(\lambda_2 + \mu_1) \end{vmatrix} \\ &+ \frac{1}{\Delta} \begin{vmatrix} -\lambda_1 & 0 & 0 & \lambda_1 \\ 0 & -\lambda_2 & \lambda_2 & 0 \\ \mu_2 & 0 & -(\lambda_1 + \mu_2) & 0 \\ -1 & 0 & 0 & 0 \end{vmatrix} \end{aligned}$$

$$
\begin{aligned}
&= \frac{-1}{\Delta}
\begin{vmatrix}
-\lambda_2 & \lambda_2 & 0 \\
0 & -(\lambda_1 + \mu_2) & 0 \\
\mu_1 & 0 & -(\lambda_2 + \mu_1)
\end{vmatrix} \\
&\quad - \frac{(-1)^{1+2}}{\Delta}
\begin{vmatrix}
0 & 0 & \lambda_1 \\
0 & -(\lambda_1 + \mu_2) & 0 \\
\mu_1 & 0 & -(\lambda_2 + \mu_1)
\end{vmatrix} \\
&\quad - \frac{(-1)^{1+3}}{\Delta}
\begin{vmatrix}
0 & 0 & \lambda_1 \\
-\lambda_2 & \lambda_2 & 0 \\
\mu_1 & 0 & -(\lambda_2 + \mu_1)
\end{vmatrix} \\
&\quad - \frac{(-1)^{1+4}}{\Delta}
\begin{vmatrix}
0 & 0 & \lambda_1 \\
-\lambda_2 & \lambda_2 & 0 \\
0 & -(\lambda_1 + \mu_2) & 0
\end{vmatrix} \\
&= -\frac{1}{\Delta}[-\lambda_2(\lambda_1 + \mu_2)(\lambda_2 + \mu_1)] + \frac{1}{\Delta}\lambda_1\mu_1(\lambda_1 + \mu_2) \\
&\quad - \frac{1}{\Delta}[-\lambda_1\lambda_2\mu_1] + \frac{1}{\Delta}\lambda_1\lambda_2(\lambda_1 + \mu_2) \\
&= \frac{1}{\Delta}\Big[\lambda_2(\lambda_1 + \mu_2)(\lambda_2 + \mu_1) + \lambda_1\lambda_2(\lambda_1 + \mu_2) \\
&\quad + \lambda_1\mu_1(\lambda_1 + \mu_2) + \lambda_1\lambda_2\mu_1\Big] \\
&= \frac{1}{\Delta}\Big[\lambda_2(\lambda_1 + \mu_2)(\lambda_1 + \lambda_2 + \mu_1) + \lambda_1\mu_1(\lambda_1 + \mu_2) + \lambda_1\lambda_2\mu_1\Big] \\
&= \frac{1}{\Delta}\Big\{(\lambda_1 + \mu_2)\big[\lambda_1\lambda_2 + \lambda_2^2 + \lambda_2\mu_1 + \lambda_1\mu_1\big] + \lambda_1\lambda_2\mu_1\Big\} \\
&= \frac{1}{\Delta}\Big\{(\lambda_1 + \mu_2)\big[\lambda_1(\lambda_2 + \mu_1) + \lambda_2(\lambda_2 + \mu_1)\big] + \lambda_1\lambda_2\mu_1\Big\} \\
&= \frac{(\lambda_1 + \lambda_2)(\lambda_1 + \mu_2)(\lambda_2 + \mu_1) + \lambda_1\lambda_2\mu_1}{\lambda_1\lambda_2(\lambda_1\lambda_2 + \lambda_1\mu_1 + \lambda_2\mu_2)}
\end{aligned}
\tag{3-303}
$$

3.7 温储备系统

3.7.1 n 个同型部件的情形

系统由 n 个同型部件和一个修理设备组成. 假定所有部件工作故障和储备故障后的修理时间分布相同. 当系统中 n 个部件均正常时, 一个部件正处于工作状态, 其余部件均处于温储备状态. 当工作部件发生故障时, 储备部件之一立即去替换而转为工作状态; 当储备部件之一发生故障时, 工作部件继续工作. 因为只有一个修理设备, 所以当有两个或两个以上的部件故障时, 只能修理其中之一, 其余故障部件处于待修状态. 假定所有部件的工作寿命分布为 $1 - \mathrm{e}^{-\lambda t}$ ($t \geqslant 0$, $\lambda > 0$), 储备寿命分布为 $1 - \mathrm{e}^{-\nu t}$ ($t \geqslant 0$, $\nu > 0$), 工作故障的部件和储备故障部件有相同的修理时间分布, 均为 $1 - \mathrm{e}^{-\mu t}$ ($t \geqslant 0$, $\mu > 0$). 进一步假定所有随机变量均相互独立, 工作部件的寿命分布与其曾储备的时间无关, 故障部件修复后的寿命分布与新部件相同, 部件的状态转换开关是完全可靠的, 开关转换是瞬时的.

此系统共有 $n+1$ 个不同状态. 令

$$X(t) = j, \quad \text{若时刻 } t \text{ 系统中有 } j \text{ 个故障的部件}$$
$$(\text{包括正在修理的部件}), \quad j = 0, 1, \cdots, n$$

根据温储备系统的定义, 状态 n 是系统的故障状态. 因此

$$\mathbb{E} = \{0, 1, \cdots, n\}, \ W = \{0, 1, \cdots, n-1\}, \ F = \{n\}.$$

由定义 1.4 可以证明 $\{X(t) \mid t \geqslant 0\}$ 是状态空间 $\mathbb{E}$ 上的时齐马尔可夫过程. 以下讨论 Δt 时间内系统的变化情况.

$$\begin{aligned}
P_{0,1}(\Delta t) &= P\{X(\Delta t) = 1 \mid X(0) = 0\} \\
&= P\{\Delta t \text{ 内有 1 个故障部件} \mid 0 \text{ 时刻无故障部件}\} \\
&= P\{\Delta t \text{ 内工作部件故障} \mid 0 \text{ 时刻无故障部件}\} \\
&\quad + P\{\Delta t \text{ 内储备部件 1 故障} \mid 0 \text{ 时刻无故障部件}\} \\
&\quad + P\{\Delta t \text{ 内储备部件 2 故障} \mid 0 \text{ 时刻无故障部件}\} \\
&\quad + \cdots \\
&\quad + P\{\Delta t \text{ 内储备部件 } n-1 \text{ 故障} \mid 0 \text{ 时刻无故障部件}\} \\
&= \lambda \Delta t + \overbrace{\nu \Delta t + \nu \Delta t + \cdots + \nu \Delta t}^{n-1} + o(\Delta t) \\
&= \lambda \Delta t + (n-1)\nu \Delta t + o(\Delta t) \\
&= [\lambda + (n-1)\nu]\Delta t + o(\Delta t)
\end{aligned} \tag{3-304}$$

以下只讨论一种情况, 其余情况类似讨论, 结果相等.

$$\begin{aligned}
P_{1,2}(\Delta t) &= P\{X(\Delta t) = 2 \mid X(0) = 1\} \\
&= P\{\Delta t \text{ 内有 2 个故障部件} \mid 0 \text{ 时刻有 1 个故障部件}\} \\
&= P\{\Delta t \text{ 内工作部件故障} \mid 0 \text{ 时刻储备部件 1 故障}\} \\
&\quad + P\{\Delta t \text{ 内储备部件 2 故障} \mid 0 \text{ 时刻储备部件 1 故障}\} \\
&\quad + P\{\Delta t \text{ 内储备部件 3 故障} \mid 0 \text{ 时刻储备部件 1 故障}\} \\
&\quad + \cdots \\
&\quad + P\{\Delta t \text{ 内储备部件 } n-1 \text{ 故障} \mid 0 \text{ 时刻储备部件 1 故障}\} \\
&= \lambda \Delta t + \overbrace{\nu \Delta t + \nu \Delta t + \cdots + \nu \Delta t}^{n-2} + o(\Delta t) \\
&= [\lambda + (n-2)\nu]\Delta t + o(\Delta t)
\end{aligned} \tag{3-305}$$

通过与式 (3-304) 和式 (3-305) 类似的过程得到

$$P_{j,j+1}(\Delta t) = [\lambda + (n-j-1)\nu]\Delta t + o(\Delta t), \quad j = 0, 1, \cdots, n-1 \tag{3-306}$$

因为工作部件与储备部件有相同的修理时间, 所以

$$
\begin{aligned}
P_{j,j-1}(\Delta t) &= P\{X(\Delta t) = j-1 \mid X(0) = j\} \\
&= P\{\Delta t \text{ 内有 } j-1 \text{ 个故障部件 } \mid 0 \text{ 时刻有 } j \text{ 个故障部件}\} \\
&= P\{\Delta t \text{ 内修好 } 1 \text{ 个故障部件 } \mid 0 \text{ 时刻有 } j \text{ 个故障部件}\} + o(\Delta t) \\
&= \mu \Delta t + o(\Delta t), \quad j = 1, 2, \cdots, n
\end{aligned} \tag{3-307}
$$

由于修理设备一次只能修理一个故障部件, 所以

$$
\begin{aligned}
P_{j,k}(\Delta t) &= P\{X(\Delta t) = k \mid X(0) = j\} \\
&= P\{\Delta t \text{ 内有 } k \text{ 个故障部件 } \mid 0 \text{ 时刻有 } j \text{ 个故障部件}\} \\
&= o(\Delta t), \quad k \neq j-1, \ k \neq j, \ k \neq j+1
\end{aligned} \tag{3-308}
$$

由式 (3-306), 式 (3-307) 与式 (3-308) 计算出

$$
\begin{aligned}
P_{j,j}(\Delta t) &= 1 - \sum_{\substack{i=0 \\ i \neq j}}^{n} P_{j,i}(\Delta t) \\
&= 1 - [\lambda + (n-j-1)\nu]\Delta t - \mu\Delta t + o(\Delta t)
\end{aligned} \tag{3-309}
$$

$$
\begin{aligned}
P_{0,0}(\Delta t) &= 1 - \sum_{i=1}^{n} P_{j,i}(\Delta t) \\
&= 1 - [\lambda + (n-1)\nu]\Delta t + o(\Delta t)
\end{aligned} \tag{3-310}
$$

在 Δt 内系统的状态转移图如图 3-9 所示.

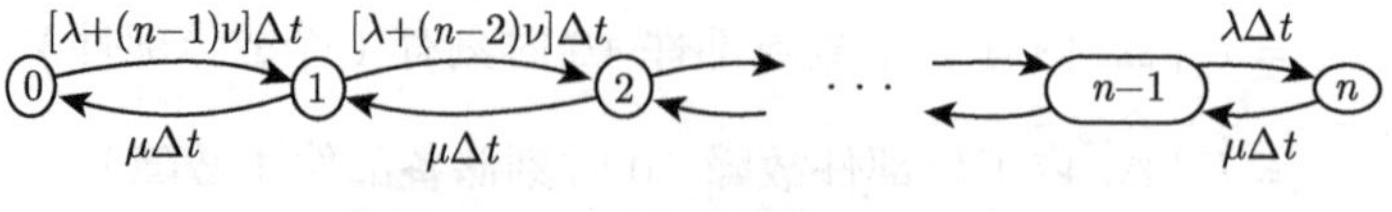

图 3-9 Δt 内系统的状态转移

由式 (3-306)~ 式 (3-310) 知道转移概率矩阵

$$
A = \begin{pmatrix}
-\lambda - (n-1)\nu & \lambda + (n-1)\nu & & & \mathbf{0} \\
\mu & -\lambda - (n-2)\nu - \mu & \lambda + (n-2)\nu & & \\
& \ddots & \ddots & \ddots & \\
& & \mu & -\lambda - \mu & \lambda \\
\mathbf{0} & & & \mu & -\mu
\end{pmatrix} \tag{3-311}
$$

下面求系统可靠性的稳态指标和平均指标. 由于矩阵 A 是三对角线的 (见式 (3-22)), 所以由式 (3-29)

$$\pi_0 = \left\{ 1 + \sum_{j=1}^{n} \frac{1}{\mu^j} \prod_{k=0}^{j-1} [\lambda + (n-k-1)\nu] \right\}^{-1} \tag{3-312}$$

$$\pi_j = \frac{\pi_0}{\mu^j} \prod_{k=0}^{j-1} [\lambda + (n-k-1)\nu], \quad j = 1, 2, \cdots, n \tag{3-313}$$

因此, 由式 (3-312) 与式 (3-313) 及以下公式

$$\begin{cases} A = 1 - \pi_n \\ M = \lambda \pi_{n-1} \\ \mathrm{MUT} = \dfrac{A}{M} \\ \mathrm{MDT} = \dfrac{\overline{A}}{M} = \dfrac{1}{\mu} \\ \mathrm{MCT} = \dfrac{1}{M} \\ B = 1 - \pi_0 \end{cases} \tag{3-314}$$

求出系统的可靠性稳态指标的具体值.

以下, 仅对 $n = 2$ 的情形求系统可靠性的瞬时指标. 系统由两个同型部件和一个修理设备组成. 假定时刻 0 两个部件是正常的, 即 $P_0(0) = 1$, $P_i(0) = 0$, $i = 1, 2$. 此时, $P_j(t)$ $(j = 0, 1, 2)$ 满足微分方程组

$$\left(\frac{\mathrm{d}P_0(t)}{\mathrm{d}t}, \frac{\mathrm{d}P_1(t)}{\mathrm{d}t}, \frac{\mathrm{d}P_2(t)}{\mathrm{d}t} \right)$$
$$= (P_0(t), P_1(t), P_2(t)) \begin{pmatrix} -\lambda - \nu & \lambda + \nu & 0 \\ \mu & -\lambda - \mu & \lambda \\ 0 & \mu & -\mu \end{pmatrix} \tag{3-315}$$

$$(P_0(0), P_1(0), P_2(0)) = (1, 0, 0) \tag{3-316}$$

对式 (3-315) 作拉普拉斯变换, 然后通过式 (3-314) 部分分式表达求拉普拉斯逆变换得到

$$P_0(t) = \frac{\mu^2}{s_1 s_2} + \frac{s_1^2 + (\lambda + 2\mu)s_1 + \mu^2}{s_1(s_1 - s_2)} e^{s_1 t} + \frac{s_2^2 + (\lambda + 2\mu)s_2 + \mu^2}{s_2(s_2 - s_1)} e^{s_2 t} \tag{3-317}$$

$$P_1(t) = \frac{(\lambda + \nu)\mu}{s_1 s_2} + \frac{(\lambda + \nu)(s_1 + \mu)}{s_1(s_1 - s_2)} e^{s_1 t} + \frac{(\lambda + \nu)(s_2 + \mu)}{s_2(s_2 - s_1)} e^{s_2 t} \tag{3-318}$$

$$P_2(t) = \frac{\lambda(\lambda + \nu)}{s_1 s_2} + \frac{\lambda(\lambda + \nu)}{s_1(s_1 - s_2)} e^{s_1 t} + \frac{\lambda(\lambda + \nu)}{s_2(s_2 - s_1)} e^{s_2 t} \tag{3-319}$$

其中, s_1, s_2 是方程

$$s^2 + (2\lambda + \nu + 2\mu)s + (\lambda + \nu)(\lambda + \mu) + \mu^2 = 0$$

的两个根

$$s_1, s_2 = \frac{1}{2} \left[-(2\lambda + \nu + 2\mu) \pm \sqrt{4\lambda\mu + \nu^2} \right] < 0$$

因此

$$
\begin{aligned}
A(t) &= 1 - P_2(t) \\
&= \frac{(\lambda + \nu + \mu)\mu}{(\lambda + \nu)(\lambda + \mu) + \mu^2} - \frac{\lambda(\lambda + \nu)}{s_1 s_2 (s_1 - s_2)}(s_2 e^{s_1 t} - s_1 e^{s_2 t})
\end{aligned}
\tag{3-320}
$$

$$A = \frac{(\lambda + \nu + \mu)\mu}{(\lambda + \nu)(\lambda + \mu) + \mu^2} \tag{3-321}$$

$$m(t) = \lambda P_1(t) \tag{3-322}$$

$$M = \lim_{t \to \infty} m(t) = \frac{\lambda\mu(\lambda + \nu)}{(\lambda + \nu)(\lambda + \mu) + \mu^2} \tag{3-323}$$

$$
\begin{aligned}
M(t) &= \int_0^t m(u)\mathrm{d}u \\
&= \frac{\lambda\mu(\lambda + \nu)}{(\lambda + \nu)(\lambda + \mu) + \mu^2} t + \frac{\lambda(\lambda + \nu)(s_1 + \mu)}{s_1^2(s_2 - s_1)}(1 - e^{s_1 t}) \\
&\quad + \frac{\lambda(\lambda + \nu)(s_2 + \mu)}{s_2^2(s_1 - s_2)}(1 - e^{s_2 t})
\end{aligned}
\tag{3-324}
$$

为求系统的可靠度解微分方程组

$$\frac{\mathrm{d}Q_0(t)}{\mathrm{d}t} = -(\lambda + \nu)Q_0(t) + \mu Q_1(t) \tag{3-325}$$

$$\frac{\mathrm{d}Q_1(t)}{\mathrm{d}t} = (\lambda + \nu)Q_0(t) - (\lambda + \mu)Q_1(t) \tag{3-326}$$

$$Q_0(0) = 1, \quad Q_1(0) = 0 \tag{3-327}$$

对式 (3-325), 式 (3-326) 作拉普拉斯变换并用式 (3-327) 求得

$$-Q_0(0) + sQ_0^*(s) = -(\lambda + \nu)Q_0^*(s) + \mu Q_1^*(s)$$

$$\Rightarrow$$

$$(s + \lambda + \nu)Q_0^*(s) - \mu Q_1^*(s) = 1 \tag{3-328}$$

$$-Q_1(0) + sQ_1^*(s) = (\lambda + \nu)Q_0^*(s) - (\lambda + \mu)Q_1^*(s)$$

$$\Rightarrow$$

$$(\lambda + \nu)Q_0^*(s) = (s + \lambda + \mu)Q_1^*(s)$$

$$\Rightarrow$$

$$Q_0^*(s) = \frac{s + \lambda + \mu}{\lambda + \nu}Q_1^*(s) \tag{3-329}$$

合并式 (3-328) 与式 (3-329) 推出

$$\left[(s + \lambda + \nu)\frac{s + \lambda + \mu}{\lambda + \nu} - \mu \right] Q_1^*(s) = 1$$

$$\Rightarrow$$

$$Q_1^*(s) = \frac{\lambda + \nu}{(s + \lambda + \nu)(s + \lambda + \mu) - \mu(\lambda + \nu)} \tag{3-330}$$

$$Q_0^*(s) = \frac{s + \lambda + \mu}{(s + \lambda + \nu)(s + \lambda + \mu) - \mu(\lambda + \nu)} \tag{3-331}$$

令 $(s + \lambda + \nu)(s + \lambda + \mu) - \mu(\lambda + \nu) = 0$, 即 $s^2 + (2\lambda + \mu + \nu)s + \lambda(\lambda + \nu) = 0$, 则

$$s_1', s_2' = \frac{1}{2}\left[-(2\lambda + \nu + \mu) \pm \sqrt{(\nu + \mu)^2 + 4\lambda\mu} \right] < 0 \tag{3-332}$$

利用 s_1', s_2' 将式 (3-330) 与式 (3-331) 化成部分分式为

$$Q_0^*(s) = \frac{s + \lambda + \mu}{(s - s_1')(s - s_2')} = \frac{a_0}{s - s_1'} + \frac{b_0}{s - s_2'} \tag{3-333}$$

$$Q_1^*(s) = \frac{\lambda + \nu}{(s - s_1')(s - s_2')} = \frac{a_1}{s - s_1'} + \frac{b_1}{s - s_2'} \tag{3-334}$$

其中, a_i, b_i $(i = 0, 1)$ 满足

$$\begin{cases} a_0 + b_0 = 1 \\ -a_0 s_2' - b_0 s_1' = \lambda + \mu \end{cases} \tag{3-335}$$

$$\begin{cases} a_1 + b_1 = 0 \\ -a_1 s_2' - b_1 s_1' = \lambda + \nu \end{cases} \tag{3-336}$$

求式 (3-333) 与式 (3-334) 的拉普拉斯逆变换

$$Q_0(t) = a_0 e^{s_1' t} + b_0 e^{s_2' t} \tag{3-337}$$

$$Q_1(t) = a_1 e^{s_1' t} + b_1 e^{s_2' t} \tag{3-338}$$

从而

$$\begin{aligned} R(t) &= Q_0(t) + Q_1(t) \\ &= (a_0 + a_1)e^{s_1' t} + (b_0 + b_1)e^{s_2' t} \\ &= -\frac{2\lambda + \mu + \nu + s_1'}{s_2' - s_1'}e^{s_1' t} + \frac{2\lambda + \mu + \nu + s_2'}{s_2' - s_1'}e^{s_2' t} \\ &= \frac{1}{s_2' - s_1'}\left[-(2\lambda + \mu + \nu + s_1')e^{s_1' t} + (2\lambda + \mu + \nu + s_2')e^{s_2' t} \right] \end{aligned} \tag{3-339}$$

由此式与 s_1', s_2' 的定义求出

$$\begin{aligned} \mathrm{MTTFF} &= \int_0^\infty R(t)\mathrm{d}t \\ &= \frac{1}{s_2' - s_1'}\left[\frac{2\lambda + \mu + \nu + s_1'}{s_1'} - \frac{2\lambda + \mu + \nu + s_2'}{s_2'} \right] \\ &= \frac{2\lambda + \mu + \nu}{s_1' s_2'} = \frac{2\lambda + \nu + \mu}{\lambda(\lambda + \nu)} \end{aligned} \tag{3-340}$$

3.7.2 两个同型部件的情形

系统由两个同型部件和一个修理设备组成. 工作故障部件和储备故障部件有不同的修理时间分布. 假定工作部件故障后的修理时间分布是 $1 - \mathrm{e}^{-\mu_1 t}$ ($\mu_1 \geqslant 0$, $t \geqslant 0$), 储备部件故障后的修理时间分布是 $1 - \mathrm{e}^{-\mu_2 t}$ ($t \geqslant 0$, $\mu_2 > 0$). 当系统中所有部件均正常时, 一个部件正处于工作状态, 另一个部件处于温储备状态. 当工作部件发生故障时, 储备部件立即去替换而转为工作状态; 当储备部件发生故障时, 工作部件继续工作. 因为只有一个修理设备, 所以当有两个部件故障时, 只能修理其中之一, 另一个故障部件处于待修状态. 假定所有部件的工作寿命分布为 $1 - \mathrm{e}^{-\lambda t}$ ($t \geqslant 0$, $\lambda > 0$), 储备寿命分布为 $1 - \mathrm{e}^{-\nu t}$ ($t \geqslant 0$, $\nu > 0$). 进一步假定所有随机变量均相互独立, 工作部件的寿命分布与其曾储备的时间无关, 故障部件修复后的寿命分布与新部件相同, 部件的状态转换开关是完全可靠的, 开关转换是瞬时的. 此时系统共有五个不同的状态.

状态 0: 一个部件在工作, 另一个部件温储备.

状态 1: 一个部件在工作, 另一个部件因工作故障在修理.

状态 2: 一个部件在工作, 另一个部件因储备故障在修理.

状态 3: 一个部件因工作故障在修理, 另一个部件待修.

状态 4: 一个部件因储备故障在修理, 另一个部件待修.

从此系统的运行过程易见, 待修的部件只能是工作故障的部件. 显然 $\mathbb{E} = \{0, 1, 2, 3, 4\}$, $W = \{0, 1, 2\}$, $F = \{3, 4\}$. 令

$$X(t) = j, \quad \text{时刻 } t \text{ 系统处于状态 } j, \quad j = 0, 1, 2, 3, 4$$

由定义 1.4 可以验证 $\{X(t) \mid t \geqslant 0\}$ 是时齐马尔可夫过程. 讨论 Δt 内系统的变化情况.

$$
\begin{aligned}
P_{0,1}(\Delta t) &= P\{X(\Delta t) = 1 \mid X(0) = 0\} \\
&= P\{\Delta t \text{ 内系统处于状态 } 1 \mid 0 \text{ 时刻系统处于状态 } 0\} \\
&= P\{\Delta t \text{ 内工作部件故障} \mid 0 \text{ 时刻系统处于状态 } 0\} \\
&= \lambda \Delta t + o(\Delta t)
\end{aligned}
\tag{3-341}
$$

$$
\begin{aligned}
P_{1,0}(\Delta t) &= P\{X(\Delta t) = 0 \mid X(0) = 1\} \\
&= P\{\Delta t \text{ 内系统处于状态 } 0 \mid 0 \text{ 时刻系统处于状态 } 1\} \\
&= P\{\Delta t \text{ 内修好故障的工作部件} \mid 0 \text{ 时刻系统处于状态 } 1\} \\
&= \mu_1 \Delta t + o(\Delta t)
\end{aligned}
\tag{3-342}
$$

$$
\begin{aligned}
P_{0,2}(\Delta t) &= P\{X(\Delta t) = 2 \mid X(0) = 0\} \\
&= P\{\Delta t \text{ 内系统处于状态 } 2 \mid 0 \text{ 时刻系统处于状态 } 0\} \\
&= P\{\Delta t \text{ 内储备部件故障} \mid 0 \text{ 时刻系统处于状态 } 0\} \\
&= \nu \Delta t + o(\Delta t)
\end{aligned}
\tag{3-343}
$$

$$
\begin{aligned}
P_{2,0}(\Delta t) &= P\{X(\Delta t) = 0 \mid X(0) = 2\} \\
&= P\{\Delta t \text{ 内系统处于状态 } 0 \mid 0 \text{ 时刻系统处于状态 } 2\}
\end{aligned}
$$

$$= P\{\Delta t \text{ 内修好故障的储备部件 } |\, 0 \text{ 时刻系统处于状态 } 2\}$$

$$= \mu_2 \Delta t + o(\Delta t) \tag{3-344}$$

$$P_{1,3}(\Delta t) = P\{X(\Delta t) = 3 \mid X(0) = 1\}$$

$$= P\{\Delta t \text{ 内系统处于状态 } 3 \,|\, 0 \text{ 时刻系统处于状态 } 1\}$$

$$= P\{\Delta t \text{ 内工作部件故障 } |\, 0 \text{ 时刻系统处于状态 } 1\}$$

$$= \lambda \Delta t + o(\Delta t) \tag{3-345}$$

$$P_{3,1}(\Delta t) = P\{X(\Delta t) = 1 \mid X(0) = 3\}$$

$$= P\{\Delta t \text{ 内系统处于状态 } 1 \,|\, 0 \text{ 时刻系统处于状态 } 3\}$$

$$= P\{\Delta t \text{ 内修好故障的工作部件 } |\, 0 \text{ 时刻系统处于状态 } 3\}$$

$$= \mu_1 \Delta t + o(\Delta t) \tag{3-346}$$

$$P_{4,1}(\Delta t) = P\{X(\Delta t) = 1 \mid X(0) = 4\}$$

$$= P\{\Delta t \text{ 内系统处于状态 } 1 \,|\, 0 \text{ 时刻系统处于状态 } 4\}$$

$$= P\{\Delta t \text{ 内修好故障的储备部件 } |\, 0 \text{ 时刻系统处于状态 } 4\}$$

$$= \mu_2 \Delta t + o(\Delta t) \tag{3-347}$$

$$P_{1,4}(\Delta t) = P\{X(\Delta t) = 4 \mid X(0) = 1\} = o(\Delta t) \tag{3-348}$$

$$P_{2,4}(\Delta t) = P\{X(\Delta t) = 4 \mid X(0) = 2\}$$

$$= P\{\Delta t \text{ 内系统处于状态 } 4 \,|\, 0 \text{ 时刻系统处于状态 } 2\}$$

$$= P\{\Delta t \text{ 内工作部件故障 } |\, 0 \text{ 时刻系统处于状态 } 2\}$$

$$= \lambda \Delta t + o(\Delta t) \tag{3-349}$$

由系统的特点知道

$$P_{0,3}(\Delta t) = P_{0,4}(\Delta t) = o(\Delta t) \tag{3-350}$$

$$P_{1,2}(\Delta t) = P_{2,1}(\Delta t) = P_{2,3}(\Delta t) = o(\Delta t) \tag{3-351}$$

$$P_{3,0}(\Delta t) = P_{3,2}(\Delta t) = P_{3,4}(\Delta t) = o(\Delta t) \tag{3-352}$$

$$P_{4,0}(\Delta t) = P_{4,2}(\Delta t) = P_{4,3}(\Delta t) = o(\Delta t) \tag{3-353}$$

由式 (3-341), 式 (3-343) 和式 (3-350) 推出

$$P_{0,0}(\Delta t) = 1 - \sum_{i=1}^{4} P_{0,i}(\Delta t)$$

$$= 1 - (\lambda + \nu)\Delta t + o(\Delta t) \tag{3-354}$$

式 (3-342), 式 (3-345), 式 (3-348) 和式 (3-351) 蕴含

$$P_{1,1}(\Delta t) = 1 - P_{1,0}(\Delta t) - \sum_{i=2}^{4} P_{1,i}(\Delta t)$$

$$= 1 - (\lambda + \mu_1)\Delta t + o(\Delta t) \tag{3-355}$$

由式 (3-344), 式 (3-349) 和式 (3-351) 给出

$$P_{2,2}(\Delta t) = 1 - P_{2,0}(\Delta t) - P_{2,1}(\Delta t) - P_{2,3}(\Delta t) - P_{2,4}(\Delta t)$$
$$= 1 - (\lambda + \mu_2)\Delta t + o(\Delta t) \tag{3-356}$$

利用式 (3-346) 和式 (3-352) 计算出

$$P_{3,3}(\Delta t) = 1 - P_{3,0}(\Delta t) - P_{3,1}(\Delta t) - P_{3,2}(\Delta t) - P_{3,4}(\Delta t)$$
$$= 1 - \mu_1\Delta t + o(\Delta t) \tag{3-357}$$

类似地, 由式 (3-347) 和式 (3-352) 求出

$$P_{4,4}(\Delta t) = 1 - \sum_{i=0}^{3} P_{4,i}(\Delta t) = 1 - \mu_2\Delta t + o(\Delta t) \tag{3-358}$$

由式 (3-341)～ 式 (3-358) 知道不同状态之间的转移概率如图 3-10 所示.

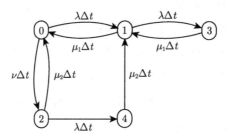

图 3-10   不同状态之间的转移概率

由式 (3-341)～ 式 (3-358) 写出转移概率矩阵

$$\mathbb{A} = \begin{pmatrix} -\lambda - \nu & \lambda & \nu & 0 & 0 \\ \mu_1 & -\lambda - \mu_1 & 0 & \lambda & 0 \\ \mu_2 & 0 & -\lambda - \mu_2 & 0 & \lambda \\ 0 & \mu_1 & 0 & -\mu_1 & 0 \\ 0 & \mu_2 & 0 & 0 & -\mu_2 \end{pmatrix} \tag{3-359}$$

下面只求这个系统的稳态可靠性指标和平均指标. 解线性方程组

$$\begin{cases} (\pi_0, \pi_1, \cdots, \pi_4)\mathbb{A} = (0, 0, \cdots, 0) \\ \pi_0 + \pi_1 + \pi_2 + \pi_3 + \pi_4 = 1 \end{cases} \tag{3-360}$$

或

$$-(\lambda + \nu)\pi_0 + \mu_1\pi_1 + \mu_2\pi_2 = 0 \tag{3-361}$$

$$\lambda\pi_0 - (\lambda + \mu_1)\pi_1 + \mu_1\pi_3 + \mu_2\pi_4 = 0 \tag{3-362}$$

$$\nu\pi_0 - (\lambda + \mu_2)\pi_2 = 0 \Rightarrow \pi_2 = \frac{\nu}{\lambda + \mu_2}\pi_0 \tag{3-363}$$

$$\lambda\pi_1 - \mu_1\pi_3 = 0 \Rightarrow \pi_3 = \frac{\lambda}{\mu_1}\pi_1 \tag{3-364}$$

$$\lambda\pi_2 - \mu_2\pi_4 = 0 \Rightarrow \pi_4 = \frac{\lambda}{\mu_2}\pi_2 \tag{3-365}$$

得到

$$\pi_0 = \left[1 + \frac{\lambda(\lambda + \nu + \mu_2)}{\mu_1(\lambda + \mu_2)} + \frac{\nu}{\lambda + \mu_2} \right.$$
$$\left. + \frac{\lambda^2(\lambda + \nu + \mu_2)}{\mu_1^2(\lambda + \mu_2)} + \frac{\lambda\nu}{\mu_2(\lambda + \mu_2)}\right]^{-1} \tag{3-366}$$

$$\pi_1 = \frac{\lambda(\lambda + \nu + \mu_2)}{\mu_1(\lambda + \mu_2)}\left[1 + \frac{\lambda(\lambda + \nu + \mu_2)}{\mu_1(\lambda + \mu_2)} + \frac{\nu}{\lambda + \mu_2} \right.$$
$$\left. + \frac{\lambda^2(\lambda + \nu + \mu_2)}{\mu_1^2(\lambda + \mu_2)} + \frac{\lambda\nu}{\mu_2(\lambda + \mu_2)}\right]^{-1} \tag{3-367}$$

$$\pi_2 = \frac{\nu}{\lambda + \mu_2}\left[1 + \frac{\lambda(\lambda + \nu + \mu_2)}{\mu_1(\lambda + \mu_2)} + \frac{\nu}{\lambda + \mu_2} \right.$$
$$\left. + \frac{\lambda^2(\lambda + \nu + \mu_2)}{\mu_1^2(\lambda + \mu_2)} + \frac{\lambda\nu}{\mu_2(\lambda + \mu_2)}\right]^{-1} \tag{3-368}$$

$$\pi_3 = \frac{\lambda^2(\lambda + \nu + \mu_2)}{\mu_1^2(\lambda + \mu_2)}\left[1 + \frac{\lambda(\lambda + \nu + \mu_2)}{\mu_1(\lambda + \mu_2)} + \frac{\nu}{\lambda + \mu_2} \right.$$
$$\left. + \frac{\lambda^2(\lambda + \nu + \mu_2)}{\mu_1^2(\lambda + \mu_2)} + \frac{\lambda\nu}{\mu_2(\lambda + \mu_2)}\right]^{-1} \tag{3-369}$$

$$\pi_4 = \frac{\lambda\nu}{\mu_2(\lambda + \mu_2)}\left[1 + \frac{\lambda(\lambda + \nu + \mu_2)}{\mu_1(\lambda + \mu_2)} + \frac{\nu}{\lambda + \mu_2} \right.$$
$$\left. + \frac{\lambda^2(\lambda + \nu + \mu_2)}{\mu_1^2(\lambda + \mu_2)} + \frac{\lambda\nu}{\mu_2(\lambda + \mu_2)}\right]^{-1} \tag{3-370}$$

从而, 由以下公式

$$\begin{cases} A = \pi_0 + \pi_1 + \pi_2 \\ M = \lambda(\pi_1 + \pi_2) \\ \text{MUT} = \dfrac{A}{M} \\ \text{MDT} = \dfrac{\overline{A}}{M} \\ \text{MCT} = \dfrac{1}{M} \\ B = 1 - \pi_0 \end{cases} \tag{3-371}$$

求出系统的稳态可靠性指标.

若时刻 0 两个部件都是正常的, 则类似于式 (3-340) 计算出

$$\text{MTTFF} = \frac{(\lambda + \mu_1)(\lambda + \nu + \mu_2) + \lambda(\lambda + \mu_2)}{\lambda(\lambda^2 + \lambda\nu + \lambda\mu_2 + \nu\mu_1)} \tag{3-372}$$

3.7.3　两个不同型部件的情形

系统由两个不同型部件和一个修理设备组成. 假设部件 i 的工作寿命分布、储备寿命分布和故障后的修理时间分布分别为 $1-\mathrm{e}^{-\lambda_i t}$, $1-\mathrm{e}^{-\nu_i t}$ 和 $1-\mathrm{e}^{-\mu_i t}$ ($t \geqslant 0$, λ_i, ν_i, $\mu_i > 0, i = 1, 2$). 当系统中所有部件均正常时, 一个部件正处于工作状态, 其余部件均处于温储备状态. 当工作部件发生故障时, 储备部件立即替换而转为工作状态; 当储备部件发生故障时, 工作部件继续工作. 因为只有一个修理设备, 所以当有两个部件故障时, 只能修理其中之一, 另一个故障部件处于待修状态. 进一步假定所有随机变量均相互独立, 工作部件的寿命分布与其曾储备的时间无关, 故障部件修复后的寿命分布与新部件相同, 部件的状态转换开关是完全可靠的, 开关转换是瞬时的. 系统共有六个不同状态.

状态 0: 部件 1 在工作, 部件 2 储备.

状态 1: 部件 2 在工作, 部件 1 储备.

状态 2: 部件 1 在工作, 部件 2 在修理.

状态 3: 部件 2 在工作, 部件 1 在修理.

状态 4: 部件 1 在修理, 部件 2 待修.

状态 5: 部件 2 在修理, 部件 1 待修.

显然, $\mathbb{E} = \{0, 1, \cdots, 5\}$, $W = \{0, 1, 2, 3\}$, $F = \{4, 5\}$. 令

$$X(t) = j, \quad \text{时刻 } t \text{ 系统处于状态 } j, \quad j = 0, 1, \cdots, 5$$

由定义 1.4 可以证明 $\{X(t) \mid t \geqslant 0\}$ 是 $\mathbb{E}$ 上的时齐马尔可夫过程. 考虑 Δt 时间内系统不同状态之间的转移概率.

$$
\begin{aligned}
P_{0,1}(\Delta t) &= P\{X(\Delta t) = 1 \mid X(0) = 0\} \\
&= P\{\Delta t \text{ 内系统处于状态 } 1 \mid 0 \text{ 时刻系统处于状态 } 0\} \\
&= P\{\Delta t \text{ 内部件 2 工作,部件 1 储备 } \mid 0 \text{ 时刻部件 1 工作,部件 2 储备}\} \\
&= o(\Delta t) \tag{3-373}
\end{aligned}
$$

$$
\begin{aligned}
P_{0,2}(\Delta t) &= P\{X(\Delta t) = 2 \mid X(0) = 0\} \\
&= P\{\Delta t \text{ 内系统处于状态 } 2 \mid 0 \text{ 时刻系统处于状态 } 0\} \\
&= P\{\Delta t \text{ 内部件 1 工作,部件 2 在修 } \mid 0 \text{ 时刻部件 1 工作,部件 2 储备}\} \\
&= P\{\Delta t \text{ 内部件 1 工作,部件 2 故障 } \mid 0 \text{ 时刻部件 1 工作,部件 2 储备}\} \\
&= \nu_2 \Delta t + o(\Delta t) \tag{3-374}
\end{aligned}
$$

$$
\begin{aligned}
P_{0,3}(\Delta t) &= P\{X(\Delta t) = 3 \mid X(0) = 0\} \\
&= P\{\Delta t \text{ 内系统处于状态 } 3 \mid 0 \text{ 时刻系统处于状态 } 0\} \\
&= P\{\Delta t \text{ 内部件 2 工作,部件 1 在修 } \mid 0 \text{ 时刻部件 1 工作,部件 2 储备}\} \\
&= P\{\Delta t \text{ 内部件 2 工作,部件 1 故障 } \mid 0 \text{ 时刻部件 1 工作,部件 2 储备}\} \\
&= \lambda_1 \Delta t + o(\Delta t) \tag{3-375}
\end{aligned}
$$

$$P_{0,4}(\Delta t) = P\{X(\Delta t) = 4 \mid X(0) = 0\}$$

$$= P\{\Delta t \text{ 内系统处于状态 } 4 \mid 0 \text{ 时刻系统处于状态 } 0\}$$

$$= P\{\Delta t \text{ 内部件 } 1 \text{ 在修,部件 } 2 \text{ 待修} \mid 0 \text{ 时刻部件 } 1 \text{ 工作,部件 } 2 \text{ 储备}\}$$

$$= o(\Delta t) \tag{3-376}$$

$$P_{0,5}(\Delta t) = P\{X(\Delta t) = 5 \mid X(0) = 0\}$$

$$= P\{\Delta t \text{ 内系统处于状态 } 5 \mid 0 \text{ 时刻系统处于状态 } 0\}$$

$$= P\{\Delta t \text{ 内部件 } 2 \text{ 在修,部件 } 1 \text{ 待修} \mid 0 \text{ 时刻部件 } 1 \text{ 工作,部件 } 2 \text{ 储备}\}$$

$$= o(\Delta t) \tag{3-377}$$

由式 (3-373)～ 式 (3-377) 计算出

$$P_{0,0}(\Delta t) = 1 - \sum_{i=1}^{5} P_{0,i}(\Delta t)$$

$$= 1 - (\lambda_1 + \nu_2)\Delta t + o(\Delta t) \tag{3-378}$$

$$P_{1,0}(\Delta t) = P\{X(\Delta t) = 0 \mid X(0) = 1\}$$

$$= P\{\Delta t \text{ 内系统处于状态 } 0 \mid 0 \text{ 时刻系统处于状态 } 1\}$$

$$= P\{\Delta t \text{ 内部件 } 1 \text{ 工作,部件 } 2 \text{ 储备} \mid 0 \text{ 时刻部件 } 2 \text{ 工作,部件 } 1 \text{ 储备}\}$$

$$= o(\Delta t) \tag{3-379}$$

$$P_{1,2}(\Delta t) = P\{X(\Delta t) = 2 \mid X(0) = 1\}$$

$$= P\{\Delta t \text{ 内系统处于状态 } 2 \mid 0 \text{ 时刻系统处于状态 } 1\}$$

$$= P\{\Delta t \text{ 内部件 } 1 \text{ 工作,部件 } 2 \text{ 在修} \mid 0 \text{ 时刻部件 } 2 \text{ 工作,部件 } 1 \text{ 储备}\}$$

$$= P\{\Delta t \text{ 内部件 } 1 \text{ 工作,部件 } 2 \text{ 故障} \mid 0 \text{ 时刻部件 } 2 \text{ 工作,部件 } 1 \text{ 储备}\}$$

$$= \lambda_2 \Delta t + o(\Delta t) \tag{3-380}$$

$$P_{1,3}(\Delta t) = P\{X(\Delta t) = 3 \mid X(0) = 1\}$$

$$= P\{\Delta t \text{ 内系统处于状态 } 3 \mid 0 \text{ 时刻系统处于状态 } 1\}$$

$$= P\{\Delta t \text{ 内部件 } 2 \text{ 工作,部件 } 1 \text{ 在修} \mid 0 \text{ 时刻部件 } 2 \text{ 工作,部件 } 1 \text{ 储备}\}$$

$$= P\{\Delta t \text{ 内部件 } 2 \text{ 工作,部件 } 1 \text{ 故障} \mid 0 \text{ 时刻部件 } 2 \text{ 工作,部件 } 1 \text{ 储备}\}$$

$$= \nu_1 \Delta t + o(\Delta t) \tag{3-381}$$

$$P_{1,4}(\Delta t) = P\{X(\Delta t) = 4 \mid X(0) = 1\}$$

$$= P\{\Delta t \text{ 内系统处于状态 } 4 \mid 0 \text{ 时刻系统处于状态 } 1\}$$

$$= P\{\Delta t \text{ 内部件 } 1 \text{ 在修,部件 } 2 \text{ 待修} \mid 0 \text{ 时刻部件 } 2 \text{ 工作,部件 } 1 \text{ 储备}\}$$

$$= o(\Delta t) \tag{3-382}$$

$$P_{1,5}(\Delta t) = P\{X(\Delta t) = 5 \mid X(0) = 1\}$$

$$= P\{\Delta t \text{ 内系统处于状态 } 5 \mid 0 \text{ 时刻系统处于状态 } 1\}$$

$$= P\{\Delta t \text{ 内部件 } 2 \text{ 在修,部件 } 1 \text{ 待修} \mid 0 \text{ 时刻部件 } 2 \text{ 工作,部件 } 1 \text{ 储备}\}$$

$$= o(\Delta t) \tag{3-383}$$

式 (3-379)~ 式 (3-383) 蕴含

$$P_{1,1}(\Delta t) = 1 - P_{1,0}(\Delta t) - \sum_{i=2}^{5} P_{1,i}(\Delta t)$$
$$= 1 - (\lambda_2 + \nu_1)\Delta t + o(\Delta t) \tag{3-384}$$

$$P_{2,0}(\Delta t) = P\{X(\Delta t) = 0 \mid X(0) = 2\}$$
$$= P\{\Delta t \text{ 内系统处于状态 } 0 \mid 0 \text{ 时刻系统处于状态 } 2\}$$
$$= P\{\Delta t \text{ 内部件 } 1 \text{ 工作,部件 } 2 \text{ 储备 } \mid 0 \text{ 时刻部件 } 1 \text{ 工作,部件 } 2 \text{ 在修} \}$$
$$= P\{\Delta t \text{ 内部件 } 1 \text{ 工作,部件 } 2 \text{ 修好 } \mid 0 \text{ 时刻部件 } 1 \text{ 工作,部件 } 2 \text{ 在修} \}$$
$$= \mu_2 \Delta t + o(\Delta t) \tag{3-385}$$

$$P_{2,1}(\Delta t) = P\{X(\Delta t) = 1 \mid X(0) = 2\}$$
$$= P\{\Delta t \text{ 内系统处于状态 } 1 \mid 0 \text{ 时刻系统处于状态 } 2\}$$
$$= P\{\Delta t \text{ 内部件 } 2 \text{ 工作,部件 } 1 \text{ 储备 } \mid 0 \text{ 时刻部件 } 1 \text{ 工作,部件 } 2 \text{ 在修} \}$$
$$= o(\Delta t) \tag{3-386}$$

$$P_{2,3}(\Delta t) = P\{X(\Delta t) = 3 \mid X(0) = 2\}$$
$$= P\{\Delta t \text{ 内系统处于状态 } 3 \mid 0 \text{ 时刻系统处于状态 } 2\}$$
$$= P\{\Delta t \text{ 内部件 } 2 \text{ 工作, 部件 } 1 \text{ 在修 } \mid 0 \text{ 时刻部件 } 1 \text{ 工作,部件 } 2 \text{ 在修} \}$$
$$= o(\Delta t) \tag{3-387}$$

$$P_{2,4}(\Delta t) = P\{X(\Delta t) = 4 \mid X(0) = 2\}$$
$$= P\{\Delta t \text{ 内系统处于状态 } 4 \mid 0 \text{ 时刻系统处于状态 } 2\}$$
$$= P\{\Delta t \text{ 内部件 } 1 \text{ 在修,部件 } 2 \text{ 待修 } \mid 0 \text{ 时刻部件 } 1 \text{ 工作,部件 } 2 \text{ 在修} \}$$
$$= o(\Delta t) \tag{3-388}$$

$$P_{2,5}(\Delta t) = P\{X(\Delta t) = 5 \mid X(0) = 2\}$$
$$= P\{\Delta t \text{ 内系统处于状态 } 5 \mid 0 \text{ 时刻系统处于状态 } 2\}$$
$$= P\{\Delta t \text{ 内部件 } 2 \text{ 在修,部件 } 1 \text{ 待修 } \mid 0 \text{ 时刻部件 } 1 \text{ 工作,部件 } 2 \text{ 在修} \}$$
$$= P\{\Delta t \text{ 内部件 } 2 \text{ 在修,部件 } 1 \text{ 故障 } \mid 0 \text{ 时刻部件 } 1 \text{ 工作,部件 } 2 \text{ 在修} \}$$
$$= \lambda_1 \Delta t + o(\Delta t) \tag{3-389}$$

由式 (3-385)~ 式 (3-389) 推出

$$P_{2,2}(\Delta t) = 1 - P_{2,0}(\Delta t) - P_{2,1}(\Delta t) - \sum_{i=3}^{5} P_{2,i}(\Delta t)$$
$$= 1 - (\lambda_1 + \mu_2)\Delta t + o(\Delta t) \tag{3-390}$$
$$P_{3,0}(\Delta t) = P\{X(\Delta t) = 0 \mid X(0) = 3\}$$

$$= P\{\Delta t \text{ 内系统处于状态 } 0 \mid 0 \text{ 时刻系统处于状态 } 3\}$$

$$= P\{\Delta t \text{ 内部件 } 1 \text{ 工作,部件 } 2 \text{ 储备 } \mid 0 \text{ 时刻部件 } 2 \text{ 工作,部件 } 1 \text{ 在修}\}$$

$$= o(\Delta t) \tag{3-391}$$

$$P_{3,1}(\Delta t) = P\{X(\Delta t) = 1 \mid X(0) = 3\}$$

$$= P\{\Delta t \text{ 内系统处于状态 } 1 \mid 0 \text{ 时刻系统处于状态 } 3\}$$

$$= P\{\Delta t \text{ 内部件 } 2 \text{ 工作,部件 } 1 \text{ 储备 } \mid 0 \text{ 时刻部件 } 2 \text{ 工作,部件 } 1 \text{ 在修}\}$$

$$= P\{\Delta t \text{ 内部件 } 2 \text{ 工作,部件 } 1 \text{ 修好 } \mid 0 \text{ 时刻部件 } 2 \text{ 工作,部件 } 1 \text{ 在修}\}$$

$$= \mu_1 \Delta t + o(\Delta t) \tag{3-392}$$

$$P_{3,2}(\Delta t) = P\{X(\Delta t) = 2 \mid X(0) = 3\}$$

$$= P\{\Delta t \text{ 内系统处于状态 } 2 \mid 0 \text{ 时刻系统处于状态 } 3\}$$

$$= P\{\Delta t \text{ 部件 } 1 \text{ 工作,部件 } 2 \text{ 在修 } \mid 0 \text{ 时刻部件 } 2 \text{ 工作,部件 } 1 \text{ 在修}\}$$

$$= o(\Delta t) \tag{3-393}$$

$$P_{3,4}(\Delta t) = P\{X(\Delta t) = 4 \mid X(0) = 3\}$$

$$= P\{\Delta t \text{ 内系统处于状态 } 4 \mid 0 \text{ 时刻系统处于状态 } 3\}$$

$$= P\{\Delta t \text{ 内部件 } 1 \text{ 在修,部件 } 2 \text{ 待修 } \mid 0 \text{ 时刻部件 } 2 \text{ 工作,部件 } 1 \text{ 在修}\}$$

$$= P\{\Delta t \text{ 内部件 } 1 \text{ 在修,部件 } 2 \text{ 故障 } \mid 0 \text{ 时刻部件 } 2 \text{ 工作,部件 } 1 \text{ 在修}\}$$

$$= \lambda_2 \Delta t + o(\Delta t) \tag{3-394}$$

$$P_{3,5}(\Delta t) = P\{X(\Delta t) = 5 \mid X(0) = 3\}$$

$$= P\{\Delta t \text{ 内系统处于状态 } 5 \mid 0 \text{ 时刻系统处于状态 } 3\}$$

$$= P\{\Delta t \text{ 内部件 } 2 \text{ 在修,部件 } 1 \text{ 待修 } \mid 0 \text{ 时刻部件 } 2 \text{ 工作,部件 } 1 \text{ 在修}\}$$

$$= o(\Delta t) \tag{3-395}$$

合并式 (3-391)~ 式 (3-395) 推出

$$P_{3,3}(\Delta t) = 1 - \sum_{i=0}^{2} P_{3,i}(\Delta t) - P_{3,4}(\Delta t) - P_{3,5}(\Delta t)$$

$$= 1 - (\lambda_2 + \mu_1)\Delta t + o(\Delta t) \tag{3-396}$$

$$P_{4,0}(\Delta t) = P\{X(\Delta t) = 0 \mid X(0) = 4\}$$

$$= P\{\Delta t \text{ 内系统处于状态 } 0 \mid 0 \text{ 时刻系统处于状态 } 4\}$$

$$= P\{\Delta t \text{ 内部件 } 1 \text{ 工作,部件 } 2 \text{ 储备 } \mid 0 \text{ 时刻部件 } 1 \text{ 在修,部件 } 2 \text{ 待修}\}$$

$$= o(\Delta t) \tag{3-397}$$

$$P_{4,1}(\Delta t) = P\{X(\Delta t) = 1 \mid X(0) = 4\}$$

$$= P\{\Delta t \text{ 内系统处于状态 } 1 \mid 0 \text{ 时刻系统处于状态 } 4\}$$

$$= P\{\Delta t \text{ 内部件 } 2 \text{ 工作,部件 } 1 \text{ 储备 } \mid 0 \text{ 时刻部件 } 1 \text{ 在修,部件 } 2 \text{ 待修}\}$$

$$= o(\Delta t) \tag{3-398}$$

$$\begin{aligned}
P_{4,2}(\Delta t) &= P\{X(\Delta t) = 2 \mid X(0) = 4\} \\
&= P\{\Delta t \text{ 内系统处于状态 } 2 \mid 0 \text{ 时刻系统处于状态 } 4\} \\
&= P\{\Delta t \text{ 内部件 } 1 \text{ 工作,部件 } 2 \text{ 在修 } \mid 0 \text{ 时刻部件 } 1 \text{ 在修,部件 } 2 \text{ 待修}\} \\
&= P\{\Delta t \text{ 内部件 } 1 \text{ 修好,部件 } 2 \text{ 在修 } \mid 0 \text{ 时刻部件 } 1 \text{ 在修,部件 } 2 \text{ 待修}\} \\
&= \mu_1 \Delta t + o(\Delta t)
\end{aligned} \tag{3-399}$$

$$\begin{aligned}
P_{4,3}(\Delta t) &= P\{X(\Delta t) = 3 \mid X(0) = 4\} \\
&= P\{\Delta t \text{ 内系统处于状态 } 3 \mid 0 \text{ 时刻系统处于状态 } 4\} \\
&= P\{\Delta t \text{ 内部件 } 2 \text{ 工作,部件 } 1 \text{ 在修 } \mid 0 \text{ 时刻部件 } 1 \text{ 在修,部件 } 2 \text{ 待修}\} \\
&= o(\Delta t)
\end{aligned} \tag{3-400}$$

$$\begin{aligned}
P_{4,5}(\Delta t) &= P\{X(\Delta t) = 5 \mid X(0) = 4\} \\
&= P\{\Delta t \text{ 内系统处于状态 } 5 \mid 0 \text{ 时刻系统处于状态 } 4\} \\
&= P\{\Delta t \text{ 内部件 } 2 \text{ 在修,部件 } 1 \text{ 待修 } \mid 0 \text{ 时刻部件 } 1 \text{ 在修,部件 } 2 \text{ 待修}\} \\
&= o(\Delta t)
\end{aligned} \tag{3-401}$$

结合式 (3-397)~ 式 (3-401) 得到

$$\begin{aligned}
P_{4,4}(\Delta t) &= 1 - \sum_{i=0}^{3} P_{4,i}(\Delta t) - P_{4,5}(\Delta t) \\
&= 1 - \mu_1 \Delta t + o(\Delta t)
\end{aligned} \tag{3-402}$$

$$\begin{aligned}
P_{5,0}(\Delta t) &= P\{X(\Delta t) = 0 \mid X(0) = 5\} \\
&= P\{\Delta t \text{ 内系统处于状态 } 0 \mid 0 \text{ 时刻系统处于状态 } 5\} \\
&= P\{\Delta t \text{ 内部件 } 1 \text{ 工作,部件 } 2 \text{ 储备 } \mid 0 \text{ 时刻部件 } 2 \text{ 在修,部件 } 1 \text{ 待修}\} \\
&= o(\Delta t)
\end{aligned} \tag{3-403}$$

$$\begin{aligned}
P_{5,1}(\Delta t) &= P\{X(\Delta t) = 1 \mid X(0) = 5\} \\
&= P\{\Delta t \text{ 内系统处于状态 } 1 \mid 0 \text{ 时刻系统处于状态 } 5\} \\
&= P\{\Delta t \text{ 内部件 } 2 \text{ 工作,部件 } 1 \text{ 储备 } \mid 0 \text{ 时刻部件 } 2 \text{ 在修,部件 } 1 \text{ 待修}\} \\
&= o(\Delta t)
\end{aligned} \tag{3-404}$$

$$\begin{aligned}
P_{5,2}(\Delta t) &= P\{X(\Delta t) = 2 \mid X(0) = 5\} \\
&= P\{\Delta t \text{ 内系统处于状态 } 2 \mid 0 \text{ 时刻系统处于状态 } 5\} \\
&= P\{\Delta t \text{ 内部件 } 1 \text{ 工作,部件 } 2 \text{ 在修 } \mid 0 \text{ 时刻部件 } 2 \text{ 在修,部件 } 1 \text{ 待修}\} \\
&= o(\Delta t)
\end{aligned} \tag{3-405}$$

$$\begin{aligned}
P_{5,3}(\Delta t) &= P\{X(\Delta t) = 3 \mid X(0) = 5\} \\
&= P\{\Delta t \text{ 内系统处于状态 } 3 \mid 0 \text{ 时刻系统处于状态 } 5\}
\end{aligned}$$

$$= P\{\Delta t \text{ 内部件 2 工作,部件 1 在修 } | \text{ 0 时刻部件 2 在修,部件 1 待修}\}$$

$$= P\{\Delta t \text{ 内部件 2 修好,部件 1 在修 } | \text{ 0 时刻部件 2 在修,部件 1 待修}\}$$

$$= \mu_2 \Delta t + o(\Delta t) \tag{3-406}$$

$$P_{5,4}(\Delta t) = P\{X(\Delta t) = 4 \mid X(0) = 5\}$$

$$= P\{\Delta t \text{ 内系统处于状态 4 } | \text{ 0 时刻系统处于状态 5}\}$$

$$= P\{\Delta t \text{ 内部件 1 在修,部件 2 待修 } | \text{ 0 时刻部件 2 在修,部件 1 待修}\}$$

$$= o(\Delta t) \tag{3-407}$$

由式 (3-403)~ 式 (3-407) 求出

$$P_{5,5}(\Delta t) = 1 - \sum_{i=0}^{4} P_{5,i}(\Delta t)$$

$$= 1 - \mu_2 \Delta t + o(\Delta t) \tag{3-408}$$

各状态之间的转移概率见图 3-11.

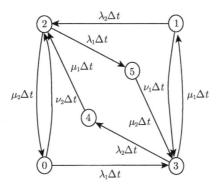

图 3-11   各状态之间的转移概率

由式 (3-373)~ 式 (3-408) 写出转移概率矩阵为

$$\mathbb{A} = \begin{pmatrix} -\lambda_1 - \nu_2 & 0 & \nu_2 & \lambda_1 & 0 & 0 \\ 0 & -\lambda_2 - \nu_1 & \lambda_2 & \nu_1 & 0 & 0 \\ \mu_2 & 0 & -\lambda_1 - \mu_2 & 0 & 0 & \lambda_1 \\ 0 & \mu_1 & 0 & -\lambda_2 - \mu_1 & \lambda_2 & 0 \\ 0 & 0 & \mu_1 & 0 & -\mu_1 & 0 \\ 0 & 0 & 0 & \mu_2 & 0 & -\mu_2 \end{pmatrix}$$

解线性方程组

$$\begin{cases} (\pi_0, \pi_1, \cdots, \pi_5)\mathbb{A} = (0, 0, \cdots, 0) \\ \pi_0 + \pi_1 + \pi_2 + \pi_3 + \pi_4 + \pi_5 = 1 \end{cases} \tag{3-409}$$

得到

$$\pi_0 = \left[1 + \frac{\lambda_1 \mu_1 (\lambda_1 + \nu_2 + \mu_2)}{\lambda_2 \mu_2 (\lambda_2 + \nu_1 + \mu_1)} + \frac{\lambda_1 + \nu_2}{\mu_2} + \frac{\lambda_1 (\lambda_2 + \nu_1)(\lambda_1 + \nu_2 + \mu_2)}{\lambda_2 \mu_2 (\lambda_2 + \nu_1 + \mu_1)} \right.$$

$$\left. + \frac{\lambda_1(\lambda_2 + \nu_1)(\lambda_1 + \nu_2 + \mu_2)}{\mu_1\mu_2(\lambda_2 + \nu_1 + \mu_1)} + \frac{\lambda_1(\lambda_1 + \nu_2)}{\mu_2^2} \right]^{-1} \tag{3-410}$$

$$\pi_1 = \frac{\lambda_1\mu_1(\lambda_1 + \nu_2 + \mu_2)}{\lambda_2\mu_2(\lambda_2 + \nu_1 + \mu_1)} \left[1 + \frac{\lambda_1\mu_1(\lambda_1 + \nu_2 + \mu_2)}{\lambda_2\mu_2(\lambda_2 + \nu_1 + \mu_1)} \right.$$
$$+ \frac{\lambda_1 + \nu_2}{\mu_2} + \frac{\lambda_1(\lambda_2 + \nu_1)(\lambda_1 + \nu_2 + \mu_2)}{\lambda_2\mu_2(\lambda_2 + \nu_1 + \mu_1)}$$
$$\left. + \frac{\lambda_1(\lambda_2 + \nu_1)(\lambda_1 + \nu_2 + \mu_2)}{\mu_1\mu_2(\lambda_2 + \nu_1 + \mu_1)} + \frac{\lambda_1(\lambda_1 + \nu_2)}{\mu_2^2} \right]^{-1} \tag{3-411}$$

$$\pi_2 = \frac{\lambda_1 + \nu_2}{\mu_2} \left[1 + \frac{\lambda_1\mu_1(\lambda_1 + \nu_2 + \mu_2)}{\lambda_2\mu_2(\lambda_2 + \nu_1 + \mu_1)} + \frac{\lambda_1 + \nu_2}{\mu_2} + \frac{\lambda_1(\lambda_2 + \nu_1)(\lambda_1 + \nu_2 + \mu_2)}{\lambda_2\mu_2(\lambda_2 + \nu_1 + \mu_1)} \right.$$
$$\left. + \frac{\lambda_1(\lambda_2 + \nu_1)(\lambda_1 + \nu_2 + \mu_2)}{\mu_1\mu_2(\lambda_2 + \nu_1 + \mu_1)} + \frac{\lambda_1(\lambda_1 + \nu_2)}{\mu_2^2} \right]^{-1} \tag{3-412}$$

$$\pi_3 = \frac{\lambda_1(\lambda_2 + \nu_1)(\lambda_1 + \nu_2 + \mu_2)}{\lambda_2\mu_2(\lambda_2 + \nu_1 + \mu_1)} \left[1 + \frac{\lambda_1\mu_1(\lambda_1 + \nu_2 + \mu_2)}{\lambda_2\mu_2(\lambda_2 + \nu_1 + \mu_1)} \right.$$
$$+ \frac{\lambda_1 + \nu_2}{\mu_2} + \frac{\lambda_1(\lambda_2 + \nu_1)(\lambda_1 + \nu_2 + \mu_2)}{\lambda_2\mu_2(\lambda_2 + \nu_1 + \mu_1)}$$
$$\left. + \frac{\lambda_1(\lambda_2 + \nu_1)(\lambda_1 + \nu_2 + \mu_2)}{\mu_1\mu_2(\lambda_2 + \nu_1 + \mu_1)} + \frac{\lambda_1(\lambda_1 + \nu_2)}{\mu_2^2} \right]^{-1} \tag{3-413}$$

$$\pi_4 = \frac{\lambda_1(\lambda_2 + \nu_1)(\lambda_1 + \nu_2 + \mu_2)}{\mu_1\mu_2(\lambda_2 + \nu_1 + \mu_1)} \left[1 + \frac{\lambda_1\mu_1(\lambda_1 + \nu_2 + \mu_2)}{\lambda_2\mu_2(\lambda_2 + \nu_1 + \mu_1)} \right.$$
$$+ \frac{\lambda_1 + \nu_2}{\mu_2} + \frac{\lambda_1(\lambda_2 + \nu_1)(\lambda_1 + \nu_2 + \mu_2)}{\lambda_2\mu_2(\lambda_2 + \nu_1 + \mu_1)}$$
$$\left. + \frac{\lambda_1(\lambda_2 + \nu_1)(\lambda_1 + \nu_2 + \mu_2)}{\mu_1\mu_2(\lambda_2 + \nu_1 + \mu_1)} + \frac{\lambda_1(\lambda_1 + \nu_2)}{\mu_2^2} \right]^{-1} \tag{3-414}$$

$$\pi_5 = \frac{\lambda_1(\lambda_1 + \nu_2)}{\mu_2^2} \left[1 + \frac{\lambda_1\mu_1(\lambda_1 + \nu_2 + \mu_2)}{\lambda_2\mu_2(\lambda_2 + \nu_1 + \mu_1)} + \frac{\lambda_1 + \nu_2}{\mu_2} + \frac{\lambda_1(\lambda_2 + \nu_1)(\lambda_1 + \nu_2 + \mu_2)}{\lambda_2\mu_2(\lambda_2 + \nu_1 + \mu_1)} \right.$$
$$\left. + \frac{\lambda_1(\lambda_2 + \nu_1)(\lambda_1 + \nu_2 + \mu_2)}{\mu_1\mu_2(\lambda_2 + \nu_1 + \mu_1)} + \frac{\lambda_1(\lambda_1 + \nu_2)}{\mu_2^2} \right]^{-1} \tag{3-415}$$

因此, 系统可靠度的稳态指标和平均指标由以下公式得到:

$$\begin{cases} A = \pi_0 + \pi_1 + \pi_2 + \pi_3 \\ M = \lambda_1\pi_2 + \lambda_2\pi_3 \\ \text{MUT} = \dfrac{A}{M} \\ \text{MDT} = \dfrac{\bar{A}}{M} \\ \text{MCT} = \dfrac{1}{M} \\ B = \pi_2 + \pi_3 + \pi_4 + \pi_5 \end{cases} \tag{3-416}$$

若时刻 0 两个部件都是正常的, 则由定理 3.5, 类似于式 (3-340) 求得

$$\text{MTTFF} = \frac{(\lambda_2 + \nu_1 + \mu_1)[(\lambda_1 + \mu_2)(\lambda_1 + \lambda_2) + \lambda_2\nu_2] + \lambda_1\lambda_2\mu_1}{\lambda_1\lambda_2(\lambda_1 + \nu_2 + \mu_2)(\lambda_2 + \nu_1 + \mu_1) - \lambda_1\lambda_2\mu_1\mu_2} \tag{3-417}$$

3.8　两个特殊系统

3.8.1　有优先权的两部件冷储备系统

系统由两个不同型部件和一个修理设备组成, 其中部件 1 比部件 2 有优先权. 当故障的部件 1 被修好时, 若部件 2 正在工作, 则部件 1 立即进入工作状态, 部件 2 暂停工作而转入储备状态; 当部件 1 发生故障时, 若部件 2 正在修理, 则部件 2 暂停修理而转入待修状态, 修理设备立即转来修理部件 1. 假设部件 i 的工作寿命分布和故障后的修理时间分布分别为 $1 - \mathrm{e}^{-\lambda_i t}$ 和 $1 - \mathrm{e}^{-\mu_i t}$ ($t \geqslant 0$, $\lambda_i, \mu_i > 0$, $i = 1,2$). 当系统中所有部件均正常时, 一个部件正处于工作状态, 其余部件均处于温储备状态. 当工作部件发生故障时, 储备部件立即替换而转为工作状态; 当储备部件发生故障时, 工作部件继续工作. 因为只有一个修理设备, 所以当有两个部件故障时, 只能修理其中之一, 另一个故障部件处于待修状态. 进一步假定所有随机变量均相互独立, 工作部件的寿命分布与其曾储备的时间无关, 故障部件修复后的寿命分布与新部件相同, 部件的状态转换开关是完全可靠的, 开关转换是瞬时的.

由于指数分布的无记忆性, 部件 2 从储备状态进入工作时, 其工作寿命分布总是 $1 - \mathrm{e}^{-\lambda_2 t}$ ($t \geqslant 0$) 与部件 2 储备前是否工作过或曾经工作的时间无关. 同样, 部件 2 从待修状态转入修理状态时, 其修理时间分布总是 $1 - \mathrm{e}^{-\mu_2 t}$ ($t \geqslant 0$) 与部件 2 待修前是否修理过或曾修理的时间无关. 此系统共有四个不同状态.

状态 0: 部件 1 在工作, 部件 2 储备.

状态 1: 部件 1 在工作, 部件 2 在修理.

状态 2: 部件 2 在工作, 部件 1 在修理.

状态 3: 部件 1 在修理, 部件 2 待修.

显然, $\mathbb{E} = \{0,1,2,3\}$, $W = \{0,1,2\}$, $F = \{3\}$. 令

$$X(t) = j, \quad \text{时刻 } t \text{ 系统处于状态 } j, \quad j = 0,1,2,3$$

由定义 1.4 可以验证 $\{X(t) \mid t \geqslant 0\}$ 是在 $\mathbb{E}$ 上的时齐马尔可夫过程. 讨论 Δt 内系统的变化情况.

$$
\begin{aligned}
P_{0,1}(\Delta t) &= P\{X(\Delta t) = 1 \mid X(0) = 0\} \\
&= P\{\Delta t \text{ 内系统处于状态 } 1 \mid 0 \text{ 时刻系统处于状态 } 0\} \\
&= P\{\Delta t \text{ 内部件 } 1 \text{ 工作,部件 } 2 \text{ 在修} \mid 0 \text{ 时刻部件 } 1 \text{ 工作,部件 } 2 \text{ 储备}\} \\
&= o(\Delta t) \qquad\qquad\qquad\qquad\qquad\qquad\qquad\qquad\qquad (3\text{-}418)
\end{aligned}
$$

$$
\begin{aligned}
P_{0,2}(\Delta t) &= P\{X(\Delta t) = 2 \mid X(0) = 0\} \\
&= P\{\Delta t \text{ 内系统处于状态 } 2 \mid 0 \text{ 时刻系统处于状态 } 0\} \\
&= P\{\Delta t \text{ 内部件 } 2 \text{ 工作,部件 } 1 \text{ 在修} \mid 0 \text{ 时刻部件 } 1 \text{ 工作,部件 } 2 \text{ 储备}\} \\
&= P\{\Delta t \text{ 内部件 } 2 \text{ 工作,部件 } 1 \text{ 故障} \mid 0 \text{ 时刻部件 } 1 \text{ 工作,部件 } 2 \text{ 储备}\} \\
&= \lambda_1 \Delta t + o(\Delta t) \qquad\qquad\qquad\qquad\qquad\qquad\qquad\quad (3\text{-}419)
\end{aligned}
$$

$$P_{0,3}(\Delta t) = P\{X(\Delta t) = 3 \mid X(0) = 0\}$$
$$= P\{\Delta t \text{ 内系统处于状态 } 3 \mid 0 \text{ 时刻系统处于状态 } 0\}$$
$$= P\{\Delta t \text{ 内部件 1 在修,部件 2 待修} \mid 0 \text{ 时刻部件 1 工作,部件 2 储备}\}$$
$$= o(\Delta t) \tag{3-420}$$

由式 (3-418)~ 式 (3-420) 计算出

$$P_{0,0}(\Delta t) = 1 - \sum_{i=1}^{3} P_{0,i}(\Delta t) = 1 - \lambda_1 \Delta t + o(\Delta t) \tag{3-421}$$

$$P_{1,0}(\Delta t) = P\{X(\Delta t) = 0 \mid X(0) = 1\}$$
$$= P\{\Delta t \text{ 内系统处于状态 } 0 \mid 0 \text{ 时刻系统处于状态 } 1\}$$
$$= P\{\Delta t \text{ 内部件 1 工作,部件 2 储备} \mid 0 \text{ 时刻部件 1 工作,部件 2 在修}\}$$
$$= P\{\Delta t \text{ 内部件 1 工作,部件 2 修好} \mid 0 \text{ 时刻部件 1 工作,部件 2 在修}\}$$
$$= \mu_2 \Delta t + o(\Delta t) \tag{3-422}$$

$$P_{1,2}(\Delta t) = P\{X(\Delta t) = 2 \mid X(0) = 1\}$$
$$= P\{\Delta t \text{ 内系统处于状态 } 2 \mid 0 \text{ 时刻系统处于状态 } 1\}$$
$$= P\{\Delta t \text{ 内部件 2 工作,部件 1 在修} \mid 0 \text{ 时刻部件 1 工作,部件 2 在修}\}$$
$$= o(\Delta t) \tag{3-423}$$

$$P_{1,3}(\Delta t) = P\{X(\Delta t) = 3 \mid X(0) = 1\}$$
$$= P\{\Delta t \text{ 内系统处于状态 } 3 \mid 0 \text{ 时刻系统处于状态 } 1\}$$
$$= P\{\Delta t \text{ 内部件 1 在修,部件 2 待修} \mid 0 \text{ 时刻部件 1 工作,部件 2 在修}\}$$
$$= P\{\Delta t \text{ 内部件 1 故障,部件 2 待修} \mid 0 \text{ 时刻部件 1 工作,部件 2 在修}\}$$
$$= \lambda_1 \Delta t + o(\Delta t) \tag{3-424}$$

式 (3-422)~ 式 (3-424) 蕴含

$$P_{1,1}(\Delta t) = 1 - P_{1,0}(\Delta t) - P_{1,2}(\Delta t) - P_{1,3}(\Delta t)$$
$$= 1 - (\lambda_1 + \mu_2)\Delta t + o(\Delta t) \tag{3-425}$$

$$P_{2,0}(\Delta t) = P\{X(\Delta t) = 0 \mid X(0) = 2\}$$
$$= P\{\Delta t \text{ 内系统处于状态 } 0 \mid 0 \text{ 时刻系统处于状态 } 2\}$$
$$= P\{\Delta t \text{ 内部件 1 工作,部件 2 储备} \mid 0 \text{ 时刻部件 2 工作,部件 1 在修}\}$$
$$= P\{\Delta t \text{ 内部件 1 修好,部件 2 储备} \mid 0 \text{ 时刻部件 2 工作,部件 1 在修}\}$$
$$= \mu_1 \Delta t + o(\Delta t) \tag{3-426}$$

$$P_{2,1}(\Delta t) = P\{X(\Delta t) = 1 \mid X(0) = 2\}$$

$$= P\{\Delta t \text{ 内系统处于状态 } 1 \mid 0 \text{ 时刻系统处于状态 } 2\}$$

$$= P\{\Delta t \text{ 内部件 } 1 \text{ 工作, 部件 } 2 \text{ 在修} \mid 0 \text{ 时刻部件 } 2 \text{ 工作, 部件 } 1 \text{ 在修}\}$$

$$= o(\Delta t) \tag{3-427}$$

$$P_{2,3}(\Delta t) = P\{X(\Delta t) = 3 \mid X(0) = 2\}$$

$$= P\{\Delta t \text{ 内系统处于状态 } 3 \mid 0 \text{ 时刻系统处于状态 } 2\}$$

$$= P\{\Delta t \text{ 内部件 } 1 \text{ 在修, 部件 } 2 \text{ 待修} \mid 0 \text{ 时刻部件 } 2 \text{ 工作, 部件 } 1 \text{ 在修}\}$$

$$= P\{\Delta t \text{ 内部件 } 1 \text{ 在修, 部件 } 2 \text{ 故障} \mid 0 \text{ 时刻部件 } 2 \text{ 工作, 部件 } 1 \text{ 在修}\}$$

$$= \lambda_2 \Delta t + o(\Delta t) \tag{3-428}$$

合并式 (3-426)∼ 式 (3-428), 有

$$P_{2,2}(\Delta t) = 1 - P_{2,0}(\Delta t) - P_{2,1}(\Delta t) - P_{2,3}(\Delta t)$$

$$= 1 - (\lambda_2 + \mu_1)\Delta t + o(\Delta t) \tag{3-429}$$

$$P_{3,0}(\Delta t) = P\{X(\Delta t) = 0 \mid X(0) = 3\}$$

$$= P\{\Delta t \text{ 内系统处于状态 } 0 \mid 0 \text{ 时刻系统处于状态 } 3\}$$

$$= P\{\Delta t \text{ 内部件 } 1 \text{ 工作, 部件 } 2 \text{ 储备} \mid 0 \text{ 时刻部件 } 1 \text{ 在修, 部件 } 2 \text{ 待修}\}$$

$$= o(\Delta t) \tag{3-430}$$

$$P_{3,1}(\Delta t) = P\{X(\Delta t) = 1 \mid X(0) = 3\}$$

$$= P\{\Delta t \text{ 内系统处于状态 } 1 \mid 0 \text{ 时刻系统处于状态 } 3\}$$

$$= P\{\Delta t \text{ 内部件 } 1 \text{ 工作, 部件 } 2 \text{ 在修} \mid 0 \text{ 时刻部件 } 1 \text{ 在修, 部件 } 2 \text{ 待修}\}$$

$$= P\{\Delta t \text{ 内部件 } 1 \text{ 修好, 部件 } 2 \text{ 在修} \mid 0 \text{ 时刻部件 } 1 \text{ 在修, 部件 } 2 \text{ 待修}\}$$

$$= \mu_1 \Delta t + o(\Delta t) \tag{3-431}$$

$$P_{3,2}(\Delta t) = P\{X(\Delta t) = 2 \mid X(0) = 3\}$$

$$= P\{\Delta t \text{ 内系统处于状态 } 2 \mid 0 \text{ 时刻系统处于状态 } 3\}$$

$$= P\{\Delta t \text{ 内部件 } 2 \text{ 工作, 部件 } 1 \text{ 在修} \mid 0 \text{ 时刻部件 } 1 \text{ 在修, 部件 } 2 \text{ 待修}\}$$

$$= o(\Delta t) \tag{3-432}$$

结合式 (3-430)∼ 式 (3-432) 推出

$$P_{3,3}(\Delta t) = 1 - \sum_{i=0}^{2} P_{3,i}(\Delta t) = 1 - \mu_1 \Delta t + o(\Delta t) \tag{3-433}$$

由式 (3-418)∼ 式 (3-433) 得系统的状态变化图如图 3-12 表示.

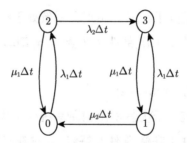

图 3-12　Δt 内系统的状态变化

由式 (3-418)~ 式 (3-433) 写出转移概率矩阵

$$A = \begin{pmatrix} -\lambda_1 & 0 & \lambda_1 & 0 \\ \mu_2 & -\lambda_1 - \mu_2 & 0 & \lambda_1 \\ \mu_1 & 0 & -\lambda_2 - \mu_1 & \lambda_2 \\ 0 & \mu_1 & 0 & -\mu_1 \end{pmatrix} \tag{3-434}$$

解方程组

$$\begin{cases} (\pi_0, \pi_1, \pi_2, \pi_3)A = (0, 0, 0, 0) \\ \pi_0 + \pi_1 + \pi_2 + \pi_3 = 1 \end{cases}$$

得到

$$\pi_0 = \frac{\mu_1\mu_2(\lambda_2 + \mu_1)}{(\lambda_1 + \mu_1)(\lambda_1\lambda_2 + \lambda_2\mu_2 + \mu_1\mu_2)} \tag{3-435}$$

$$\pi_1 = \frac{\lambda_1\lambda_2}{\mu_2(\lambda_2 + \mu_1)} \frac{\mu_1\mu_2(\lambda_2 + \mu_1)}{(\lambda_1 + \mu_1)(\lambda_1\lambda_2 + \lambda_2\mu_2 + \mu_1\mu_2)} \tag{3-436}$$

$$\pi_2 = \frac{\lambda_1}{\mu_2 + \mu_1} \frac{\mu_1\mu_2(\lambda_2 + \mu_1)}{(\lambda_1 + \mu_1)(\lambda_1\lambda_2 + \lambda_2\mu_2 + \mu_1\mu_2)} \tag{3-437}$$

$$\pi_3 = \frac{\lambda_1\lambda_2(\lambda_1 + \mu_2)}{\mu_1\mu_2(\lambda_2 + \mu_1)} \frac{\mu_1\mu_2(\lambda_2 + \mu_1)}{(\lambda_1 + \mu_1)(\lambda_1\lambda_2 + \lambda_2\mu_2 + \mu_1\mu_2)} \tag{3-438}$$

因此, 由以下公式

$$\begin{cases} A = \pi_0 + \pi_1 + \pi_2 = 1 - \pi_3 \\ M = \lambda_1\pi_1 + \lambda_2\pi_2 \\ \text{MUT} = \dfrac{A}{M} = \dfrac{\lambda_1\lambda_2 + \lambda_1\mu_2 + \lambda_2\mu_2 + \mu_1\mu_2}{\lambda_1\lambda_2(\lambda_1 + \mu_2)} \\ \text{MDT} = \dfrac{\overline{A}}{M} = \dfrac{1}{\mu_1} \\ \text{MCT} = \dfrac{1}{M} \\ B = \pi_1 + \pi_2 + \pi_3 = 1 - \pi_0 \end{cases} \tag{3-439}$$

求出系统可靠性的稳态指标和平均指标的具体值.

若时刻 0 两个部件都是正常的, 则由定理 3.5, 类似于式 (3-340) 得到

$$\text{MTTFF} = \frac{\lambda_1 + \lambda_2 + \mu_1}{\lambda_1\lambda_2} \tag{3-440}$$

3.8.2　一类两个相依部件的并联系统

考虑两个部件和一个修理设备的并联系统, 其中两个部件的寿命 X_1, X_2 遵从二维指数分布

$$P\{X_1 > t_1, X_2 > t_2\} = \mathrm{e}^{-\lambda(t_1+t_2)-\lambda_{12}\max(t_1,t_2)}$$

对这两个部件来说, 引起部件故障的有其各自的、相互独立的原因, 它们出现的时间分别遵从参数 λ 的指数分布. 此外还有一个共同的原因, 其出现时间遵从参数 λ_{12} 的指数分布, 这个共同原因引起两个部件同时故障, 即当两个部件都正常时, 在 Δt 内以概率 $\lambda\Delta t + o(\Delta t)$ 引起部件 i 故障 $(i=1,2)$, 以概率 $\lambda_{12}\Delta t + o(\Delta t)$ 引起两个部件同时故障; 若部件 1 已故障, 则在 Δt 内以概率 $(\lambda+\lambda_{12})\Delta t + o(\Delta t)$ 引起部件 2 故障; 当部件 2 已故障, 则在 Δt 内以概率 $(\lambda+\lambda_{12})\Delta t + o(\Delta t)$ 引起部件 1 故障. 每个部件故障后的修理时间分布为 $1 - \mathrm{e}^{-\mu t}$. 假定当两个部件同时发生故障时, 修理设备首先修理部件 1. 假定所有随机变量是相互独立的, 故障部件修复后其寿命分布与新部件一样. 由于只有一个修理设备, 它每次只能修理一个故障的部件. 当修理设备正在修理一个故障的部件时, 其他故障的部件必须等待修理. 当正在修理的部件修好后, 修理设备立即转去修理其他的故障部件. 此系统有三个不同状态.

状态 0: 两个部件都正常 (无故障部件).

状态 1: 一个部件故障.

状态 2: 两个部件都故障.

由并联系统的定义知道状态 2 是故障状态, 其余状态是工作状态, 所以

$$\mathbb{E} = \{0, 1, 2\}, \quad W = \{0, 1\}, \quad F = \{2\}$$

令

$$X(t) = j, \quad \text{时刻 } t \text{ 系统有 } j \text{ 个故障部件}, \quad j = 0, 1, 2$$

则由定义 1.4 可以证明 $\{X(t) \mid t \geqslant 0\}$ 是 $\mathbb{E}$ 上的时齐马尔可夫过程. 讨论在 Δt 内系统的变化情况:

$$
\begin{aligned}
P_{0,1}(\Delta t) &= P\{X(\Delta t) = 1 \mid X(0) = 0\} \\
&= P\{\Delta t \text{ 内 1 个部件故障} \mid 0 \text{ 时刻无故障部件}\} \\
&= P\{\Delta t \text{ 内部件 1 故障} \mid 0 \text{ 时刻无故障部件}\} \\
&\quad + P\{\Delta t \text{ 内部件 2 故障} \mid 0 \text{ 时刻无故障部件}\} \\
&= \lambda\Delta t + \lambda\Delta t + o(\Delta t) \\
&= 2\lambda\Delta t + o(\Delta t)
\end{aligned}
\tag{3-441}
$$

$$
\begin{aligned}
P_{0,2}(\Delta t) &= P\{X(\Delta t) = 2 \mid X(0) = 0\} \\
&= P\{\Delta t \text{ 内两个部件都故障} \mid 0 \text{ 时刻无故障部件}\} \\
&= \lambda_{12}\Delta t + o(\Delta t)
\end{aligned}
\tag{3-442}
$$

由式 (3-441) 与式 (3-442) 计算出

$$P_{0,0}(\Delta t) = 1 - P_{0,1}(\Delta t) - P_{0,2}(\Delta t) = 1 - (2\lambda + \lambda_{12})\Delta t + o(\Delta t) \tag{3-443}$$

$$P_{1,0}(\Delta t) = P\{X(\Delta t) = 0 \mid X(0) = 1\}$$
$$= P\{\Delta t \text{ 内无故障部件} \mid 0 \text{ 时刻有 1 个故障部件}\}$$
$$= P\{\Delta t \text{ 内修好故障部件} \mid 0 \text{ 时刻有 1 个故障部件}\}$$
$$= \mu\Delta t + o(\Delta t) \tag{3-444}$$

$$P_{1,2}(\Delta t) = P\{X(\Delta t) = 2 \mid X(0) = 1\}$$
$$= P\{\Delta t \text{ 内 2 个部件都故障} \mid 0 \text{ 时刻有 1 个故障部件}\}$$
$$= P\{\Delta t \text{ 内部件 2 故障} \mid 0 \text{ 时刻部件 1 故障}\}$$
$$= (\lambda + \lambda_{12})\Delta t + o(\Delta t) \tag{3-445}$$

式 (3-445) 中只讨论了一种情况, 另一种情况类似讨论, 最终结果一致.

式 (3-444) 及式 (3-445) 蕴含

$$P_{1,1}(\Delta t) = 1 - P_{1,0}(\Delta t) - P_{1,2}(\Delta t) = 1 - (\lambda + \mu + \lambda_{12})\Delta t + o(\Delta t) \tag{3-446}$$

注意到修理设备一次只修理一个故障部件

$$P_{2,0}(\Delta t) = P\{X(\Delta t) = 0 \mid X(0) = 2\}$$
$$= P\{\Delta t \text{ 内无故障部件} \mid 0 \text{ 时刻有两个故障部件}\}$$
$$= o(\Delta t) \tag{3-447}$$

因为两个部件故障时先修理部件 1, 所以

$$P_{2,1}(\Delta t) = P\{X(\Delta t) = 1 \mid X(0) = 2\}$$
$$= P\{\Delta t \text{ 内有 1 个故障部件} \mid 0 \text{ 时刻有 2 个故障部件}\}$$
$$= P\{\Delta t \text{ 内修好 1 个故障部件} \mid 0 \text{ 时刻有 2 个故障部件}\}$$
$$= \mu\Delta t + o(\Delta t) \tag{3-448}$$

由式 (3-447) 和式 (3-448) 求出

$$P_{2,2}(\Delta t) = 1 - P_{2,0}(\Delta t) - P_{2,1}(\Delta t) = 1 - \mu\Delta t + o(\Delta t) \tag{3-449}$$

不同状态之间的转移概率见图 3-13.

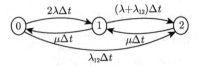

图 3-13 Δt 内三个状态的相至转移

由式 (3-441)~ 式 (3-449) 写出转移概率矩阵

$$\mathbb{A} = \begin{pmatrix} -(2\lambda + \lambda_{12}) & 2\lambda & \lambda_{12} \\ \mu & -(\lambda + \lambda_{12} + \mu) & \lambda + \lambda_{12} \\ 0 & \mu & -\mu \end{pmatrix} \tag{3-450}$$

若时刻 0 两个部件都是好的, 即 $P_0(0) = 1$, $P_i(0) = 0$, $i = 1, 2$, 则 $P_j(t), j = 0, 1, 2$ 满足微分方程组

$$
\begin{cases}
\left(\dfrac{\mathrm{d}P_0(t)}{\mathrm{d}t}, \dfrac{\mathrm{d}P_1(t)}{\mathrm{d}t}, \dfrac{\mathrm{d}P_2(t)}{\mathrm{d}t} \right) = (P_0(t), P_1(t), P_2(t))\mathbb{A} \\
(P_0(0), P_1(0), P_2(0)) = (1, 0, 0)
\end{cases}
\tag{3-451}
$$

首先对式 (3-451) 作拉普拉斯变换, 然后求出 $P_i^*(s)$ $(i = 0, 1, 2)$, 其次将 $P_i^*(s)$ 化成部分分式, 最后将其反演得到

$$
\begin{aligned}
P_0(t) = {} & \frac{\mu^2}{s_1 s_2} + \frac{s_1^2 + s_1(\lambda + \lambda_{12} + 2\mu) + \mu^2}{s_1(s_1 - s_2)} \mathrm{e}^{s_1 t} \\
& + \frac{s_2^2 + s_2(\lambda + \lambda_{12} + 2\mu) + \mu^2}{s_2(s_2 - s_1)} \mathrm{e}^{s_2 t}
\end{aligned}
\tag{3-452}
$$

$$
\begin{aligned}
P_1(t) = {} & \frac{2\lambda\mu + \lambda_{12}\mu}{s_1 s_2} + \frac{2\lambda s_1 + 2\lambda\mu + \lambda_{12}\mu}{s_1(s_1 - s_2)} \mathrm{e}^{s_1 t} \\
& + \frac{2\lambda s_2 + 2\lambda\mu + \lambda_{12}\mu}{s_2(s_2 - s_1)} \mathrm{e}^{s_2 t}
\end{aligned}
\tag{3-453}
$$

$$
\begin{aligned}
P_2(t) = {} & \frac{2\lambda^2 + (3\lambda + \mu)\lambda_{12} + \lambda_{12}^2}{s_1 s_2} + \frac{\lambda_{12} s_1 + 2\lambda^2 + (3\lambda + \mu)\lambda_{12} + \lambda_{12}^2}{s_1(s_1 - s_2)} \mathrm{e}^{s_1 t} \\
& + \frac{\lambda_{12} s_2 + 2\lambda^2 + (3\lambda + \mu)\lambda_{12} + \lambda_{12}^2}{s_2(s_2 - s_1)} \mathrm{e}^{s_2 t}
\end{aligned}
\tag{3-454}
$$

其中, s_1, s_2 是方程

$$
s^2 + (3\lambda + 2\lambda_{12} + 2\mu)s + (\lambda + \lambda_{12})(2\lambda + \lambda_{12} + 2\mu) + \mu^2 = 0
$$

的两个根:

$$
s_1, \ s_2 = \frac{1}{2}\Big[-(3\lambda + 2\lambda_{12} + 2\mu) \pm \sqrt{\lambda^2 + 4\lambda\mu} \Big] < 0
$$

从而得到下列各可靠性指标:

$$
A(t) = 1 - P_2(t)
\tag{3-455}
$$

$$
A = \frac{\mu^2 + 2\lambda\mu + \lambda_{12}\mu}{(\lambda + \lambda_{12})(2\lambda + \lambda_{12} + 2\mu) + \mu^2}
\tag{3-456}
$$

$$
m(t) = \lambda_{12} P_0(t) + (\lambda + \lambda_{12})P_1(t)
\tag{3-457}
$$

$$
M(t) = \int_0^t m(u)\mathrm{d}u
\tag{3-458}
$$

$$
M = \lim_{t \to \infty} m(t) = \frac{\lambda_{12}\mu^2 + (\lambda + \lambda_{12})(2\lambda\mu + \lambda_{12}\mu)}{(\lambda + \lambda_{12})(2\lambda + \lambda_{12} + 2\mu) + \mu^2}
\tag{3-459}
$$

$$
\mathrm{MUT} = \frac{A}{M} = \frac{\mu^2 + 2\lambda\mu + \lambda_{12}\mu}{\lambda_{12}\mu^2 + (\lambda + \lambda_{12})(2\lambda\mu + \lambda_{12}\mu)}
\tag{3-460}
$$

$$
\mathrm{MDT} = \frac{\overline{A}}{M} = \frac{1 - A}{M}
\tag{3-461}
$$

$$
\mathrm{MCT} = \frac{1}{M} = \frac{(\lambda + \lambda_{12})(2\lambda + \lambda_{12} + 2\mu) + \mu^2}{\lambda_{12}\mu^2 + (\lambda + \lambda_{12})(2\lambda\mu + \lambda_{12}\mu)}
\tag{3-462}
$$

$$
B(t) = 1 - P_0(t)
\tag{3-463}
$$

$$B = \frac{(\lambda + \lambda_{12})(2\lambda + \lambda_{12} + 2\mu)}{(\lambda + \lambda_{12})(2\lambda + \lambda_{12} + 2\mu) + \mu^2} \tag{3-464}$$

为求系统可靠度, 仅需解方程组

$$\left(\frac{\mathrm{d}Q_0(t)}{\mathrm{d}t}, \frac{\mathrm{d}Q_1(t)}{\mathrm{d}t}\right) = (Q_0(t), Q_1(t))\begin{pmatrix} -(2\lambda + \lambda_{12}) & 2\lambda \\ \mu & -(\lambda + \lambda_{12} + \mu) \end{pmatrix} \tag{3-465}$$

$$(Q_0(0), Q_1(0)) = (1, 0) \tag{3-466}$$

或

$$\frac{\mathrm{d}Q_0(t)}{\mathrm{d}t} = -(2\lambda + \lambda_{12})Q_0(t) + \mu Q_1(t) \tag{3-467}$$

$$\frac{\mathrm{d}Q_1(t)}{\mathrm{d}t} = 2\lambda Q_0(t) - (\lambda + \lambda_{12} + \mu)Q_1(t) \tag{3-468}$$

$$Q_0(0) = 1, \quad Q_1(0) = 0 \tag{3-469}$$

对式 (3-467) 和式 (3-468) 作拉普拉斯变换并用式 (3-469) 求得

$$- Q_0(0) + sQ_0^*(s) = -(2\lambda + \lambda_{12})Q_0^*(s) + \mu Q_1^*(s)$$

$$\Rightarrow (s + 2\lambda + \lambda_{12})Q_0^*(s) = \mu Q_1^*(s) + 1 \tag{3-470}$$

$$- Q_1(0) + sQ_1^*(s) = 2\lambda Q_0^*(s) - (\lambda + \lambda_{12} + \mu)Q_1^*(s)$$

$$\Rightarrow Q_0^*(s) = \frac{s + \lambda + \lambda_{12} + \mu}{2\lambda}Q_1^*(s) \tag{3-471}$$

将式 (3-471) 代入式 (3-470)

$$\left[(s + 2\lambda + \lambda_{12})\frac{s + \lambda + \lambda_{12} + \mu}{2\lambda} - \mu\right]Q_1^*(s) = 1$$

$$\Rightarrow Q_1^*(s) = \frac{2\lambda}{(s + 2\lambda + \lambda_{12})(s + \lambda + \lambda_{12} + \mu) - 2\lambda\mu} \tag{3-472}$$

结合式 (3-472) 与式 (3-471) 推出

$$Q_0^*(s) = \frac{s + \lambda + \lambda_{12} + \mu}{(s + 2\lambda + \lambda_{12})(s + \lambda + \lambda_{12} + \mu) - 2\lambda\mu} \tag{3-473}$$

令

$$(s + 2\lambda + \lambda_{12})(s + \lambda + \lambda_{12} + \mu) - 2\lambda\mu = 0$$

$$\Rightarrow s^2 + (3\lambda + 2\lambda_{12} + \mu)s + (2\lambda + \lambda_{12})(\lambda + \lambda_{12}) + \lambda_{12}\mu = 0$$

$$\Rightarrow s_1', \ s_2' = \frac{1}{2}\left[-(3\lambda + 2\lambda_{12} + \mu) \pm \sqrt{\lambda^2 + 6\lambda\mu + \mu^2}\right] < 0$$

用 s_1', s_2' 将式 (3-472) 和式 (3-473) 分解

$$Q_0^*(s) = \frac{a_0}{s - s_1'} + \frac{b_0}{s - s_2'} \tag{3-474}$$

$$Q_1^*(s) = \frac{a_1}{s - s_1'} + \frac{b_1}{s - s_2'} \tag{3-475}$$

其中, a_i, b_i $(i = 0, 1)$ 满足

$$\begin{cases} a_0 + b_0 = 1 \\ -a_0 s_2' - b_0 s_1' = \lambda + \lambda_{12} + \mu \end{cases} \tag{3-476}$$

$$\begin{cases} a_1 + b_1 = 0 \\ -a_1 s_2' - b_1 s_1' = 2\lambda \end{cases} \tag{3-477}$$

反演式 (3-474) 与式 (3-475) 得到

$$Q_0(t) = a_0 e^{s_1' t} + b_0 e^{s_2' t} \tag{3-478}$$

$$Q_1(t) = a_1 e^{s_1' t} + b_1 e^{s_2' t} \tag{3-479}$$

从而

$$\begin{aligned} R(t) &= Q_0(t) + Q_1(t) \\ &= \frac{s_1' + 3\lambda + \lambda_{12} + \mu}{s_1' - s_2'} e^{s_1' t} + \frac{s_2' + 3\lambda + \lambda_{12} + \mu}{s_2' - s_1'} e^{s_2' t} \end{aligned} \tag{3-480}$$

由式 (3-480) 与 s_1', s_2' 的定义求出

$$\begin{aligned} \mathrm{MTTFF} &= \int_0^\infty R(t) \mathrm{d}t \\ &= \frac{s_1' + 3\lambda + \lambda_{12} + \mu}{s_1' - s_2'} \frac{-1}{s_1'} + \frac{s_2' + 3\lambda + \lambda_{12} + \mu}{s_2' - s_1'} \frac{-1}{s_2'} \\ &= \frac{1}{s_1' - s_2'} \frac{s_1'(s_2' + 3\lambda + \lambda_{12} + \mu) - s_2'(s_1' + 3\lambda + \lambda_{12} + \mu)}{s_1' s_2'} \\ &= \frac{3\lambda + \lambda_{12} + \mu}{s_1' s_2'} = \frac{3\lambda + \lambda_{12} + \mu}{(2\lambda + \lambda_{12})(\lambda + \lambda_{12}) + \lambda_{12}\mu} \end{aligned} \tag{3-481}$$

第 4 章　补充变量方法与泛函分析方法

从第 3 章可看出大量的可靠性问题通过建立相应的数学模型来研究并且马尔可夫过程是研究可靠性理论的基本工具之一. 但许多情况下, 一个现象不能构成一维马尔可夫过程, 或许补充一个或多个变量后它构成一个多维马尔可夫过程, 这就是所谓的补充变量方法. 有不少方法帮助我们建立可靠性模型, 其中比较重要的一个就是补充变量方法. 1942 年, Kosten [16] 用此思想研究了排队现象. 而 "补充变量方法" 这个名词的出现和成功应用是 Cox [17] 在 1955 年所做的工作. 1955 年, Cox [17] 通过以服务时间作为补充变量成功地建立了 M/G/1 排队模型并且研究了该排队模型的静态解 (稳态解). 1963 年, Gaver [18] 首次运用补充变量方法研究了一个可靠性问题. 从此以后许多学者运用补充变量方法研究可靠性问题. 本章通过一个具体问题来介绍补充变量方法及由此需要的泛函分析方法[1,4,8,15,19−27].

4.1　由两个同型部件与一个修理设备构成的系统的数学模型

此系统由两个同型部件和一个修理设备组成. 令

$$N(t) = i, \quad 时刻\ t\ 有\ i\ 个部件故障, \quad i = 0, 1, 2$$

假设系统中部件的故障规律是

$$
\begin{aligned}
&P\{N(t + \Delta t) = 1 \mid N(t) = 0\} \\
&= P\{t + \Delta t\ 内一个部件故障 \mid t\ 时刻两个部件都完好\} \\
&= \lambda_0 \Delta t + o(\Delta t)
\end{aligned}
\tag{4-1}
$$

$$
\begin{aligned}
&P\{N(t + \Delta t) = 2 \mid N(t) = 1\} \\
&= P\{t + \Delta t\ 内另一个部件故障 \mid t\ 时刻有一个部件故障\} \\
&= \lambda_1 \Delta t + o(\Delta t)
\end{aligned}
\tag{4-2}
$$

当系统中一个部件故障时, 修理设备立即进行修理. 在对故障部件修理期间, 若另一个部件也故障, 则需要等待修理. 假设每个部件的修理时间 Y 均遵从一般分布 $G(t) = P\{Y \leqslant t\}$, 且存在密度函数 $g(t) = \dfrac{\mathrm{d}G(t)}{\mathrm{d}t}$, 均值为 $\displaystyle\int_0^\infty tg(t)\mathrm{d}t > 0$. 进一步假定修理时间 Y 与上述部件故障的规律是相互独立的, 故障部件修复后与新部件一样.

以下首先建立描述上述系统的数学模型, 然后讨论该系统与几个典型系统的关系. 先令

$$
\begin{aligned}
\mu(t)\Delta t &= P\{t < Y \leqslant t + \Delta t \mid Y > t\} \\
&= \frac{P\{t < T \leqslant t + \Delta t, Y > t\}}{P\{Y > t\}}
\end{aligned}
$$

$$= \frac{P\{t < T \leqslant t + \Delta t\}}{1 - P\{Y \leqslant t\}}$$

$$= \frac{g(t)\Delta t}{1 - G(t)} \tag{4-3}$$

从而, 由 $G(0) = 0$ 推出

$$\mu(t)(1 - G(t)) = g(t) = \frac{\mathrm{d}G(t)}{\mathrm{d}t} = -\frac{\mathrm{d}(1 - G(t))}{\mathrm{d}t}$$

$$\Rightarrow \frac{\mathrm{d}(1 - G(t))}{1 - G(t)} = -\mu(t)\mathrm{d}t$$

$$\Rightarrow 1 - G(t) = \mathrm{e}^{-\int_0^t \mu(\tau)\mathrm{d}\tau} \tag{4-4}$$

$$g(t) = \frac{\mathrm{d}G(t)}{\mathrm{d}t} = \mu(t)\mathrm{e}^{-\int_0^t \mu(\tau)\mathrm{d}\tau} \tag{4-5}$$

由式 (4-3), 式 (4-4), 式 (4-5) 与概率分布函数的定义看出

$$\mu(x) \geqslant 0, \quad \int_0^\infty \mu(x)\mathrm{d}x = \infty \tag{*}$$

$\mu(x)$ 称为修复率. 由于部件修理时间 Y 遵从一般分布, 所以 $\{N(t) \mid t \geqslant 0\}$ 不是一维的马尔可夫过程. 例如, 当知道时刻 t 系统中有一个部件故障, 即知道 $N(t) = 1$, 时刻 t 以后系统发展的概率规律还不能完全确定下来, 时刻 t 以后系统发展的概率规律不仅依赖于时刻 t 有几个部件故障, 还依赖于正在修理的部件在时刻 t 以前已经修理的时间.

我们引进一个补充变量 $X(t)$: 当 $N(t) = 1$ 或 $N(t) = 2$ 时, $X(t)$ 表示时刻 t 正在修理的部件已经修理的时间; 当 $N(t) = 0$ 时, 两个部件都完好, 所以 $X(t)$ 可以不考虑. 这样, 过程 $\{(N(t), X(t)) \mid t \geqslant 0\}$ 是一个连续时间的二维马尔可夫过程, 即在任意时刻 t, 若给定 $N(t)$ 和 $X(t)$ 的具体值, 则过程 $\{(N(t), X(t)) \mid t \geqslant 0\}$ 在时刻 t 以后的概率规律与时刻 t 以前该过程的历史无关. 对 $t \geqslant 0$, $x \geqslant 0$, 令

$$p_0(t) = P\{N(t) = 0\}$$
$$= P\{在时刻 \ t \ 两个部件都完好\} \tag{4-6}$$

$$p_1(x,t) = P\{N(t) = 1, X(t) = x\}$$
$$= P\left\{ \begin{array}{c} 在时刻 \ t \ 系统中一个部件故障 \\ 并且故障的部件已消耗的 \\ 修理时间为 \ x \end{array} \right\} \tag{4-7}$$

$$p_2(x,t) = P\{N(t) = 2, X(t) = x\}$$
$$= P\left\{ \begin{array}{c} 在时刻 \ t \ 系统中两个部件都故障 \\ 并且正在修理的部件已消耗 \\ 的修理时间为 \ x \end{array} \right\} \tag{4-8}$$

讨论在 Δt 内系统的变化情况, 由式 (4-1), 式 (4-2), 式 (4-4), 全概率公式与马尔可夫过程的性质推出 (为方便起见, 假设 Δx 与 Δt 一样):

$$p_0(t + \Delta t) = P\{在时刻 \ t + \Delta t \ 两个部件都完好\}$$

$$= P\left\{\begin{array}{l}\text{在时刻 } t \text{ 两个部件都完好,}\\ \Delta t \text{ 内两个部件仍然完好}\end{array}\right\}$$

$$+ P\left\{\begin{array}{l}\text{在时刻 } t \text{ 系统中有一个部件}\\ \text{故障, 但在 } \Delta t \text{ 内此部件修好}\end{array}\right\}$$

$$+ o(\Delta t)$$

$$= p_0(t)(1 - \lambda_0 \Delta t) + \int_0^\infty p_1(x,t)\mu(x)\Delta t \mathrm{d}x$$

$$+ o(\Delta t) \tag{4-9}$$

$$p_1(x+\Delta t, t+\Delta t) = P\left\{\begin{array}{c}\text{在时刻 } t+\Delta t \text{ 系统中一个部件故障,}\\ \text{并且此部件已消耗的修理时间}\\ \text{为 } x+\Delta t\end{array}\right\}$$

$$= P\left\{\begin{array}{l}\text{在时刻 } t \text{ 系统中一个部件故障,}\\ \text{并且此部件已消耗的修理时间为 } x\end{array}\right\}$$

$$\times P\left\{\begin{array}{l}\Delta t \text{ 内此部件还没有修好,}\\ \text{另一个部件没有故障}\end{array}\right\}$$

$$+ o(\Delta t)$$

$$= p_1(x,t)[1 - (\lambda_1 + \mu(x))\Delta t] + o(\Delta t) \tag{4-10}$$

$$p_2(x+\Delta t, t+\Delta t) = P\left\{\begin{array}{l}\text{在时刻 } t+\Delta t \text{ 系统中两个部件}\\ \text{都故障并且正在修理的部件}\\ \text{已消耗的修理时间为 } x+\Delta t.\end{array}\right\}$$

$$= P\left\{\begin{array}{l}\text{在时刻 } t \text{ 系统中两个部件}\\ \text{都故障并且正在修理的部件}\\ \text{已消耗的修理时间为 } x,\\ \Delta t \text{ 内此部件仍然在修理}\end{array}\right\}$$

$$+ P\left\{\begin{array}{l}\text{在时刻 } t \text{ 系统中一个部件故障}\\ \text{并且此部件已消耗的修理时间}\\ \text{为 } x, \Delta t \text{ 内另一个部件也故障}\end{array}\right\}$$

$$= P\left\{\begin{array}{l}\text{在时刻 } t \text{ 系统中两个部件}\\ \text{都故障并且正在修理的部件}\\ \text{已消耗的修理时间为 } x\end{array}\right\}$$

$$\times P\{\Delta t \text{ 内此部件还没有修好}\}$$

$$+ P\left\{\begin{array}{l}\text{在时刻 } t \text{ 系统中一个部件}\\ \text{故障并且此部件已消耗的}\\ \text{修理时间为 } x\end{array}\right\}$$

$$\times P\{\Delta t \text{ 内另一个部件故障}\}$$

$$+ o(\Delta t)$$

$$= p_2(x,t)[1 - \mu(x)\Delta t] + p_1(x,t)\lambda_1\Delta t + o(\Delta t) \tag{4-11}$$

由式 (4-9) 与导数的定义得到

$$p_0(t+\Delta t) - p_0(t) = -\lambda_0\Delta t p_0(t) + \int_0^\infty p_1(x,t)\mu(x)\mathrm{d}x\Delta t + o(\Delta t)$$
$$\Rightarrow$$
$$\frac{p_0(t+\Delta t) - p_0(t)}{\Delta t} = -\lambda_0 p_0(t) + \int_0^\infty p_1(x,t)\mu(x)\mathrm{d}x + \frac{o(\Delta t)}{\Delta t}$$
$$\Rightarrow$$
$$\lim_{\Delta t\to 0}\frac{p_0(t+\Delta t) - p_0(t)}{\Delta t} = -\lim_{\Delta t\to 0}\lambda_0 p_0(t) + \lim_{\Delta t\to 0}\int_0^\infty p_1(x,t)\mu(x)\mathrm{d}x + \lim_{\Delta t\to 0}\frac{o(\Delta t)}{\Delta t}$$
$$\Rightarrow$$
$$\frac{\mathrm{d}p_0(t)}{\mathrm{d}t} = -\lambda_0 p_0(t) + \int_0^\infty p_1(x,t)\mu(x)\mathrm{d}x \tag{4-12}$$

由式 (4-10) 与偏导数的定义推出

$$p_1(x+\Delta t, t+\Delta t) - p_1(x,t)$$
$$= -(\lambda_1+\mu(x))\Delta t p_1(x,t) + o(\Delta t)$$
$$\Rightarrow$$
$$p_1(x+\Delta t, t+\Delta t) - p_1(x+\Delta t, t) + p_1(x+\Delta t, t) - p_1(x,t)$$
$$= -(\lambda_1+\mu(x))\Delta t p_1(x,t) + o(\Delta t)$$
$$\Rightarrow$$
$$\frac{p_1(x+\Delta t, t+\Delta t) - p_1(x+\Delta t, t)}{\Delta t} + \frac{p_1(x+\Delta t, t) - p_1(x,t)}{\Delta t}$$
$$= -(\lambda_1+\mu(x))p_1(x,t) + \frac{o(\Delta t)}{\Delta t}$$
$$\Rightarrow$$
$$\lim_{\Delta t\to 0}\frac{p_1(x+\Delta t, t+\Delta t) - p_1(x+\Delta t, t)}{\Delta t} + \lim_{\Delta t\to 0}\frac{p_1(x+\Delta t, t) - p_1(x,t)}{\Delta t}$$
$$= -\lim_{\Delta t\to 0}(\lambda_1+\mu(x))p_1(x,t) + \lim_{\Delta t\to 0}\frac{o(\Delta t)}{\Delta t}$$
$$\Rightarrow$$
$$\frac{\partial p_1(x,t)}{\partial t} + \frac{\partial p_1(x,t)}{\partial x} = -(\lambda_1+\mu(x))p_1(x,t) \tag{4-13}$$

由式 (4-11) 与偏导数的定义有

$$p_2(x+\Delta t, t+\Delta t) - p_2(x,t)$$
$$= -\mu(x)\Delta t p_2(x,t) + p_1(x,t)\lambda_1\Delta t + o(\Delta t)$$
$$\Rightarrow$$
$$p_2(x+\Delta t, t+\Delta t) - p_2(x+\Delta t, t) + p_2(x+\Delta t, t) - p_2(x,t)$$
$$= -\mu(x)\Delta t p_2(x,t) + p_1(x,t)\lambda_1\Delta t + o(\Delta t)$$

$$\Rightarrow$$

$$\frac{p_2(x+\Delta t, t+\Delta t) - p_2(x+\Delta t, t)}{\Delta t} + \frac{p_2(x+\Delta t, t) - p_2(x, t)}{\Delta t}$$

$$= -\mu(x)p_2(x, t) + \lambda_1 p_1(x, t) + \frac{o(\Delta t)}{\Delta t}$$

$$\Rightarrow$$

$$\lim_{\Delta t \to 0} \frac{p_2(x+\Delta t, t+\Delta t) - p_2(x+\Delta t, t)}{\Delta t} + \lim_{\Delta t \to 0} \frac{p_2(x+\Delta t, t) - p_2(x, t)}{\Delta t}$$

$$= -\lim_{\Delta t \to 0} \mu(x)p_2(x, t) + \lim_{\Delta t \to 0} \lambda_1 p_1(x, t) + \lim_{\Delta t \to 0} \frac{o(\Delta t)}{\Delta t}$$

$$\Rightarrow$$

$$\frac{\partial p_2(x, t)}{\partial t} + \frac{\partial p_2(x, t)}{\partial x} = -\mu(x)p_2(x, t) + \lambda_1 p_1(x, t) \tag{4-14}$$

以下讨论以上模型的初值和边界条件.

$$p_1(0, t+\Delta t)\Delta t = P\left\{\begin{array}{c} t+\Delta t \text{ 时刻系统有一个部件故障,} \\ \text{但还没有开始修理} \end{array}\right\}$$

$$= P\left\{\begin{array}{c} \text{在时刻 } t \text{ 系统中两个部件都完好,} \\ \text{在 } \Delta t \text{ 内有一个部件故障} \end{array}\right\}$$

$$+ P\left\{\begin{array}{c} \text{在时刻 } t \text{ 系统中两个部件都故障,} \\ \text{在 } \Delta t \text{ 内其中的一个部件被修好} \end{array}\right\}$$

$$+ o(\Delta t)$$

$$= p_0(t)\lambda_0 \Delta t + \int_0^\infty p_2(x, t)\mu(x)\Delta t \mathrm{d}x + o(\Delta t)$$

$$\Rightarrow$$

$$p_1(0, t+\Delta t) = \lambda_0 p_0(t) + \int_0^\infty p_2(x, t)\mu(x)\mathrm{d}x + \frac{o(\Delta t)}{\Delta t}$$

$$\Rightarrow$$

$$\lim_{\Delta t \to 0} p_1(0, t+\Delta t) = \lim_{\Delta t \to 0} \lambda_0 p_0(t) + \lim_{\Delta t \to 0} \int_0^\infty p_2(x, t)\mu(x)\mathrm{d}x + \lim_{\Delta t \to 0} \frac{o(\Delta t)}{\Delta t}$$

$$\Rightarrow$$

$$p_1(0, t) = \lambda_0 p_0(t) + \int_0^\infty p_2(x, t)\mu(x)\mathrm{d}x \tag{4-15}$$

$$p_2(0, t+\Delta t)\Delta t = P\left\{\begin{array}{c} t+\Delta t \text{ 时刻两个部件都故障,} \\ \text{但还没有开始修理} \end{array}\right\}$$

$$= P\left\{\begin{array}{c} \text{在时刻 } t \text{ 两个部件都故障,} \\ \text{在 } \Delta t \text{ 内等待修理} \end{array}\right\}$$

$$= o(\Delta t)$$

$$\Rightarrow$$

$$\lim_{\Delta t \to 0} p_2(0, t+\Delta t) = \lim_{\Delta t \to 0} \frac{o(\Delta t)}{\Delta t}$$

$$\Rightarrow$$

$$p_2(0, t) = 0 \tag{4-16}$$

假定时刻 $t = 0$, 两个部件都是好的, 即初始条件是

$$p_0(0) = 1, \quad p_1(x,0) = p_2(x,0) = 0, \quad x \in [0,\infty) \tag{4-17}$$

合并式 (4-12)~式 (4-17) 得到描述此系统的数学模型:

$$\frac{\mathrm{d}p_0(t)}{\mathrm{d}t} = -\lambda_0 p_0(t) + \int_0^\infty p_1(x,t)\mu(x)\mathrm{d}x \tag{4-18}$$

$$\frac{\partial p_1(x,t)}{\partial t} + \frac{\partial p_1(x,t)}{\partial x} = -(\lambda_1 + \mu(x))p_1(x,t) \tag{4-19}$$

$$\frac{\partial p_2(x,t)}{\partial t} + \frac{\partial p_2(x,t)}{\partial x} = -\mu(x)p_2(x,t) + \lambda_1 p_1(x,t) \tag{4-20}$$

$$p_1(0,t) = \lambda_0 p_0(t) + \int_0^\infty p_2(x,t)\mu(x)\mathrm{d}x \tag{4-21}$$

$$p_2(0,t) = 0 \tag{4-22}$$

$$p_0(0) = 1, \quad p_1(x,0) = p_2(x,0) = 0 \tag{4-23}$$

注解 4.1 因为在 $(x,t) = (0,0)$ 系统中的部件都正常, 即 $\lambda_0 = 0$, 所以将式 (4-23) 代入式 (4-21) 得到

$$p_1(0,0) = \lambda_0 p_0(0) + \int_0^\infty p_2(x,0)\mu(x)\mathrm{d}x$$
$$= 0 \cdot 1 + \int_0^\infty 0 \cdot \mu(x)\mathrm{d}x = 0$$

从式 (4-22) 容易看出 $p_2(0,0) = 0$. 这两式与式 (4-23) 在 $(x,t) = (0,0)$ 的结果一致, 即

$$p_1(0,0) = p_2(0,0) = 0$$

这说明式 (4-18)~式 (4-23) 满足相容性条件.

以下讨论此系统与前几章讨论的几个典型系统的关系.

命题 4.1 假设每个部件的修理时间 Y 服从指数分布, 即 $\mu(x) = \mu$ (常数),

$$\frac{\mathrm{d}}{\mathrm{d}t}\int_0^\infty p_n(x,t)\mathrm{d}x = \int_0^\infty \frac{\partial}{\partial t}p_n(x,t)\mathrm{d}x, \quad n = 1,2$$

并且 $p_n(\infty,t) = 0$, $n = 1,2$, 那么当 $\lambda_0 = 2\lambda$, $\lambda_1 = \lambda$ 时, 式 (4-18)~式 (4-23) 蕴含式 (3-157) 和式 (3-158).

证明 将 $\mu(x) = \mu$, $\lambda_0 = 2\lambda$, $\lambda_1 = \lambda$ 代入式 (4-18)~式 (4-23) 得到 (式 (4-18) 中的 $p_0(t)$ 重记为 $P_0(t)$)

$$\frac{\mathrm{d}P_0(t)}{\mathrm{d}t} = -2\lambda P_0(t) + \mu\int_0^\infty p_1(x,t)\mathrm{d}x \tag{4-24}$$

$$\frac{\partial p_1(x,t)}{\partial t} + \frac{\partial p_1(x,t)}{\partial x} = -(\lambda + \mu)p_1(x,t) \tag{4-25}$$

$$\frac{\partial p_2(x,t)}{\partial t} + \frac{\partial p_2(x,t)}{\partial x} = -\mu p_2(x,t) + \lambda p_1(x,t) \tag{4-26}$$

$$p_1(0,t) = 2\lambda P_0(t) + \mu \int_0^\infty p_2(x,t)\mathrm{d}x \tag{4-27}$$

$$p_2(0,t) = 0 \tag{4-28}$$

$$P_0(0) = 1, \ p_1(x,0) = p_2(x,0) = 0 \tag{4-29}$$

若引入记号 $P_n(t) = \int_0^\infty p_n(x,t)\mathrm{d}x, \ n = 1,2,$ 则式 (4-24) 变为

$$\frac{\mathrm{d}P_0(t)}{\mathrm{d}t} = -2\lambda P_0(t) + \mu P_1(t) \tag{4-30}$$

将式 (4-25) 和式 (4-26) 从 0 到 ∞ 积分并用条件 $p_n(\infty,t) = 0$, $n = 1,2$ 与边界条件式 (4-27), 式 (4-28)

$$\int_0^\infty \frac{\partial p_1(x,t)}{\partial t}\mathrm{d}x + \int_0^\infty \frac{\partial p_1(x,t)}{\partial x}\mathrm{d}x = -(\lambda+\mu)\int_0^\infty p_1(x,t)\mathrm{d}x$$
$$\Rightarrow$$
$$\frac{\mathrm{d}}{\mathrm{d}t}\int_0^\infty p_1(x,t)\mathrm{d}x + p_1(x,t)\Big|_{x=0}^{x=\infty} = -(\lambda+\mu)P_1(t)$$
$$\Rightarrow$$
$$\frac{\mathrm{d}}{\mathrm{d}t}\int_0^\infty p_1(x,t)\mathrm{d}x - p_1(0,t) = -(\lambda+\mu)P_1(t)$$
$$\Rightarrow$$
$$\frac{\mathrm{d}P_1(t)}{\mathrm{d}t} = -(\lambda+\mu)P_1(t) + 2\lambda P_0(t) + \mu\int_0^\infty p_2(x,t)\mathrm{d}x$$
$$\Rightarrow$$
$$\frac{\mathrm{d}P_1(t)}{\mathrm{d}t} = 2\lambda P_0(t) - (\lambda+\mu)P_1(t) + \mu P_2(t) \tag{4-31}$$

$$\int_0^\infty \frac{\partial p_2(x,t)}{\partial t}\mathrm{d}x + \int_0^\infty \frac{\partial p_2(x,t)}{\partial x}\mathrm{d}x$$
$$= -\mu\int_0^\infty p_2(x,t)\mathrm{d}x + \lambda\int_0^\infty p_1(x,t)\mathrm{d}x$$
$$\Rightarrow$$
$$\frac{\mathrm{d}}{\mathrm{d}t}\int_0^\infty p_2(x,t)\mathrm{d}x + p_2(x,t)\Big|_{x=0}^{x=\infty} = -\mu P_2(t) + \lambda P_1(t)$$
$$\Rightarrow$$
$$\frac{\mathrm{d}}{\mathrm{d}t}\int_0^\infty p_2(x,t)\mathrm{d}x - p_2(0,t) = -\mu P_2(t) + \lambda P_1(t)$$
$$\Rightarrow$$
$$\frac{\mathrm{d}P_2(t)}{\mathrm{d}t} = -\mu P_2(t) + \lambda P_1(t) = \lambda P_1(t) - \mu P_2(t) \tag{4-32}$$

式 (4-29) 隐含

$$P_0(0) = 1, \ P_1(0) = \int_0^\infty p_1(x,0)\mathrm{d}x = 0$$
$$P_2(0) = \int_0^\infty p_2(x,0)\mathrm{d}x = 0$$

$$\Rightarrow$$

$$P_0(0) = 1, \ P_1(0) = 0, \ P_2(0) = 0 \qquad (4\text{-}33)$$

式 (4-31)~式 (4-33) 刚好是式 (3-157) 和式 (3-158), 即两个同型部件和一个修理设备组成的系统包含两个同型部件并联的系统. □

命题 4.2　假设每个部件的修理时间 Y 服从指数分布, 即 $\mu(x) = \mu$ (常数),

$$\frac{\mathrm{d}}{\mathrm{d}t} \int_0^\infty p_n(x,t)\mathrm{d}x = \int_0^\infty \frac{\partial}{\partial t} p_n(x,t)\mathrm{d}x, \quad n = 1,2$$

并且 $p_n(\infty, t) = 0, \ n = 1,2$, 那么当 $\lambda_0 = \lambda, \ \lambda_1 = \lambda$ 时, 方程组式 (4-18)~式 (4-23) 蕴含式 (3-262) 和式 (3-263).

证明　将 $\mu(x) = \mu, \ \lambda_0 = \lambda, \ \lambda_1 = \lambda$ 代入式 (4-18)~式 (4-23) 得到 (式 (4-18) 中的 $p_0(t)$ 重记为 $P_0(t)$)

$$\frac{\mathrm{d}P_0(t)}{\mathrm{d}t} = -\lambda P_0(t) + \mu \int_0^\infty p_1(x,t)\mathrm{d}x \qquad (4\text{-}34)$$

$$\frac{\partial p_1(x,t)}{\partial t} + \frac{\partial p_1(x,t)}{\partial x} = -(\lambda + \mu)p_1(x,t) \qquad (4\text{-}35)$$

$$\frac{\partial p_2(x,t)}{\partial t} + \frac{\partial p_2(x,t)}{\partial x} = -\mu p_2(x,t) + \lambda p_1(x,t) \qquad (4\text{-}36)$$

$$p_1(0,t) = \lambda P_0(t) + \mu \int_0^\infty p_2(x,t)\mathrm{d}x \qquad (4\text{-}37)$$

$$p_2(0,t) = 0 \qquad (4\text{-}38)$$

$$P_0(0) = 1, \ p_1(x,0) = p_2(x,0) = 0 \qquad (4\text{-}39)$$

若引入记号 $P_n(t) = \displaystyle\int_0^\infty p_n(x,t)\mathrm{d}x, \ n = 1,2$, 则式 (4-34) 变为

$$\frac{\mathrm{d}P_0(t)}{\mathrm{d}t} = -\lambda P_0(t) + \mu P_1(t) \qquad (4\text{-}40)$$

将式 (4-35) 和式 (4-36) 从 0 到 ∞ 积分并用条件 $p_n(\infty, t) = 0, \ n = 1,2$ 与边界条件式 (4-37), 式 (4-38)

$$\int_0^\infty \frac{\partial p_1(x,t)}{\partial t}\mathrm{d}x + \int_0^\infty \frac{\partial p_1(x,t)}{\partial x}\mathrm{d}x = -(\lambda + \mu) \int_0^\infty p_1(x,t)\mathrm{d}x$$

$$\Rightarrow$$

$$\frac{\mathrm{d}}{\mathrm{d}t} \int_0^\infty p_1(x,t)\mathrm{d}x + p_1(x,t)\Big|_{x=0}^{x=\infty} = -(\lambda + \mu)P_1(t)$$

$$\Rightarrow$$

$$\frac{\mathrm{d}}{\mathrm{d}t} \int_0^\infty p_1(x,t)\mathrm{d}x - p_1(0,t) = -(\lambda + \mu)P_1(t)$$

$$\Rightarrow$$

$$\frac{\mathrm{d}P_1(t)}{\mathrm{d}t} = -(\lambda + \mu)P_1(t) + \lambda P_0(t) + \mu \int_0^\infty p_2(x,t)\mathrm{d}x$$

$$\Rightarrow$$
$$\frac{\mathrm{d}P_1(t)}{\mathrm{d}t} = \lambda P_0(t) - (\lambda+\mu)P_1(t) + \mu P_2(t) \tag{4-41}$$

$$\int_0^\infty \frac{\partial p_2(x,t)}{\partial t}\mathrm{d}x + \int_0^\infty \frac{\partial p_2(x,t)}{\partial x}\mathrm{d}x$$
$$= -\mu\int_0^\infty p_2(x,t)\mathrm{d}x + \lambda\int_0^\infty p_1(x,t)\mathrm{d}x$$
$$\Rightarrow$$
$$\frac{\mathrm{d}}{\mathrm{d}t}\int_0^\infty p_2(x,t)\mathrm{d}x + p_2(x,t)\Big|_{x=0}^{x=\infty} = -\mu P_2(t) + \lambda P_1(t)$$
$$\Rightarrow$$
$$\frac{\mathrm{d}}{\mathrm{d}t}\int_0^\infty p_2(x,t)\mathrm{d}x - p_2(0,t) = -\mu P_2(t) + \lambda P_1(t)$$
$$\Rightarrow$$
$$\frac{\mathrm{d}P_2(t)}{\mathrm{d}t} = -\mu P_2(t) + \lambda P_1(t) = \lambda P_1(t) - \mu P_2(t) \tag{4-42}$$

由式 (4-39) 求出

$$P_0(0)=1,\ P_1(0)=\int_0^\infty p_1(x,0)\mathrm{d}x=0$$
$$P_2(0)=\int_0^\infty p_2(x,0)\mathrm{d}x=0$$
$$\Rightarrow$$
$$P_0(0)=1,\ P_1(0)=0,\ P_2(0)=0 \tag{4-43}$$

式 (4-40)~式 (4-43) 刚好是式 (3-262) 和式 (3-263), 即两个同型部件和一个修理设备组成的系统包含两个同型部件的冷储备系统.　　　　　　　　□

命题 4.3 假设每个部件的修理时间 Y 服从指数分布, 即 $\mu(x)=\mu$ (常数),

$$\frac{\mathrm{d}}{\mathrm{d}t}\int_0^\infty p_n(x,t)\mathrm{d}x = \int_0^\infty \frac{\partial}{\partial t}p_n(x,t)\mathrm{d}x,\quad n=1,2$$

并且 $p_n(\infty,t)=0$, $n=1,2$, 那么当 $\lambda_0=\lambda+\nu$, $\lambda_1=\lambda$ 时, 式 (4-18)~式 (4-23) 蕴含式 (3-315) 和式 (3-316).

证明 将 $\mu(x)=\mu$, $\lambda_0=\lambda+\nu$, $\lambda_1=\lambda$ 代入式 (4-18)~式 (4-23) 得到 (式 (4-18) 中的 $p_0(t)$ 重记为 $P_0(t)$)

$$\frac{\mathrm{d}P_0(t)}{\mathrm{d}t} = -(\lambda+\nu)P_0(t) + \mu\int_0^\infty p_1(x,t)\mathrm{d}x \tag{4-44}$$

$$\frac{\partial p_1(x,t)}{\partial t} + \frac{\partial p_1(x,t)}{\partial x} = -(\lambda+\mu)p_1(x,t) \tag{4-45}$$

$$\frac{\partial p_2(x,t)}{\partial t} + \frac{\partial p_2(x,t)}{\partial x} = -\mu p_2(x,t) + \lambda p_1(x,t) \tag{4-46}$$

$$p_1(0,t) = (\lambda+\nu)P_0(t) + \mu\int_0^\infty p_2(x,t)\mathrm{d}x \tag{4-47}$$

$$p_2(0, t) = 0 \tag{4-48}$$

$$P_0(0) = 1, \ p_1(x, 0) = p_2(x, 0) = 0 \tag{4-49}$$

若引入记号 $P_n(t) = \displaystyle\int_0^\infty p_n(x, t)\mathrm{d}x, \ n = 1, 2,$ 则式 (4-44) 变为

$$\frac{\mathrm{d}P_0(t)}{\mathrm{d}t} = -(\lambda + \nu)P_0(t) + \mu P_1(t) \tag{4-50}$$

将式 (4-45)~式 (4-46) 从 0 到 ∞ 积分并用条件 $p_n(\infty, t) = 0, \ n = 1, 2$ 与边界条件式 (4-47), 式 (4-48)

$$\int_0^\infty \frac{\partial p_1(x, t)}{\partial t}\mathrm{d}x + \int_0^\infty \frac{\partial p_1(x, t)}{\partial x}\mathrm{d}x = -(\lambda + \mu)\int_0^\infty p_1(x, t)\mathrm{d}x$$

$$\Rightarrow$$

$$\frac{\mathrm{d}}{\mathrm{d}t}\int_0^\infty p_1(x, t)\mathrm{d}x + p_1(x, t)\Big|_{x=0}^{x=\infty} = -(\lambda + \mu)P_1(t)$$

$$\Rightarrow$$

$$\frac{\mathrm{d}}{\mathrm{d}t}\int_0^\infty p_1(x, t)\mathrm{d}x - p_1(0, t) = -(\lambda + \mu)P_1(t)$$

$$\Rightarrow$$

$$\frac{\mathrm{d}P_1(t)}{\mathrm{d}t} = -(\lambda + \mu)P_1(t) + (\lambda + \nu)P_0(t) + \mu\int_0^\infty p_2(x, t)\mathrm{d}x$$

$$\Rightarrow$$

$$\frac{\mathrm{d}P_1(t)}{\mathrm{d}t} = (\lambda + \nu)P_0(t) - (\lambda + \mu)P_1(t) + \mu P_2(t) \tag{4-51}$$

$$\int_0^\infty \frac{\partial p_2(x, t)}{\partial t}\mathrm{d}x + \int_0^\infty \frac{\partial p_2(x, t)}{\partial x}\mathrm{d}x$$

$$= -\mu\int_0^\infty p_2(x, t)\mathrm{d}x + \lambda\int_0^\infty p_1(x, t)\mathrm{d}x$$

$$\Rightarrow$$

$$\frac{\mathrm{d}}{\mathrm{d}t}\int_0^\infty p_2(x, t)\mathrm{d}x + p_2(x, t)\Big|_{x=0}^{x=\infty} = -\mu P_2(t) + \lambda P_1(t)$$

$$\Rightarrow$$

$$\frac{\mathrm{d}}{\mathrm{d}t}\int_0^\infty p_2(x, t)\mathrm{d}x - p_2(0, t) = -\mu P_2(t) + \lambda P_1(t)$$

$$\Rightarrow$$

$$\frac{\mathrm{d}P_2(t)}{\mathrm{d}t} = -\mu P_2(t) + \lambda P_1(t) = \lambda P_1(t) - \mu P_2(t) \tag{4-52}$$

由式 (4-49) 推出

$$P_0(0) = 1, \ P_1(0) = \int_0^\infty p_1(x, 0)\mathrm{d}x = 0$$

$$P_2(0) = \int_0^\infty p_2(x, 0)\mathrm{d}x = 0$$

$$\Rightarrow$$

$$P_0(0) = 1, \ P_1(0) = 0, \ P_2(0) = 0 \tag{4-53}$$

式 (4-50)~式 (4-53) 刚好是式 (3-315) 和式 (3-316), 即两个同型部件和一个修理设备组成的系统包含两个同型部件的温储备系统. □

命题 4.4　假设每个部件的修理时间 Y 服从指数分布, 即 $\mu(x) = \mu$ (常数),

$$\frac{\mathrm{d}}{\mathrm{d}t}\int_0^\infty p_n(x,t)\mathrm{d}x = \int_0^\infty \frac{\partial}{\partial t}p_n(x,t)\mathrm{d}x,\ n = 1,2$$

并且 $p_n(\infty,t) = 0,\ n = 1,2$, 那么当 $\lambda_0 = n\lambda,\ \lambda_1 = (n-1)\lambda$ 时, 式 (4-18)~式 (4-23) 蕴含式 (3-241)~式 (3-242).

证明　将 $\mu(x) = \mu,\ \lambda_0 = n\lambda,\ \lambda_1 = (n-1)\lambda$ 代入式 (4-18)~式 (4-23) 得到 (式 (4-18) 中的 $p_0(t)$ 重记为 $P_0(t)$)

$$\frac{\mathrm{d}P_0(t)}{\mathrm{d}t} = -n\lambda P_0(t) + \mu\int_0^\infty p_1(x,t)\mathrm{d}x \tag{4-54}$$

$$\frac{\partial p_1(x,t)}{\partial t} + \frac{\partial p_1(x,t)}{\partial x} = -[(n-1)\lambda + \mu]p_1(x,t) \tag{4-55}$$

$$\frac{\partial p_2(x,t)}{\partial t} + \frac{\partial p_2(x,t)}{\partial x} = -\mu p_2(x,t) + (n-1)\lambda p_1(x,t) \tag{4-56}$$

$$p_1(0,t) = n\lambda P_0(t) + \mu\int_0^\infty p_2(x,t)\mathrm{d}x \tag{4-57}$$

$$p_2(0,t) = 0 \tag{4-58}$$

$$P_0(0) = 1,\ p_1(x,0) = p_2(x,0) = 0 \tag{4-59}$$

若引入记号 $P_n(t) = \int_0^\infty p_n(x,t)\mathrm{d}x,\ n = 1,2$, 则式 (4-54) 变为

$$\frac{\mathrm{d}P_0(t)}{\mathrm{d}t} = -n\lambda P_0(t) + \mu P_1(t) \tag{4-60}$$

将式 (4-55) 和式 (4-56) 从 0 到 ∞ 积分并用条件 $p_n(\infty,t) = 0,\ n = 1,2$ 与边界条件式 (4-57), 式 (4-58)

$$\int_0^\infty \frac{\partial p_1(x,t)}{\partial t}\mathrm{d}x + \int_0^\infty \frac{\partial p_1(x,t)}{\partial x}\mathrm{d}x$$
$$= -[(n-1)\lambda + \mu]\int_0^\infty p_1(x,t)\mathrm{d}x$$
$$\Rightarrow$$
$$\frac{\mathrm{d}}{\mathrm{d}t}\int_0^\infty p_1(x,t)\mathrm{d}x + p_1(x,t)\Big|_{x=0}^{x=\infty} = -[(n-1)\lambda + \mu]P_1(t)$$
$$\Rightarrow$$
$$\frac{\mathrm{d}}{\mathrm{d}t}\int_0^\infty p_1(x,t)\mathrm{d}x - p_1(0,t) = -[(n-1)\lambda + \mu]P_1(t)$$
$$\Rightarrow$$
$$\frac{\mathrm{d}P_1(t)}{\mathrm{d}t} = -[(n-1)\lambda + \mu]P_1(t) + n\lambda P_0(t) + \mu\int_0^\infty p_2(x,t)\mathrm{d}x$$
$$\Rightarrow$$
$$\frac{\mathrm{d}P_1(t)}{\mathrm{d}t} = n\lambda P_0(t) - [(n-1)\lambda + \mu]P_1(t) + \mu P_2(t) \tag{4-61}$$

$$\int_0^\infty \frac{\partial p_2(x,t)}{\partial t}\mathrm{d}x + \int_0^\infty \frac{\partial p_2(x,t)}{\partial x}\mathrm{d}x$$

$$= -\mu \int_0^\infty p_2(x,t)\mathrm{d}x + (n-1)\lambda \int_0^\infty p_1(x,t)\mathrm{d}x$$

$$\Rightarrow$$

$$\frac{\mathrm{d}}{\mathrm{d}t}\int_0^\infty p_2(x,t)\mathrm{d}x + p_2(x,t)\Big|_{x=0}^{x=\infty} = -\mu P_2(t) + (n-1)\lambda P_1(t)$$

$$\Rightarrow$$

$$\frac{\mathrm{d}}{\mathrm{d}t}\int_0^\infty p_2(x,t)\mathrm{d}x - p_2(0,t) = -\mu P_2(t) + (n-1)\lambda P_1(t)$$

$$\Rightarrow$$

$$\frac{\mathrm{d}P_2(t)}{\mathrm{d}t} = (n-1)\lambda P_1(t) - \mu P_2(t) \tag{4-62}$$

式 (4-59) 蕴含

$$P_0(0) = 1, \ P_1(0) = \int_0^\infty p_1(x,0)\mathrm{d}x = 0$$

$$P_2(0) = \int_0^\infty p_2(x,0)\mathrm{d}x = 0$$

$$\Rightarrow$$

$$P_0(0) = 1, \ P_1(0) = 0, \ P_2(0) = 0 \tag{4-63}$$

式 (4-60)~式 (4-63) 刚好是式 (3-241) 和式 (3-242), 即两个同型部件和一个修理设备组成的系统包含两个同型部件的表决系统. □

4.2 系统的可用度

对式 (4-18)~式 (4-20) 的两端作关于 t 的拉普拉斯变换并用初始条件式 (4-23) 与规范化条件

$$p_0(t) + \int_0^\infty p_1(x,t)\mathrm{d}x + \int_0^\infty p_2(x,t)\mathrm{d}x = 1$$

得到

$$sp_0^*(s) - 1 = -\lambda_0 p_0^*(s) + \int_0^\infty p_1^*(x,s)\mu(x)\mathrm{d}x \tag{4-64}$$

$$sp_1^*(x,s) + \frac{\partial p_1^*(x,s)}{\partial x} = -[\lambda_1 + \mu(x)]p_1^*(x,s) \tag{4-65}$$

$$sp_2^*(x,s) + \frac{\partial p_2^*(x,s)}{\partial x} = -\mu(x)p_2^*(x,s) + \lambda_1 p_1^*(x,s) \tag{4-66}$$

$$p_1^*(0,s) = \lambda_0 p_0^*(s) + \int_0^\infty p_2^*(x,s)\mu(x)\mathrm{d}x \tag{4-67}$$

$$p_2^*(0,s) = 0 \tag{4-68}$$

$$p_0^*(s) + \int_0^\infty p_1^*(x,s)\mathrm{d}x + \int_0^\infty p_2^*(x,s)\mathrm{d}x = \frac{1}{s} \tag{4-69}$$

解式 (4-65)，并用式 (4-4) 求得

$$
\begin{aligned}
p_1^*(x,s) &= p_1^*(0,s)\mathrm{e}^{-\int_0^x (s+\lambda_1+\mu(\tau))\mathrm{d}\tau} \\
&= p_1^*(0,s)\mathrm{e}^{-(s+\lambda_1)x-\int_0^x \mu(\tau)\mathrm{d}\tau} \\
&= p_1^*(0,s)\mathrm{e}^{-(s+\lambda_1)x}[1-G(x)]
\end{aligned}
\tag{4-70}
$$

将此式代入式 (4-64) 并用式 (4-5) 有

$$
\begin{aligned}
sp_0^*(s)-1 &= -\lambda_0 p_0^*(s) + p_1^*(0,s)\int_0^\infty \mathrm{e}^{-(s+\lambda_1)x-\int_0^x \mu(\tau)\mathrm{d}\tau}\mu(x)\mathrm{d}x \\
&= -\lambda_0 p_0^*(s) + p_1^*(0,s)\int_0^\infty \mathrm{e}^{-(s+\lambda_1)x}\mu(x)\mathrm{e}^{-\int_0^x \mu(\tau)\mathrm{d}\tau}\mathrm{d}x \\
&= -\lambda_0 p_0^*(s) + p_1^*(0,s)\int_0^\infty \mathrm{e}^{-(s+\lambda_1)x}g(x)\mathrm{d}x \\
&= -\lambda_0 p_0^*(s) + p_1^*(0,s)g^*(s+\lambda_1)
\end{aligned}
\tag{4-71}
$$

由此式得到

$$
p_0^*(s) = p_1^*(0,s)\frac{g^*(s+\lambda_1)}{s+\lambda_0} + \frac{1}{s+\lambda_0}
\tag{4-72}
$$

改写式 (4-66) 并解得

$$
\frac{\partial p_2^*(x,s)}{\partial x} = -[s+\mu(x)]p_2^*(x,s) + \lambda_1 p_1^*(x,s)
\tag{4-73}
$$
$$
\Rightarrow
$$
$$
\begin{aligned}
p_2^*(x,s) = {} & p_2^*(0,s)\mathrm{e}^{-\int_0^x [s+\mu(\tau)]\mathrm{d}\tau} \\
& + \mathrm{e}^{-\int_0^x [s+\mu(\tau)]\mathrm{d}\tau}\int_0^x \lambda_1 p_1^*(y,s)\mathrm{e}^{\int_0^y [s+\mu(\tau)]\mathrm{d}\tau}\mathrm{d}y
\end{aligned}
\tag{4-74}
$$

将式 (4-68) 和式 (4-70) 代入式 (4-74) 得

$$
\begin{aligned}
p_2^*(x,s) &= \mathrm{e}^{-sx}[1-G(x)]\lambda_1 \int_0^x p_1^*(0,s)\mathrm{e}^{-\lambda_1 y}\mathrm{d}y \\
&= p_1^*(0,s)[1-G(x)]\mathrm{e}^{-sx}(1-\mathrm{e}^{-\lambda_1 x})
\end{aligned}
\tag{4-75}
$$

将式 (4-70)，式 (4-72) 和式 (4-75) 代入式 (4-69) 有

$$
\begin{aligned}
& p_1^*(0,s)\frac{g^*(s+\lambda_1)}{s+\lambda_0} + \frac{1}{s+\lambda_0} + p_1^*(0,s)\int_0^\infty \mathrm{e}^{-(s+\lambda_1)x}[1-G(x)]\mathrm{d}x \\
& \quad + p_1^*(0,s)\int_0^\infty \mathrm{e}^{-sx}\left(1-\mathrm{e}^{-\lambda_1 x}\right)[1-G(x)]\mathrm{d}x = \frac{1}{s} \\
& \Rightarrow \\
& p_1^*(0,s)\frac{g^*(s+\lambda_1)}{s+\lambda_0} + \frac{1}{s+\lambda_0} \\
& \quad + p_1^*(0,s)\int_0^\infty \mathrm{e}^{-sx}[1-G(x)]\mathrm{d}x = \frac{1}{s}
\end{aligned}
\tag{4-76}
$$

因为 $G(x)$ 是有界函数并且 $G(0) = 0$, 所以

$$
\begin{aligned}
g^*(s) &= \int_0^\infty \mathrm{e}^{-sx}\mathrm{d}G(x) \\
&= \mathrm{e}^{-sx}G(x)\Big|_0^\infty + s\int_0^\infty \mathrm{e}^{-sx}G(x)\mathrm{d}x \\
&= sG^*(s) \\
&\Rightarrow \\
G^*(s) &= \frac{1}{s}g^*(s) \\
&\Rightarrow \\
\int_0^\infty \mathrm{e}^{-sx}[1-G(x)]\mathrm{d}x &= \int_0^\infty \mathrm{e}^{-sx}\mathrm{d}x - \int_0^\infty \mathrm{e}^{-sx}G(x)\mathrm{d}x \\
&= \frac{1}{s} - G^*(s) = \frac{1}{s} - \frac{1}{s}g^*(s) \\
&= \frac{1}{s}[1-g^*(s)]
\end{aligned}
$$

结合此式与式 (4-76) 推出

$$
\begin{aligned}
&p^*(0,s)\frac{g^*(s+\lambda_1)}{s+\lambda_0} + \frac{1}{s+\lambda_0} + p_1^*(0,s)\frac{1}{s}[1-g^*(s)] = \frac{1}{s} \\
&\Rightarrow \\
&p_1^*(0,s)\left\{\frac{g^*(s+\lambda_1)}{s+\lambda_0} + \frac{1}{s}[1-g^*(s)]\right\} = \frac{1}{s} - \frac{1}{s+\lambda_0} \\
&\Rightarrow \\
&p_1^*(0,s)\frac{sg^*(s+\lambda_1)+(s+\lambda_0)[1-g^*(s)]}{s(s+\lambda_0)} = \frac{\lambda_0}{s(s+\lambda_0)} \\
&\Rightarrow \\
&p_1^*(0,s) = \frac{\lambda_0}{sg^*(s+\lambda_1)+(s+\lambda_0)[1-g^*(s)]}
\end{aligned}
$$

(4-77)

将式 (4-77) 代入式 (4-70), 式 (4-72) 和式 (4-75) 计算出

$$
\begin{aligned}
p_0^*(s) &= \frac{\lambda_0 g^*(s+\lambda_1)}{(s+\lambda_0)\left\{sg^*(s+\lambda_1)+(s+\lambda_0)[1-g^*(s)]\right\}} + \frac{1}{s+\lambda_0} \\
&= \frac{\lambda_0 g^*(s+\lambda_1)+sg^*(s+\lambda_1)+(s+\lambda_0)[1-g^*(s)]}{(s+\lambda_0)\left\{sg^*(s+\lambda_1)+(s+\lambda_0)[1-g^*(s)]\right\}} \\
&= \frac{(s+\lambda_0)g^*(s+\lambda_1)+(s+\lambda_0)[1-g^*(s)]}{(s+\lambda_0)\left\{sg^*(s+\lambda_1)+(s+\lambda_0)[1-g^*(s)]\right\}} \\
&= \frac{1-g^*(s)+g^*(s+\lambda_1)}{sg^*(s+\lambda_1)+(s+\lambda_0)[1-g^*(s)]}
\end{aligned}
$$

(4-78)

$$
p_1^*(x,s) = \frac{\lambda_0[1-G(x)]\mathrm{e}^{-(s+\lambda_1)x}}{sg^*(s+\lambda_1)+(s+\lambda_0)[1-g^*(s)]}
$$

(4-79)

$$
p_2^*(x,s) = \frac{\lambda_0[1-G(x)]\mathrm{e}^{-sx}(1-\mathrm{e}^{-\lambda_1 x})}{sg^*(s+\lambda_1)+(s+\lambda_0)[1-g^*(s)]}
$$

(4-80)

系统的瞬时可用度是

$$A(t) = p_0(t) + \int_0^\infty p_1(x,t)\mathrm{d}x \tag{4-81}$$

对式 (4-81) 作拉普拉斯变换并用式 (4-78)~式 (4-80), $G(0) = 0$,

$$\int_0^\infty [1 - G(x)]\mathrm{e}^{-(s+\lambda_1)x}\mathrm{d}x = -\frac{1}{s+\lambda_1} \int_0^\infty [1 - G(x)]\mathrm{d}\mathrm{e}^{-(s+\lambda_1)x}$$

$$= -\frac{1}{s+\lambda_1} \left\{ [1 - G(x)]\mathrm{e}^{-(s+\lambda_1)x} \Big|_{x=0}^{x=\infty} \right.$$

$$\left. - \int_0^\infty -g(x)\mathrm{e}^{-(s+\lambda_1)x}\mathrm{d}x \right\}$$

$$= -\frac{1}{s+\lambda_1} \left\{ -1 + \int_0^\infty g(x)\mathrm{e}^{-(s+\lambda_1)x}\mathrm{d}x \right\}$$

$$= \frac{1 - g^*(s+\lambda_1)}{s+\lambda_1}$$

推出

$$A^*(s) = \int_0^\infty \mathrm{e}^{-st}A(t)\mathrm{d}t$$

$$= p_0^*(s) + \int_0^\infty p_1^*(x,s)\mathrm{d}x$$

$$= \frac{1 - g^*(s) + g^*(s+\lambda_1)}{sg^*(s+\lambda_1) + (s+\lambda_0)[1 - g^*(s)]}$$

$$+ \frac{\lambda_0[1 - g^*(s+\lambda_1)]}{(s+\lambda_1)\{sg^*(s+\lambda_1) + (s+\lambda_0)[1 - g^*(s)]\}} \tag{4-82}$$

可以证明 $\lim\limits_{t\to\infty} A(t) = A$ 存在 (见 4.3 节). 用托贝尔定理 (见定理 1.2), 洛必达法则并

$$\lim_{s\to 0} g^*(s) = g^*(0) = \int_0^\infty \mu(x)\mathrm{e}^{-\int_0^x \mu(\tau)\mathrm{d}\tau}\mathrm{d}x$$

$$= -\mathrm{e}^{-\int_0^x \mu(\tau)\mathrm{d}\tau} \Big|_{x=0}^{x=\infty} = 1$$

$$\lim_{s\to 0} g^*(s+\lambda_1) = g^*(\lambda_1), \quad \lim_{s\to 0} \frac{\mathrm{d}g^*(s)}{\mathrm{d}s} = -\int_0^\infty xg(x)\mathrm{d}x$$

得到系统的稳态可用度为

$$A = \lim_{t\to\infty} A(t) = \lim_{s\to 0} sA^*(s)$$

$$= \lim_{s\to 0} \frac{1 - g^*(s) + g^*(s+\lambda_1)}{g^*(s+\lambda_1) + (s+\lambda_0)\dfrac{1 - g^*(s)}{s}}$$

$$+ \lim_{s\to 0} \frac{\lambda_0[1 - g^*(s+\lambda_1)]}{(s+\lambda_1)\left[g^*(s+\lambda_1) + (s+\lambda_0)\dfrac{1 - g^*(s)}{s}\right]}$$

$$= \frac{g^*(\lambda_1)}{g^*(\lambda_1) + \lambda_0 \int_0^\infty xg(x)\mathrm{d}x}$$

$$+ \frac{\lambda_0[1 - g^*(\lambda_1)]}{\lambda_1 \left[g^*(\lambda_1) + \lambda_0 \int_0^\infty xg(x)\mathrm{d}x\right]} \tag{4-83}$$

同理, 用托贝尔定理 (见定理 1.2), 洛必达法则, 式 (4-78)~式 (4-80) 及

$$\lim_{s \to 0} g^*(s) = g^*(0) = 1, \ \lim_{s \to 0} g^*(s + \lambda_1) = g^*(\lambda_1),$$

$$\lim_{s \to 0} \frac{\mathrm{d}g^*(s)}{\mathrm{d}s} = - \int_0^\infty xg(x)\mathrm{d}x$$

求出

$$\lim_{t \to \infty} p_0(t) = \lim_{s \to 0} s p_0^*(s)$$

$$= \frac{g^*(\lambda_1)}{g^*(\lambda_1) + \lambda_0 \int_0^\infty xg(x)\mathrm{d}x} \tag{4-84}$$

$$\lim_{t \to \infty} \int_0^\infty p_1(x,t)\mathrm{d}x = \lim_{s \to 0} s \int_0^\infty p_1^*(x,s)\mathrm{d}x$$

$$= \frac{\lambda_0[1 - g^*(\lambda_1)]}{\lambda_1 \left[g^*(\lambda_1) + \lambda_0 \int_0^\infty xg(x)\mathrm{d}x\right]} \tag{4-85}$$

$$\lim_{t \to \infty} \int_0^\infty p_2(x,t)\mathrm{d}x = \lim_{s \to 0} s \int_0^\infty p_2^*(x,s)\mathrm{d}x$$

$$= \frac{\lambda_0 \int_0^\infty [1 - G(x)](1 - \mathrm{e}^{-\lambda_1 x})\mathrm{d}x}{g^*(\lambda_1) + \lambda_0 \int_0^\infty xg(x)\mathrm{d}x} \tag{4-86}$$

由式 (4-84) 与式 (4-85) 再次得到

$$A = \lim_{t \to \infty} A(t) = \lim_{t \to \infty} p_0(t) + \lim_{t \to \infty} \int_0^\infty p_1(x,t)\mathrm{d}x$$

$$= \frac{g^*(\lambda_1)}{g^*(\lambda_1) + \lambda_0 \int_0^\infty xg(x)\mathrm{d}x}$$

$$+ \frac{\lambda_0[1 - g^*(\lambda_1)]}{\lambda_1 \left[g^*(\lambda_1) + \lambda_0 \int_0^\infty xg(x)\mathrm{d}x\right]}$$

此式与式 (4-83) 一致.

　　本节的许多公式的推导过程中用了积分号与极限号, 积分号与导数符号交换等条件, 而这些问题都归结为以下极限

$$\lim_{t \to \infty} p_0(t), \ \lim_{t \to \infty} \int_0^\infty p_1(x,t)\mathrm{d}x, \ \lim_{t \to \infty} \int_0^\infty p_2(x,t)\mathrm{d}x$$

的存在性问题. 而 4.3 节用泛函分析方法证明这些极限的存在性.

4.3 泛函分析方法

本节中运用 Gupur [15, 20, 22, 26], 艾尼 · 吾甫尔等 [23], Gupur 等 [24], 周俊强等 [25] 的思想和方法对式 (4-18)~式 (4-23) 进行动态 (时间依赖) 分析.

为方便起见, 记

$$\Gamma = \begin{pmatrix} e^{-x} & 0 & 0 \\ \lambda_0 e^{-x} & 0 & \mu(x) \\ 0 & 0 & 0 \end{pmatrix}$$

选取状态空间为

$$X = \left\{ p \in \mathbb{R} \times L^1[0, \infty) \times L^1[0, \infty) \ \middle| \ \|p\| = |p_0| + \sum_{i=1}^{2} \|p_i\|_{L^1[0, \infty)} \right\}$$

用定义 1.6 可验证 X 是一个巴拿赫空间. 以下定义算子及其定义域.

$$D(\mathcal{A}) = \left\{ p \in X \ \middle| \ \begin{array}{l} \dfrac{\mathrm{d}p_i(x)}{\mathrm{d}x} \in L^1[0, \infty), i = 1, 2 \\ p_i(x) \ (i = 1, 2) \ \text{是绝对连续函数} \\ \text{并且满足} \ p(0) = \displaystyle\int_0^\infty \Gamma p(x) \mathrm{d}x \end{array} \right\}$$

若对 $p \in D(\mathcal{A})$ 定义

$$\mathcal{A} \begin{pmatrix} p_0 \\ p_1 \\ p_2 \end{pmatrix}(x) = \begin{pmatrix} -\lambda_0 & 0 & 0 \\ 0 & -\dfrac{\mathrm{d}}{\mathrm{d}x} - (\lambda_1 + \mu(x)) & 0 \\ 0 & 0 & -\dfrac{\mathrm{d}}{\mathrm{d}x} - \mu(x) \end{pmatrix} \begin{pmatrix} p_0 \\ p_1(x) \\ p_2(x) \end{pmatrix}$$

且对 $p \in X$ 定义

$$U \begin{pmatrix} p_0 \\ p_1 \\ p_2 \end{pmatrix}(x) = \begin{pmatrix} 0 & 0 & 0 \\ 0 & 0 & 0 \\ 0 & \lambda_1 & 0 \end{pmatrix} \begin{pmatrix} p_0 \\ p_1(x) \\ p_2(x) \end{pmatrix}, \quad D(U) = X$$

$$E \begin{pmatrix} p_0 \\ p_1 \\ p_2 \end{pmatrix}(x) = \begin{pmatrix} \displaystyle\int_0^\infty p_1(x)\mu(x)\mathrm{d}x \\ 0 \\ 0 \end{pmatrix}, \quad D(E) = X$$

则式 (4-18)~式 (4-23) 可以改写为巴拿赫空间 X 中的一个抽象柯西问题:

$$\begin{cases} \dfrac{\mathrm{d}p(t)}{\mathrm{d}t} = (\mathcal{A} + U + E)p(t), & \forall t \in (0, \infty) \\ p(0) = (1, 0, 0) \end{cases} \tag{4-87}$$

4.3.1　系统 (4-87) 的适定性

定理 4.1　若 $\mathbb{M} = \sup\limits_{x\in[0,\infty)} \mu(x) < \infty$, 则 $\mathcal{A}+U+E$ 生成一个正压缩 C_0- 半群 $T(t)$.

证明　分四步得到所要结果. 首先证明当 $\gamma > \mathbb{M}$ 时, $(\gamma I - \mathcal{A})^{-1}$ 存在并且有界. 其次证明 $D(\mathcal{A})$ 在 X 中稠密, 从而利用希勒–吉田耕作定理得到 $\mathcal{A}$ 生成 C_0- 半群. 然后证明 U 和 E 是有界线性算子, 从而运用 C_0- 半群的扰动理论推出 $\mathcal{A}+U+E$ 生成一个 C_0- 半群 $T(t)$. 最后证明 $\mathcal{A}+U+E$ 是 dispersive (散列) 算子, 从而由菲力普斯定理得到 $T(t)$ 是正压缩 C_0- 半群.

对给定的 $y \in X$, 考虑方程 $(\gamma I - \mathcal{A})p = y$. 这等价于下面的方程组

$$(\gamma + \lambda_0)p_0 = y_0 \tag{4-88}$$

$$\frac{\mathrm{d}p_1(x)}{\mathrm{d}x} = -[\gamma + \lambda_1 + \mu(x)]p_1(x) + y_1(x) \tag{4-89}$$

$$\frac{\mathrm{d}p_2(x)}{\mathrm{d}x} = -[\gamma + \mu(x)]p_2(x) + y_2(x) \tag{4-90}$$

$$p_1(0) = \lambda_0 p_0 + \int_0^\infty \mu(x)p_2(x)\mathrm{d}x \tag{4-91}$$

$$p_2(0) = 0 \tag{4-92}$$

解式 (4-88), 式 (4-89) 和式 (4-90) 得到

$$p_0 = \frac{1}{\gamma + \lambda_0}y_0 \tag{4-93}$$

$$p_1(x) = a_1 e^{-(\gamma+\lambda_1)x - \int_0^x \mu(\tau)\mathrm{d}\tau}$$
$$+ e^{-(\gamma+\lambda_1)x - \int_0^x \mu(\tau)\mathrm{d}\tau}\int_0^x y_1(\xi)e^{(\gamma+\lambda_1)\xi + \int_0^\xi \mu(\tau)\mathrm{d}\tau}\mathrm{d}\xi \tag{4-94}$$

$$p_2(x) = a_2 e^{-\gamma x - \int_0^x \mu(\tau)\mathrm{d}\tau}$$
$$+ e^{-\gamma x - \int_0^x \mu(\tau)\mathrm{d}\tau}\int_0^x y_2(\xi)e^{\gamma\xi + \int_0^\xi \mu(\tau)\mathrm{d}\tau}\mathrm{d}\xi \tag{4-95}$$

结合式 (4-91), 式 (4-92) 与式 (4-94), 式 (4-95) 并用式 (4-93) 和定理的条件推出

$$a_1 = p_1(0) = \lambda_0 p_0 + \int_0^\infty \mu(x)p_2(x)\mathrm{d}x$$
$$\Rightarrow$$
$$|a_1| \leqslant \lambda_0|p_0| + \int_0^\infty \mu(x)|p_2(x)|\mathrm{d}x$$
$$\leqslant \lambda_0|p_0| + \mathbb{M}\int_0^\infty |p_2(x)|\mathrm{d}x$$
$$= \frac{\lambda_0}{|\gamma + \lambda_0|}|y_0| + \mathbb{M}\|p_2\|_{L^1[0,\infty)} \tag{4-96}$$

$$a_2 = p_2(0) = 0 \Rightarrow |a_2| = 0 \tag{4-97}$$

将式 (4-97) 代入式 (4-95) 并用

$$e^{-\int_\xi^x \mu(\tau)\mathrm{d}\tau} \leqslant 1, \quad x > \xi > 0$$

和富比尼定理估计出 (不妨设 $\gamma > 0$)

$$
\begin{aligned}
\|p_2\|_{L^1[0,\infty)} &= \int_0^\infty |p_2(x)|\mathrm{d}x \\
&= \int_0^\infty \mathrm{e}^{-\gamma x - \int_0^x \mu(\tau)\mathrm{d}\tau} \int_0^x |y_2(\xi)|\mathrm{e}^{\gamma\xi + \int_0^\xi \mu(\tau)\mathrm{d}\tau}\mathrm{d}\xi\mathrm{d}x \\
&= \int_0^\infty \mathrm{e}^{-\gamma x} \int_0^x |y_2(\xi)|\mathrm{e}^{\gamma\xi}\mathrm{e}^{-\int_\xi^x \mu(\tau)\mathrm{d}\tau}\mathrm{d}\xi\mathrm{d}x \\
&\leqslant \int_0^\infty \mathrm{e}^{-\gamma x} \int_0^x |y_2(\xi)|\mathrm{e}^{\gamma\xi}\mathrm{d}\xi\mathrm{d}x \\
&= \int_0^\infty |y_2(\xi)|\mathrm{e}^{\gamma\xi} \int_\xi^\infty \mathrm{e}^{-\gamma x}\mathrm{d}x\mathrm{d}\xi \\
&= \frac{1}{\gamma}\|y_2\|_{L^1[0,\infty)}
\end{aligned}
\tag{4-98}
$$

用式 (4-94), 式 (4-96), 式 (4-98), 富比尼定理与

$$
\mathrm{e}^{-\int_0^x \mu(\tau)\mathrm{d}\tau} \leqslant 1, \quad \forall x > 0; \quad \mathrm{e}^{-\int_\xi^x \mu(\tau)\mathrm{d}\tau} \leqslant 1, \quad x > \xi > 0
$$

有

$$
\begin{aligned}
\|p_1\|_{L^1[0,\infty)} &= \int_0^\infty |p_1(x)|\mathrm{d}x \\
&\leqslant |a_1| \int_0^\infty \mathrm{e}^{-(\gamma+\lambda_1)x - \int_0^x \mu(\tau)\mathrm{d}\tau}\mathrm{d}x \\
&\quad + \int_0^\infty \mathrm{e}^{-(\gamma+\lambda_1)x - \int_0^x \mu(\tau)\mathrm{d}\tau} \int_0^x |y_1(\xi)|\mathrm{e}^{(\gamma+\lambda_1)\xi + \int_0^\xi \mu(\tau)\mathrm{d}\tau}\mathrm{d}\xi\mathrm{d}x \\
&\leqslant |a_1| \int_0^\infty \mathrm{e}^{-(\gamma+\lambda_1)x}\mathrm{d}x \\
&\quad + \int_0^\infty \mathrm{e}^{-(\gamma+\lambda_1)x} \int_0^x |y_1(\xi)|\mathrm{e}^{(\gamma+\lambda_1)\xi - \int_\xi^x \mu(\tau)\mathrm{d}\tau}\mathrm{d}\xi\mathrm{d}x \\
&\leqslant \frac{1}{\gamma+\lambda_1}|a_1| \\
&\quad + \int_0^\infty \mathrm{e}^{-(\gamma+\lambda_1)x} \int_0^x |y_1(\xi)|\mathrm{e}^{(\gamma+\lambda_1)\xi}\mathrm{d}\xi\mathrm{d}x \\
&= \frac{1}{\gamma+\lambda_1}|a_1| + \int_0^\infty |y_1(\xi)|\mathrm{e}^{(\gamma+\lambda_1)\xi} \int_\xi^\infty \mathrm{e}^{-(\gamma+\lambda)x}\mathrm{d}x\mathrm{d}\xi \\
&= \frac{1}{\gamma+\lambda_1}|a_1| + \frac{1}{\gamma+\lambda_1}\|y_1\|_{L^1[0,\infty)} \\
&\leqslant \frac{1}{\gamma+\lambda_1}\left[\frac{\lambda_0}{\gamma+\lambda_0}|y_0| + M\|p_2\|_{L^1[0,\infty)}\right] \\
&\quad + \frac{1}{\gamma+\lambda_1}\|y_1\|_{L^1[0,\infty)} \\
&\leqslant \frac{\lambda_0}{(\gamma+\lambda_0)(\gamma+\lambda_1)}|y_0| + \frac{M}{\gamma(\gamma+\lambda_1)}\|y_2\|_{L^1[0,\infty)}
\end{aligned}
$$

$$+\frac{1}{\gamma+\lambda_1}\|y_1\|_{L^1[0,\infty)} \tag{4-99}$$

合并式 (4-93), 式 (4-98) 及式 (4-99) 并用

$$\frac{\gamma+\lambda_1+\lambda_0}{(\gamma+\lambda_0)(\gamma+\lambda_1)}<\frac{1}{\gamma-M}$$

$$\frac{1}{\gamma+\lambda_1}<\frac{1}{\gamma-M},\quad \frac{\gamma+\lambda_1+M}{\gamma(\gamma+\lambda_1)}<\frac{1}{\gamma-M}$$

对 $\gamma>M$ 推出

$$\|p\|=|p_0|+\|p_1\|_{L^1[0,\infty)}+\|p_2\|_{L^1[0,\infty)}$$

$$\leqslant \frac{1}{\gamma+\lambda_0}|y_0|+\frac{\lambda_0}{(\gamma+\lambda_0)(\gamma+\lambda_1)}|y_0|$$

$$+\frac{M}{\gamma(\gamma+\lambda_1)}\|y_2\|_{L^1[0,\infty)}+\frac{1}{\gamma+\lambda_1}\|y_1\|_{L^1[0,\infty)}$$

$$+\frac{1}{\gamma}\|y_2\|_{L^1[0,\infty)}$$

$$=\frac{\gamma+\lambda_1+\lambda_0}{(\gamma+\lambda_0)(\gamma+\lambda_1)}|y_0|+\frac{1}{\gamma+\lambda_1}\|y_1\|_{L^1[0,\infty)}$$

$$+\frac{\gamma+\lambda_1+M}{\gamma(\gamma+\lambda_1)}\|y_2\|_{L^1[0,\infty)}$$

$$\leqslant \frac{1}{\gamma-M}\|y\|_{L^1[0,\infty)} \tag{4-100}$$

式 (4-100) 说明: 当 $\gamma>M$ 时,

$$(\gamma I-\mathcal{A})^{-1}:X\to D(\mathcal{A}),\quad \|(\gamma I-\mathcal{A})^{-1}\|\leqslant\frac{1}{\gamma-M}$$

第二步证明 $D(\mathcal{A})$ 在 X 中稠密. 令

$$Z=\left\{p(x)=(p_0,p_1(x),p_2(x))\ \middle|\ \begin{array}{l}p_i\in C_0^1[0,\infty),\ 存在\\ c_i>0\ 使得对\ \forall x\in[0,c_i]\\ 有\ p_i(x)=0,\ i=1,2\end{array}\right\}$$

则 Z 在 X 中稠密, 即 $\overline{Z}=X$. 如果能证明 $Z\subset\overline{D(\mathcal{A})}$, 那么

$$D(\mathcal{A})\subset X\Rightarrow Z\subset\overline{D(\mathcal{A})}\subset X\Rightarrow X=\overline{Z}\subset\overline{\overline{D(\mathcal{A})}}\subset\overline{X}=X$$

$$\Rightarrow \overline{D(\mathcal{A})}=\overline{\overline{D(\mathcal{A})}}=X$$

因此, 为证明 $D(\mathcal{A})$ 在 X 中的稠密性, 只需证明 $Z\subset\overline{D(\mathcal{A})}$ 即可.

任取定 $p=(p_0,p_1,p_2)\in Z$, 存在正数 $c_i>0$, 使得对 $\forall x\in[0,c_i]$, 有 $p_i(x)=0$, $(i=1,2)$. 所以, 当 $x\in[0,s]$ 时, 有 $p_i(x)=0$, 其中 $0<s<\min\{c_1,c_2\}$. 定义

$$f^s(0)=(p_0,f_1^s(0),f_2^s(0))$$

$$= \left(p_0, \lambda_0 p_0 + \int_s^\infty p_2(x)\mu(x)\mathrm{d}x, 0\right)$$

$$f^s(x) = (p_0, f_1^s(x), f_2^s(x))$$

这里

$$f_1^s(x) = \begin{cases} f_1^s(0)\left(1 - \dfrac{x}{s}\right)^2, & x \in [0, s) \\ p_1(x), & x \in [s, \infty) \end{cases}$$

$$f_2^s(x) = p_2(x), \quad \forall x \in [0, \infty)$$

则不难验证 $f^s \in D(\mathcal{A})$. 此外

$$\begin{aligned}
\|p - f^s\| &= \int_0^\infty |p_1(x) - f_1^s(x)|\mathrm{d}x \\
&= \int_0^s |f_1^s(0)|\left(1 - \frac{x}{s}\right)^2 \mathrm{d}x \\
&= |f_1^s(0)|\frac{s}{3} \to 0, \ s \to 0
\end{aligned}$$

这说明 $Z \subset \overline{D(\mathcal{A})}$, 即 $D(\mathcal{A})$ 在 X 中稠密. 由第一步, 第二步及希勒–吉田耕作定理 (见定理 1.5) 知道 $\mathcal{A}$ 生成一个 C_0- 半群.

以下证明 U 和 E 是有界线性算子. 由 U 和 E 的定义, 对 $\forall p = (p_0, p_1, p_2) \in X$, $\forall q = (q_0, q_1, q_2) \in X$, $\forall \alpha, \beta \in \mathbb{R}$ 有

$$\begin{aligned}
U(\alpha p + \beta q) &= U\begin{pmatrix} \alpha p_0 + \beta q_0 \\ \alpha p_1 + \beta q_1 \\ \alpha p_2 + \beta q_2 \end{pmatrix} \\
&= \begin{pmatrix} 0 & 0 & 0 \\ 0 & 0 & 0 \\ 0 & \lambda_1 & 0 \end{pmatrix}\begin{pmatrix} \alpha p_0 + \beta q_0 \\ \alpha p_1 + \beta q_1 \\ \alpha p_2 + \beta q_2 \end{pmatrix} \\
&= \begin{pmatrix} 0 \\ 0 \\ \lambda_1(\alpha p_1 + \beta q_1) \end{pmatrix} \\
&= \begin{pmatrix} 0 \\ 0 \\ \lambda_1 \alpha p_1 \end{pmatrix} + \begin{pmatrix} 0 \\ 0 \\ \lambda_1 \beta q_1 \end{pmatrix} \\
&= \alpha\begin{pmatrix} 0 \\ 0 \\ \lambda_1 p_1 \end{pmatrix} + \beta\begin{pmatrix} 0 \\ 0 \\ \lambda_1 q_1 \end{pmatrix} \\
&= \alpha\begin{pmatrix} 0 & 0 & 0 \\ 0 & 0 & 0 \\ 0 & \lambda_1 & 0 \end{pmatrix}\begin{pmatrix} p_0 \\ p_1 \\ p_2 \end{pmatrix} \\
&\quad + \beta\begin{pmatrix} 0 & 0 & 0 \\ 0 & 0 & 0 \\ 0 & \lambda_1 & 0 \end{pmatrix}\begin{pmatrix} q_0 \\ q_1 \\ q_2 \end{pmatrix}
\end{aligned}$$

$$= \alpha Up + \beta Uq \tag{4-101}$$

$$\|Up\| = \|(0, 0, \lambda_1 p_1)\|$$
$$= |0| + \int_0^\infty |0| \mathrm{d}x + \int_0^\infty |\lambda_1 p_1(x)| \mathrm{d}x$$
$$= \lambda_1 \int_0^\infty |p_1(x)| \mathrm{d}x \leqslant \lambda_1 \|p\| \tag{4-102}$$

$$E(\alpha p + \beta q) = E \begin{pmatrix} \alpha p_0 + \beta q_0 \\ \alpha p_1 + \beta q_1 \\ \alpha p_2 + \beta q_2 \end{pmatrix}$$
$$= \begin{pmatrix} \int_0^\infty (\alpha p_1(x) + \beta q_1(x)) \mu(x) \mathrm{d}x \\ 0 \\ 0 \end{pmatrix}$$
$$= \begin{pmatrix} \int_0^\infty \alpha p_1(x) \mu(x) \mathrm{d}x + \int_0^\infty \beta q_1(x) \mu(x) \mathrm{d}x \\ 0 \\ 0 \end{pmatrix}$$
$$= \alpha \begin{pmatrix} \int_0^\infty p_1(x) \mu(x) \mathrm{d}x \\ 0 \\ 0 \end{pmatrix}$$
$$\quad + \beta \begin{pmatrix} \int_0^\infty q_1(x) \mu(x) \mathrm{d}x \\ 0 \\ 0 \end{pmatrix}$$
$$= \alpha Ep + \beta Eq \tag{4-103}$$

$$\|Ep\| \leqslant \int_0^\infty |\mu(x) p_1(x)| \mathrm{d}x \leqslant M \int_0^\infty |p_1(x)| \mathrm{d}x$$
$$= M \|p_1\|_{L^1[0,\infty)} \leqslant M \|p\| \tag{4-104}$$

式 (4-101) 与式 (4-102) 表明 U 是有界线性算子, 式 (4-103) 与式 (4-104) 表明 E 是有界线性算子. 因此, 由 C_0- 半群的扰动定理 (见定理 1.7) 推出 $\mathcal{A} + U$ 生成一个 C_0- 半群 $S(t)$, $\mathcal{A} + U + E$ 生成一个 C_0- 半群 $T(t)$.

最后证明 $\mathcal{A} + U + E$ 是 dispersive (散列) 算子. 对 $p \in D(\mathcal{A})$, 取

$$\phi(x) = \left(\frac{[p_0]^+}{p_0}, \frac{[p_1(x)]^+}{p_1(x)}, \frac{[p_2(x)]^+}{p_2(x)} \right)$$

其中

$$[p_0]^+ = \begin{cases} p_0, & p_0 > 0 \\ 0, & p_0 \leqslant 0 \end{cases}$$
$$[p_i(x)]^+ = \begin{cases} p_i(x), & p_i(x) > 0 \\ 0, & p_i(x) \leqslant 0 \end{cases}, \quad i = 1, 2$$

如果定义 $W_i = \{x \in [0, \infty) \mid p_i(x) > 0\}$ 和 $Q_i = \{x \in [0, \infty) \mid p_i(x) \leqslant 0\}$ $(i = 1, 2)$, 那么有

$$
\begin{aligned}
\int_0^\infty \frac{\mathrm{d}p_i(x)}{\mathrm{d}x} \frac{[p_i(x)]^+}{p_i(x)} \mathrm{d}x &= \int_{W_i} \frac{\mathrm{d}p_i(x)}{\mathrm{d}x} \frac{[p_i(x)]^+}{p_i(x)} \mathrm{d}x \\
&\quad + \int_{Q_i} \frac{\mathrm{d}p_i(x)}{\mathrm{d}x} \frac{[p_i(x)]^+}{p_i(x)} \mathrm{d}x \\
&= \int_{W_i} \frac{\mathrm{d}p_i(x)}{\mathrm{d}x} \frac{[p_i(x)]^+}{p_i(x)} \mathrm{d}x \\
&= \int_{W_i} \frac{\mathrm{d}p_i(x)}{\mathrm{d}x} \mathrm{d}x \\
&= \int_0^\infty \frac{\mathrm{d}[p_i(x)]^+}{\mathrm{d}x} \mathrm{d}x \\
&= [p_i(x)]^+ \big|_0^\infty \\
&= -[p_i(0)]^+, \quad i = 1, 2
\end{aligned}
\tag{4-105}
$$

此式中用了 $p_i \in L^1[0, \infty) \Rightarrow p_i(\infty) = 0$, $i = 1, 2$.

对 $p \in D(\mathcal{A})$ 与上述 ϕ 用式 (4-91), 式 (4-92), 式 (4-105) 及

$$
\int_0^\infty \mu(x) p_i(x) \mathrm{d}x \leqslant \int_0^\infty \mu(x) [p_i(x)]^+ \mathrm{d}x, \quad i = 1, 2,
$$

$$
\int_0^\infty p_1(x) \frac{[p_2(x)]^+}{p_2(x)} \mathrm{d}x \leqslant \int_0^\infty [p_1(x)]^+ \mathrm{d}x
$$

估计出

$$
\begin{aligned}
&\langle (\mathcal{A} + U + E)p, \phi \rangle \\
&= \left\{ -\lambda_0 p_0 + \int_0^\infty \mu(x) p_1(x) \mathrm{d}x \right\} \frac{[p_0]^+}{p_0} \\
&\quad + \int_0^\infty \left\{ -\frac{\mathrm{d}p_1(x)}{\mathrm{d}x} - (\lambda_1 + \mu(x)) p_1(x) \right\} \frac{[p_1(x)]^+}{p_1(x)} \mathrm{d}x \\
&\quad + \int_0^\infty \left\{ -\frac{\mathrm{d}p_2(x)}{\mathrm{d}x} - \mu(x) p_2(x) + \lambda_1 p_1(x) \right\} \frac{[p_2(x)]^+}{p_2(x)} \mathrm{d}x \\
&= -\lambda_0 [p_0]^+ + \frac{[p_0]^+}{p_0} \int_0^\infty \mu(x) p_1(x) \mathrm{d}x \\
&\quad - \int_0^\infty \frac{\mathrm{d}p_1(x)}{\mathrm{d}x} \frac{[p_1(x)]^+}{p_1(x)} \mathrm{d}x - \int_0^\infty (\lambda_1 + \mu(x)) [p_1(x)]^+ \mathrm{d}x \\
&\quad - \int_0^\infty \frac{\mathrm{d}p_2(x)}{\mathrm{d}x} \frac{[p_2(x)]^+}{p_2(x)} \mathrm{d}x - \int_0^\infty \mu(x) [p_2(x)]^+ \mathrm{d}x \\
&\quad + \int_0^\infty \lambda_1 p_1(x) \frac{[p_2(x)]^+}{p_2(x)} \mathrm{d}x \\
&\leqslant -\lambda_0 [p_0]^+ + \frac{[p_0]^+}{p_0} \int_0^\infty \mu(x) [p_1(x)]^+ \mathrm{d}x + [p_1(0)]^+
\end{aligned}
$$

$$- \lambda_1 \int_0^\infty [p_1(x)]^+ \mathrm{d}x - \int_0^\infty \mu(x)[p_1(x)]^+ \mathrm{d}x + [p_2(0)]^+$$

$$- \int_0^\infty \mu(x)[p_2(x)]^+ \mathrm{d}x + \lambda_1 \int_0^\infty \frac{[p_2(x)]^+}{p_2(x)} p_1(x) \mathrm{d}x$$

$$\leqslant - \lambda_0[p_0]^+ + \frac{[p_0]^+}{p_0} \int_0^\infty \mu(x)[p_1(x)]^+ \mathrm{d}x + \lambda_0[p_0]^+$$

$$+ \int_0^\infty \mu(x)[p_2(x)]^+ \mathrm{d}x - \lambda_1 \int_0^\infty [p_1(x)]^+ \mathrm{d}x$$

$$- \int_0^\infty \mu(x)[p_1(x)]^+ \mathrm{d}x - \int_0^\infty \mu(x)[p_2(x)]^+ \mathrm{d}x$$

$$+ \lambda_1 \int_0^\infty [p_1(x)]^+ \mathrm{d}x$$

$$= \left(\frac{[p_0]^+}{p_0} - 1 \right) \int_0^\infty \mu(x)[p_1(x)]^+ \mathrm{d}x$$

$$\leqslant 0 \tag{4-106}$$

式 (4-106) 说明 $\mathcal{A} + U + E$ 是 dispersive (散列) 算子. 因此, 由第一步, 第二步, 式 (4-106) 和菲力普斯定理 (见定理 1.6) 知道 $\mathcal{A} + U + E$ 生成一个正压缩 C_0- 半群. 由 C_0- 半群的唯一性 (见引理 1.4) 推出此正压缩 C_0- 半群刚好是 $T(t)$. □

注解 4.2 类似于式 (4-106) 的估计得到

$$\langle (\mathcal{A} + U)p, \phi \rangle$$

$$= - \lambda_0 p_0 \frac{[p_0]^+}{p_0} + \int_0^\infty \left[- \frac{\mathrm{d}p_1(x)}{\mathrm{d}x} - (\lambda_1 + \mu(x))p_1(x) \right] \frac{[p_1(x)]^+}{p_1(x)} \mathrm{d}x$$

$$+ \int_0^\infty \left[- \frac{\mathrm{d}p_2(x)}{\mathrm{d}x} - \mu(x)p_2(x) + \lambda_1 p_1(x) \right] \frac{[p_2(x)]^+}{p_2(x)} \mathrm{d}x$$

$$- - \lambda_0[p_0]^+ + [p_1(0)]^+ - \lambda_1 \int_0^\infty [p_1(x)]^+ \mathrm{d}x$$

$$- \int_0^\infty \mu(x)[p_1(x)]^+ \mathrm{d}x + [p_2(0)]^+ - \int_0^\infty \mu(x)[p_2(x)]^+ \mathrm{d}x$$

$$+ \int_0^\infty \lambda_1 p_1(x) \frac{[p_2(x)]^+}{p_2(x)} \mathrm{d}x$$

$$\leqslant - \lambda_0[p_0]^+ + \lambda_0[p_0]^+ + \int_0^\infty \mu(x)[p_2(x)]^+ \mathrm{d}x$$

$$- \lambda_1 \int_0^\infty [p_1(x)]^+ \mathrm{d}x - \int_0^\infty \mu(x)[p_1(x)]^+ \mathrm{d}x$$

$$- \int_0^\infty \mu(x)[p_2(x)]^+ \mathrm{d}x + \lambda_1 \int_0^\infty [p_1(x)]^+ \mathrm{d}x$$

$$= - \int_0^\infty \mu(x)[p_1(x)]^+ \mathrm{d}x$$

$$\leqslant 0$$

因此, 由菲力普斯定理 (见定理 1.6) 知道 $S(t)$ 是正压缩 C_0- 半群.

由定义 1.8 可验证 X 的共轭空间 X^* 为

$$X^* = \left\{ q^* \, \middle| \, \begin{array}{l} q^* \in \mathbb{R} \times L^\infty[0,\infty) \times L^\infty[0,\infty), \\ |||q^*||| = \sup\{|q_0^*|, \|q_1^*\|_{L^\infty[0,\infty)}, \|q_2^*\|_{L^\infty[0,\infty)}\} \end{array} \right\}$$

由定义 1.6 容易验证 X^* 是一个巴拿赫空间. 在 X 中引入集合

$$Y = \left\{ p \in X \, \middle| \, \begin{array}{l} p(x) = (p_0, p_1(x), p_2(x)), \ p_0 \geqslant 0, \\ p_1(x) \geqslant 0, \ p_2(x) \geqslant 0, \ \forall x \in [0,\infty) \end{array} \right\}$$

则 Y 是 X 中的锥. 对 $p \in D(\mathcal{A}) \bigcap Y$, 取 $q^*(x) = \|p\|(1,1,1)$, 则 $q^* \in X^*$ 并且有

$$
\begin{aligned}
&\langle (\mathcal{A} + U + E)p, q^* \rangle \\
&= \left\{ -\lambda_0 p_0 + \int_0^\infty \mu(x) p_1(x) \mathrm{d}x \right\} \|p\| \\
&\quad + \int_0^\infty \left\{ -\frac{\mathrm{d}p_1(x)}{\mathrm{d}x} - \lambda_1 p_1(x) - \mu(x) p_1(x) \right\} \|p\| \mathrm{d}x \\
&\quad + \int_0^\infty \left\{ -\frac{\mathrm{d}p_2(x)}{\mathrm{d}x} + \lambda_1 p_1(x) - \mu(x) p_2(x) \right\} \|p\| \mathrm{d}x \\
&= -\lambda_0 p_0 \|p\| + \|p\| \int_0^\infty \mu(x) p_1(x) \mathrm{d}x \\
&\quad - \|p\| p_1(x) \Big|_0^\infty - \lambda_1 \|p\| \int_0^\infty p_1(x) \mathrm{d}x - \|p\| \int_0^\infty \mu(x) p_1(x) \mathrm{d}x \\
&\quad - \|p\| p_2(x) \Big|_0^\infty + \lambda_1 \|p\| \int_0^\infty p_1(x) \mathrm{d}x - \|p\| \int_0^\infty \mu(x) p_2(x) \mathrm{d}x \\
&= -\lambda_0 p_0 \|p\| + \|p\| \int_0^\infty \mu(x) p_1(x) \mathrm{d}x \\
&\quad + \|p\| p_1(0) - \lambda_1 \|p\| \int_0^\infty p_1(x) \mathrm{d}x - \|p\| \int_0^\infty \mu(x) p_1(x) \mathrm{d}x \\
&\quad + \|p\| p_2(0) + \lambda_1 \|p\| \int_0^\infty p_1(x) \mathrm{d}x - \|p\| \int_0^\infty \mu(x) p_2(x) \mathrm{d}x \\
&= -\lambda_0 p_0 \|p\| + \|p\| \int_0^\infty \mu(x) p_1(x) \mathrm{d}x \\
&\quad + \lambda p_0 \|p\| + \|p\| \int_0^\infty \mu(x) p_2(x) \mathrm{d}x \\
&\quad - \|p\| \int_0^\infty \mu(x) p_1(x) \mathrm{d}x - \|p\| \int_0^\infty \mu(x) p_2(x) \mathrm{d}x \\
&= 0
\end{aligned}
$$

此式中用了 $p_i \in L^1[0,\infty) \Rightarrow p_i(\infty) = 0, \ i = 1, 2$.

此式表明: $\mathcal{A} + U + E$ 对集合

$$\theta(p) = \{q^* \in X^* \mid \langle p, q^* \rangle = \|p\|^2 = |||q^*|||^2\}$$

是保守算子 (见定义 1.11). 因为 $p(0) \in D(\mathcal{A}^2) \cap Y$, 所以运用法托里尼定理 (见定理 1.8) 得到以下结论.

定理 4.2　$T(t)$ 对于系统 (4-87) 的初值是等距算子, 即

$$\|T(t)p(0)\| = \|p(0)\|, \quad \forall t \in [0, \infty)$$

合并定理 4.1 与定理 4.2 得到本节的最终结论.

定理 4.3　若 $M = \sup\limits_{x \in [0,\infty)} \mu(x) < \infty$, 则系统 (4-87) 存在唯一的正时间依赖解 $p(x,t)$, 满足

$$\|p(\cdot, t)\| = 1, \quad \forall t \in [0, \infty)$$

证明　由于 $p(0) \in D(\mathcal{A}^2) \cap Y$, 所以由定理 4.1 与定理 1.9 知道系统 (4-87) 有唯一的正时间依赖解 $p(x,t)$ 并且可表示为

$$p(x,t) = T(t)p(0), \quad \forall t \in [0, \infty)$$

此式与定理 4.2 结合推出

$$\|p(\cdot, t)\| = \|T(t)p(0)\| = \|p(0)\| = 1, \quad \forall t \in [0, \infty)$$

此式恰好反映 $p(x,t)$ 的实际背景.　　　　　　　　　　　　　　　　　$\Box$

4.3.2　系统 (4-87) 的时间依赖解的渐近性质

命题 4.5　若 $p(x,t) = (S(t)\phi)(x)$ 是系统

$$\begin{cases} \dfrac{\mathrm{d}p(t)}{\mathrm{d}t} = (\mathcal{A} + U)p(t), & t \in (0, \infty) \\ p(0) = \phi(x) \end{cases} \tag{4-107}$$

的解, 那么当 $x < t$ 时

$$p(x,t) = (S(t)\phi)(x)$$
$$= \begin{pmatrix} \phi_0 \mathrm{e}^{-\lambda_0 t} \\ p_1(0, t-x)\mathrm{e}^{-\lambda_1 x - \int_0^x \mu(\tau)\mathrm{d}\tau} \\ p_1(0, t-x)\mathrm{e}^{-\int_0^x \mu(\tau)\mathrm{d}\tau}(1 - \mathrm{e}^{-\lambda_1 x}) \end{pmatrix}$$

当 $x > t$ 时

$$p(x,t) = (S(t)\phi)(x)$$
$$= \begin{pmatrix} \phi_0 \mathrm{e}^{-\lambda_0 t} \\ \phi_1(x-t)\mathrm{e}^{-\lambda_1 t - \int_{x-t}^x \mu(\tau)\mathrm{d}\tau} \\ \phi_2(x-t)\mathrm{e}^{-\int_{x-t}^x \mu(\tau)\mathrm{d}\tau} + \phi_1(x-t)\mathrm{e}^{-\int_{x-t}^x \mu(\tau)\mathrm{d}\tau}(1 - \mathrm{e}^{-\lambda_1 t}) \end{pmatrix}$$

其中, $p_1(0, t-x)$ 由式 (4-21) 确定.

证明　因为 $p(x,t)$ 是系统 (4-107) 的解, 所以 $p(x,t)$ 满足

$$\frac{\mathrm{d}p_0(t)}{\mathrm{d}t} = -\lambda_0 p_0(t) \tag{4-108}$$

$$\frac{\partial p_1(x,t)}{\partial x} + \frac{\partial p_1(x,t)}{\partial t} = -(\lambda_1 + \mu(x))p_1(x,t) \tag{4-109}$$

$$\frac{\partial p_2(x,t)}{\partial x} + \frac{\partial p_2(x,t)}{\partial t} = -\mu(x)p_2(x,t) + \lambda_1 p_1(x,t) \tag{4-110}$$

$$p_1(0,t) = \lambda_0 p_0(t) + \int_0^\infty \mu(x)p_2(x,t)\mathrm{d}x \tag{4-111}$$

$$p_2(0,t) = 0 \tag{4-112}$$

$$p_0(0) = \phi_0, \quad p_i(x,0) = \phi_i(x), \quad i = 1,2 \tag{4-113}$$

如果定义 $\xi = x - t$ 并且 $Q_i(t) = p_i(\xi + t, t)$ $(i = 1, 2)$, 则式 (4-109) 和式 (4-110) 变为

$$\frac{\mathrm{d}Q_1(t)}{\mathrm{d}t} = -(\lambda_1 + \mu(\xi + t))Q_1(t) \tag{4-114}$$

$$\frac{\mathrm{d}Q_2(t)}{\mathrm{d}t} = -\mu(\xi + t)Q_2(t) + \lambda_1 Q_1(t) \tag{4-115}$$

若 $\xi < 0$ (即 $x < t$), 则将式 (4-114) 和式 (4-115) 从 $-\xi$ 到 t 积分并且用 $Q_1(-\xi) = p_1(0, -\xi) = p_1(0, t - x)$, $Q_2(-\xi) = p_2(0, -\xi) = p_2(0, t - x)$, $Q_1(z - \xi) = p_1(\xi + z - \xi, z - \xi) = p_1(z, z - \xi)$ 与式 (4-112) 得到

$$
\begin{aligned}
p_1(x,t) = Q_1(t) &= Q_1(-\xi)\mathrm{e}^{-\lambda_1(\xi+t)-\int_{-\xi}^t \mu(\xi+\tau)\mathrm{d}\tau} \\
&\xlongequal{y=\xi+\tau} p_1(0, t-x)\mathrm{e}^{-\lambda_1 x - \int_0^x \mu(y)\mathrm{d}y} \\
&= p_1(0, t-x)\mathrm{e}^{-\lambda_1 x - \int_0^x \mu(\tau)\mathrm{d}\tau}
\end{aligned}
\tag{4-116}
$$

$$
\begin{aligned}
p_2(x,t) = Q_2(t) \\
&= Q_2(-\xi)\mathrm{e}^{-\int_{-\xi}^t \mu(\xi+\tau)\mathrm{d}\tau} \\
&\quad + \lambda_1 \mathrm{e}^{-\int_{-\xi}^t \mu(\xi+\tau)\mathrm{d}\tau} \int_{-\xi}^t Q_1(\eta)\mathrm{e}^{\int_{-\xi}^\eta \mu(\xi+\tau)\mathrm{d}\tau}\mathrm{d}\eta \\
&\xlongequal{y=\xi+\tau} p_2(0, t-x)\mathrm{e}^{-\int_0^x \mu(y)\mathrm{d}y} \\
&\quad + \lambda_1 \mathrm{e}^{-\int_0^x \mu(y)\mathrm{d}y} \int_{-\xi}^t Q_1(\eta)\mathrm{e}^{\int_0^{\xi+\eta} \mu(y)\mathrm{d}y}\mathrm{d}\eta \\
&\xlongequal{z=\xi+\eta} \lambda_1 \mathrm{e}^{-\int_0^x \mu(\tau)\mathrm{d}\tau} \int_0^x Q_1(z-\xi)\mathrm{e}^{\int_0^z \mu(y)\mathrm{d}y}\mathrm{d}z \\
&= \lambda_1 \mathrm{e}^{-\int_0^x \mu(\tau)\mathrm{d}\tau} \int_0^x p_1(z, z-\xi)\mathrm{e}^{\int_0^z \mu(\tau)\mathrm{d}\tau}\mathrm{d}z
\end{aligned}
\tag{4-117}
$$

由于 $\xi < 0$, 所以由 $y - \xi > y$ 与式 (4-116) 推出

$$
\begin{aligned}
p_1(z, z-\xi) &= p_1(0, z-\xi-z)\mathrm{e}^{-\lambda_1 z - \int_0^z \mu(\tau)\mathrm{d}\tau} \\
&= p_1(0, -\xi)\mathrm{e}^{-\lambda_1 z - \int_0^z \mu(\tau)\mathrm{d}\tau}
\end{aligned}
$$

将此式代入式 (4-117) 有

$$p_2(x,t) = \lambda_1 \mathrm{e}^{-\int_0^x \mu(\tau)\mathrm{d}\tau} \int_0^x p_1(0, -\xi)\mathrm{e}^{-\lambda_1 z - \int_0^z \mu(\tau)\mathrm{d}\tau}\mathrm{e}^{\int_0^z \mu(\tau)\mathrm{d}\tau}\mathrm{d}z$$

$$= \lambda_1 e^{-\int_0^x \mu(\tau)d\tau} \int_0^x p_1(0, t-x)e^{-\lambda_1 z}dz$$

$$= \lambda_1 p_1(0, t-x)e^{-\int_0^x \mu(\tau)d\tau} \int_0^x e^{-\lambda_1 z}dz$$

$$= p_1(0, t-x)e^{-\int_0^x \mu(\tau)d\tau} \left[-e^{-\lambda_1 z}\Big|_0^x \right]$$

$$= p_1(0, t-x)e^{-\int_0^x \mu(\tau)d\tau} \left(1 - e^{-\lambda_1 x} \right) \tag{4-118}$$

若 $\xi > 0$ (即 $x > t$), 则将式 (4-114) 从 0 到 t 积分并且用关系式 $Q_1(0) = p_1(\xi, 0) = \phi_1(x-t)$ 推出

$$p_1(x, t) = Q_1(t) = Q_1(0)e^{-\int_0^t (\lambda_1 + \mu(\xi+\tau))d\tau}$$

$$= \phi_1(x-t)e^{-\lambda_1 t - \int_0^t \mu(\xi+\tau)d\tau}$$

$$\underline{\underline{y = \xi + \tau}} \phi_1(x-t)e^{-\lambda_1 t - \int_\xi^{\xi+t} \mu(y)dy}$$

$$= \phi_1(x-t)e^{-\lambda_1 t - \int_{x-t}^x \mu(\tau)d\tau} \tag{4-119}$$

将式 (4-115) 从 0 到 t 积分并用 $Q_2(0) = p_2(\xi, 0) = \phi_2(x-t)$, 式 (4-119) 与

$$Q_1(l-\xi) = p_1(\xi + l - \xi, l - \xi) = p_1(l, l - \xi)$$

$$= \phi_1(l - l + \xi)e^{-\lambda_1(l-\xi) - \int_{l-(l-\xi)}^l \mu(z)dz}$$

$$= \phi_1(\xi)e^{-\lambda_1(l-\xi) - \int_\xi^l \mu(z)dz}$$

$$= \phi_1(x-t)e^{-\lambda_1(l-x+t) - \int_{x-t}^l \mu(z)dz}$$

计算出

$$p_2(x, t) = Q_2(0)e^{-\int_0^t \mu(\xi+\tau)d\tau}$$

$$+ \lambda_1 e^{-\int_0^t \mu(\xi+\tau)d\tau} \int_0^t Q_1(y)e^{\int_0^y \mu(\xi+\tau)d\tau}dy$$

$$\underline{\underline{z = \xi + \tau}} \phi_2(x-t)e^{-\int_\xi^{\xi+t} \mu(z)dz}$$

$$+ \lambda_1 e^{-\int_\xi^{\xi+t} \mu(z)dz} \int_0^t Q_1(y)e^{\int_\xi^{\xi+y} \mu(z)dz}dy$$

$$\underline{\underline{l = \xi + y}} \phi_2(x-t)e^{-\int_{x-t}^x \mu(z)dz}$$

$$+ \lambda_1 e^{-\int_{x-t}^x \mu(z)dz} \int_{x-t}^x Q_1(l-\xi)e^{\int_{x-t}^l \mu(z)dz}dl$$

$$= \phi_2(x-t)e^{-\int_{x-t}^x \mu(z)dz} + \lambda_1 e^{-\int_{x-t}^x \mu(z)dz}$$

$$\times \int_{x-t}^x \phi_1(x-t)e^{-\lambda_1(l-x+t) - \int_{x-t}^l \mu(z)dz}e^{\int_{x-t}^l \mu(z)dz}dl$$

$$= \phi_2(x-t)e^{-\int_{x-t}^x \mu(z)dz}$$

$$+ \lambda_1 \phi_1(x-t)e^{-\int_{x-t}^x \mu(z)dz} \int_{x-t}^x e^{-\lambda_1(l-x+t)}dl$$

$$= \phi_2(x-t)e^{-\int_{x-t}^x \mu(z)dz}$$

$$+ \phi_1(x-t)e^{-\int_{x-t}^{x}\mu(z)dz}\left[-e^{-\lambda_1(l-x+t)}\Big|_{l=x-t}^{l=x}\right]$$

$$= \phi_2(x-t)e^{-\int_{x-t}^{x}\mu(z)dz}$$

$$+ \phi_1(x-t)e^{-\int_{x-t}^{x}\mu(z)dz}\left(1-e^{-\lambda_1 t}\right) \tag{4-120}$$

解式 (4-108) 得到

$$p_0(t) = \phi_0 e^{-\lambda_0 t} \tag{4-121}$$

式 (4-116), 式 (4-118), 式 (4-119), 式 (4-120) 及式 (4-121) 说明此命题的结论成立. □

对任意的 $\phi \in X$ 定义两个算子:

$$(V(t)\phi)(x) = \begin{cases} 0, & x \in [0,t) \\ (S(t)\phi)(x), & x \in [t,\infty) \end{cases} \tag{4-122}$$

$$(W(t)\phi)(x) = \begin{cases} (S(t)\phi)(x), & x \in [0,t) \\ 0, & x \in [t,\infty) \end{cases} \tag{4-123}$$

则 $S(t)\phi = V(t)\phi + W(t)\phi, \quad \forall \phi \in X.$

定理 4.4 如果 $\mu(x)$ 是利普希茨连续并且存在 $\overline{\mu}$ 及 $\underline{\mu}$ 使得 $0 < \underline{\mu} \leqslant \mu(x) \leqslant \overline{\mu} < \infty$, 那么 $W(t)$ 是在 X 中的紧算子.

证明 根据定义 1.7, $W(t)$ 的定义 (见式 (4-123)) 和推论 1.1 知道只需证明在推论 1.1 的条件 1 即可. 对 $\phi \in D(\mathcal{A})$, 令 $p(x,t) = (S(t)\phi)(x)$, 则 $p(x,t)$ 是系统 (4-107) 的解. 因此, 由命题 4.5 和式 (4-123), 对 $x \in [0,t)$, $h \in [0,t)$, $x+h \in [0,t)$ 有

$$\sum_{i=1}^{2}\int_0^t |p_i(x+h,t) - p_i(x,t)|dx$$

$$= \int_0^t |p_1(x+h,t) - p_1(x,t)|dx + \int_0^t |p_2(x+h,t) - p_2(x,t)|dx$$

$$= \int_0^t \left| p_1(0,t-x-h)e^{-\lambda_1(x+h)-\int_0^{x+h}\mu(\tau)d\tau} \right.$$

$$\left. - p_1(0,t-x)e^{-\lambda_1 x - \int_0^x \mu(\tau)d\tau} \right| dx$$

$$+ \int_0^t \left| p_1(0,t-x-h)e^{-\int_0^{x+h}\mu(\tau)d\tau}\left(1-e^{-\lambda_1(x+h)}\right) \right.$$

$$\left. - p_1(0,t-x)e^{-\int_0^x \mu(\tau)d\tau}\left(1-e^{-\lambda_1 x}\right) \right| dx$$

$$= \int_0^t \left| p_1(0,t-x-h)e^{-\lambda_1(x+h)-\int_0^{x+h}\mu(\tau)d\tau} \right.$$

$$- p_1(0,t-x-h)e^{-\lambda_1 x - \int_0^x \mu(\tau)d\tau}$$

$$+ p_1(0,t-x-h)e^{-\lambda_1 x - \int_0^x \mu(\tau)d\tau}$$

$$\left. - p_1(0,t-x)e^{-\lambda_1 x - \int_0^x \mu(\tau)d\tau} \right| dx$$

$$+ \int_0^t \left| p_1(0,t-x-h)e^{-\int_0^{x+h}\mu(\tau)d\tau}\left(1-e^{-\lambda_1(x+h)}\right) \right.$$

$$
\begin{aligned}
& - p_1(0, t-x-h)\mathrm{e}^{-\int_0^x \mu(\tau)\mathrm{d}\tau}\left(1-\mathrm{e}^{-\lambda_1 x}\right) \\
& + p_1(0, t-x-h)\mathrm{e}^{-\int_0^x \mu(\tau)\mathrm{d}\tau}\left(1-\mathrm{e}^{-\lambda_1 x}\right) \\
& \left. - p_1(0, t-x)\mathrm{e}^{-\int_0^x \mu(\tau)\mathrm{d}\tau}\left(1-\mathrm{e}^{-\lambda_1 x}\right)\right|\mathrm{d}x
\end{aligned}
$$

$$
\begin{aligned}
& \leqslant \int_0^t |p_1(0, t-x-h)|\left|\mathrm{e}^{-\lambda_1(x+h)-\int_0^{x+h}\mu(\tau)\mathrm{d}\tau}-\mathrm{e}^{-\lambda_1 x-\int_0^x \mu(\tau)\mathrm{d}\tau}\right|\mathrm{d}x \\
& + \int_0^t |p_1(0, t-x-h)-p_1(0, t-x)|\mathrm{e}^{-\lambda_1 x-\int_0^x \mu(\tau)\mathrm{d}\tau}\mathrm{d}x \\
& + \int_0^t |p_1(0, t-x-h)|\left|\mathrm{e}^{-\int_0^{x+h}\mu(\tau)\mathrm{d}\tau}(1-\mathrm{e}^{-\lambda_1(x+h)})\right. \\
& \left. - \mathrm{e}^{-\int_0^x \mu(\tau)\mathrm{d}\tau}(1-\mathrm{e}^{-\lambda_1 x})\right|\mathrm{d}x \\
& + \int_0^t |p_1(0, t-x-h)-p_1(0, t-x)| \\
& \times \mathrm{e}^{-\int_0^x \mu(\tau)\mathrm{d}\tau}(1-\mathrm{e}^{-\lambda_1 x})\mathrm{d}x
\end{aligned} \tag{4-124}
$$

下面将式 (4-124) 的每一项分别进行估计. 由式 (4-111) 和注解 4.2 有

$$
\begin{aligned}
& |p_1(0, t-x-h)| \\
& = \left|\lambda_0 p_0(t-x-h)+\int_0^\infty \mu(s)p_2(s, t-x-h)\mathrm{d}s\right| \\
& \leqslant |\lambda_0 p_0(t-x-h)|+\overline{\mu}\int_0^\infty |p_2(s, t-x-h)|\mathrm{d}s \\
& \leqslant \max\{\lambda_0, \overline{\mu}\}\left\{|p_0(t-x-h)|+\int_0^\infty |p_2(s, t-x-h)|\mathrm{d}s\right\} \\
& \leqslant \max\{\lambda_0, \overline{\mu}\}\|p(\cdot, t-x-h)\|_X \\
& = \max\{\lambda_0, \overline{\mu}\}\|S(t-x-h)\phi(\cdot)\|_X \\
& \leqslant \max\{\lambda_0, \overline{\mu}\}\|\phi\|_X
\end{aligned} \tag{4-125}
$$

用式 (4-125) 估计式 (4-124) 的第一项和第三项为

$$
\begin{aligned}
& \int_0^t |p_1(0, t-x-h)|\left|\mathrm{e}^{-\lambda_1(x+h)-\int_0^{x+h}\mu(\tau)\mathrm{d}\tau}-\mathrm{e}^{-\lambda_1 x-\int_0^x \mu(\tau)\mathrm{d}\tau}\right|\mathrm{d}x \\
& \leqslant \max\{\lambda_0, \overline{\mu}\}\|\phi\|_X \int_0^t \left|\mathrm{e}^{-\lambda_1(x+h)-\int_0^{x+h}\mu(\tau)\mathrm{d}\tau}-\mathrm{e}^{-\lambda_1 x-\int_0^x \mu(\tau)\mathrm{d}\tau}\right|\mathrm{d}x \\
& \to 0, \quad \text{当} \quad |h|\to 0 \text{ 时,} \quad \text{对 } \phi \text{ 一致成立}
\end{aligned} \tag{4-126}
$$

$$
\begin{aligned}
& \int_0^t |p_1(0, t-x-h)|\left|\mathrm{e}^{-\int_0^{x+h}\mu(\tau)\mathrm{d}\tau}(1-\mathrm{e}^{-\lambda_1(x+h)})\right. \\
& \left. - \mathrm{e}^{-\int_0^x \mu(\tau)\mathrm{d}\tau}\left(1-\mathrm{e}^{-\lambda_1 x}\right)\right|\mathrm{d}x \\
& \leqslant \max\{\lambda_0, \overline{\mu}\}\|\phi\|_X \int_0^t \left|\mathrm{e}^{-\int_0^{x+h}\mu(\tau)\mathrm{d}\tau}\left(1-\mathrm{e}^{-\lambda_1(x+h)}\right)\right. \\
& \left. - \mathrm{e}^{-\int_0^x \mu(\tau)\mathrm{d}\tau}\left(1-\mathrm{e}^{-\lambda_1 x}\right)\right|\mathrm{d}x
\end{aligned}
$$

$$\to 0, \quad \text{当} \quad |h| \to 0 \text{ 时}, \quad \text{对 } \phi \text{ 一致成立} \tag{4-127}$$

再利用式 (4-111) 和命题 4.5 并且运用新的积分变量 $t - x - h - s = y$ 和 $t - x - s = y$ 计算出

$$
\begin{aligned}
&|p_1(0, t - x - h) - p_1(0, t - x)|\mathrm{d}x \\
=& \left| \lambda_0 p_0(t - x - h) + \int_0^\infty \mu(s) p_2(s, t - x - h)\mathrm{d}s \right. \\
&\left. - \lambda_0 p_0(t - x) - \int_0^\infty \mu(s) p_2(s, t - x)\mathrm{d}s \right| \\
\leqslant& \lambda_0 |p_0(t - x - h) - p_0(t - x)| \\
&+ \left| \int_0^\infty \mu(s) p_2(s, t - x - h)\mathrm{d}s - \int_0^\infty \mu(s) p_2(s, t - x)\mathrm{d}s \right| \\
=& \lambda_0 \left| \phi_0 \mathrm{e}^{-\lambda_0(t - x - h)} - \phi_0 \mathrm{e}^{-\lambda_0(t - x)} \right| \\
&+ \left| \int_0^{t - x - h} \mu(s) p_2(s, t - x - h)\mathrm{d}s \right. \\
&+ \int_{t - x - h}^\infty \mu(s) p_2(s, t - x - h)\mathrm{d}s \\
&\left. - \int_0^{t - x} \mu(s) p_2(s, t - x)\mathrm{d}s - \int_{t - x}^\infty \mu(s) p_2(s, t - x)\mathrm{d}s \right| \\
\leqslant& \lambda_0 |\phi_0| \left| \mathrm{e}^{-\lambda_0(t - x - h)} - \mathrm{e}^{-\lambda_0(t - x)} \right| \\
&+ \left| \int_0^{t - x - h} \mu(s) p_2(s, t - x - h)\mathrm{d}s - \int_0^{t - x} \mu(s) p_2(s, t - x)\mathrm{d}s \right| \\
&+ \left| \int_{t - x - h}^\infty \mu(s) p_2(s, t - x - h)\mathrm{d}s - \int_{t - x}^\infty \mu(s) p_2(s, t - x)\mathrm{d}s \right| \\
=& \lambda_0 |\phi_0| \left| \mathrm{e}^{-\lambda_0(t - x - h)} - \mathrm{e}^{-\lambda_0(t - x)} \right| \\
&+ \left| \int_0^{t - x - h} \mu(t - x - h - y) p_2(t - x - h - y, t - x - h)\mathrm{d}y \right. \\
&\left. - \int_0^{t - x} \mu(t - x - y) p_2(t - x - y, t - x)\mathrm{d}y \right| \\
&+ \left| \int_{t - x - h}^\infty \mu(s) \left[\phi_2(s - t + x + h) \mathrm{e}^{-\int_{s - t + x + h}^s \mu(\tau)\mathrm{d}\tau} \right. \right. \\
&\left. + \phi_1(s - t + x + h) \mathrm{e}^{-\int_{s - t + x + h}^s \mu(\tau)\mathrm{d}\tau} \left(1 - \mathrm{e}^{-\lambda_1(t - x - h)} \right) \right] \mathrm{d}s \\
&- \int_{t - x}^\infty \mu(s) \left[\phi_2(s - t + x) \mathrm{e}^{-\int_{s - t + x}^s \mu(\tau)\mathrm{d}\tau} \right. \\
&\left. \left. + \phi_1(s - t + x) \mathrm{e}^{-\int_{s - t + x}^s \mu(\tau)\mathrm{d}\tau} \left(1 - \mathrm{e}^{-\lambda_1(t - x)} \right) \right] \mathrm{d}s \right| \tag{4-128}
\end{aligned}
$$

以下分别估计式 (4-128) 的各项. 运用变量替换 $s - t + x + h = y$ 和 $s - t + x = y$ 并注意到 $\mu(x)$ 是利普希茨连续 (不失一般性, 假设利普希茨常数是 1), 那么估计式 (4-128) 的最后

一项

$$
\begin{aligned}
&\left| \int_{t-x-h}^{\infty} \mu(s) \left[\phi_2(s-t+x+h) e^{-\int_{s-t+x+h}^{s} \mu(\tau) d\tau} \right. \right. \\
&\quad \left. + \phi_1(s-t+x+h) e^{-\int_{s-t+x+h}^{s} \mu(\tau) d\tau} \left(1 - e^{-\lambda_1(t-x-h)} \right) \right] ds \\
&\quad - \int_{t-x}^{\infty} \mu(s) \left[\phi_2(s-t+x) e^{-\int_{s-t+x}^{s} \mu(\tau) d\tau} \right. \\
&\quad \left. \left. + \phi_1(s-t+x) e^{-\int_{s-t+x}^{s} \mu(\tau) d\tau} \left(1 - e^{-\lambda_1(t-x)} \right) \right] ds \right| \\
&= \left| \int_{0}^{\infty} \mu(y+t-x-h) \left[\phi_2(y) e^{-\int_{y}^{y+t-x-h} \mu(\tau) d\tau} \right. \right. \\
&\quad \left. + \phi_1(y) e^{-\int_{y}^{y+t-x-h} \mu(\tau) d\tau} \left(1 - e^{-\lambda_1(t-x-h)} \right) \right] dy \\
&\quad - \int_{0}^{\infty} \mu(y+t-x) \left[\phi_2(y) e^{-\int_{y}^{y+t-x} \mu(\tau) d\tau} \right. \\
&\quad \left. \left. + \phi_1(y) e^{-\int_{y}^{y+t-x} \mu(\tau) d\tau} \left(1 - e^{-\lambda_1(t-x)} \right) \right] dy \right| \\
&\leqslant \left| \int_{0}^{\infty} \mu(y+t-x-h) \phi_2(y) e^{-\int_{y}^{y+t-x-h} \mu(\tau) d\tau} dy \right. \\
&\quad \left. - \int_{0}^{\infty} \mu(y+t-x) \phi_2(y) e^{-\int_{y}^{y+t-x} \mu(\tau) d\tau} dy \right| \\
&\quad + \left| \int_{0}^{\infty} \mu(y+t-x-h) \phi_1(y) e^{-\int_{y}^{y+t-x-h} \mu(\tau) d\tau} \left(1 - e^{-\lambda_1(t-x-h)} \right) dy \right. \\
&\quad \left. - \int_{0}^{\infty} \mu(y+t-x) \phi_1(y) e^{-\int_{y}^{y+t-x} \mu(\tau) d\tau} \left(1 - e^{-\lambda_1(t-x)} \right) dy \right| \\
&= \left| \int_{0}^{\infty} \mu(y+t-x-h) \phi_2(y) e^{-\int_{y}^{y+t-x-h} \mu(\tau) d\tau} dy \right. \\
&\quad - \int_{0}^{\infty} \mu(y+t-x) \phi_2(y) e^{-\int_{y}^{y+t-x-h} \mu(\tau) d\tau} dy \\
&\quad + \int_{0}^{\infty} \mu(y+t-x) \phi_2(y) e^{-\int_{y}^{y+t-x-h} \mu(\tau) d\tau} dy \\
&\quad \left. - \int_{0}^{\infty} \mu(y+t-x) \phi_2(y) e^{-\int_{y}^{y+t-x} \mu(\tau) d\tau} dy \right| \\
&\quad + \left| \int_{0}^{\infty} \mu(y+t-x-h) \phi_1(y) e^{-\int_{y}^{y+t-x-h} \mu(\tau) d\tau} \left(1 - e^{-\lambda_1(t-x-h)} \right) dy \right. \\
&\quad - \int_{0}^{\infty} \mu(y+t-x) \phi_1(y) e^{-\int_{y}^{y+t-x-h} \mu(\tau) d\tau} \left(1 - e^{-\lambda_1(t-x-h)} \right) dy \\
&\quad + \int_{0}^{\infty} \mu(y+t-x) \phi_1(y) e^{-\int_{y}^{y+t-x-h} \mu(\tau) d\tau} \left(1 - e^{-\lambda_1(t-x-h)} \right) dy \\
&\quad \left. - \int_{0}^{\infty} \mu(y+t-x) \phi_1(y) e^{-\int_{y}^{y+t-x} \mu(\tau) d\tau} \left(1 - e^{-\lambda_1(t-x)} \right) dy \right| \\
&\leqslant \int_{0}^{\infty} |\phi_2(y)| |\mu(y+t-x-h) - \mu(y+t-x)| e^{-\int_{y}^{y+t-x-h} \mu(\tau) d\tau} dy
\end{aligned}
$$

$$+ \int_0^\infty |\phi_2(y)| \mu(y+t-x) \left| e^{-\int_y^{y+t-x-h} \mu(\tau)d\tau} - e^{-\int_y^{y+t-x} \mu(\tau)d\tau} \right| dy$$

$$+ \int_0^\infty |\phi_1(y)| |\mu(y+t-x-h) - \mu(y+t-x)| e^{-\int_y^{y+t-x-h} \mu(\tau)d\tau}$$

$$\times \left(1 - e^{-\lambda_1(t-x-h)} \right) dy$$

$$+ \int_0^\infty |\phi_1(y)| \mu(y+t-x) \left| e^{-\int_y^{y+t-x-h} \mu(t)d\tau} \left(1 - e^{-\lambda_1(t-x-h)} \right) \right.$$

$$\left. - e^{-\int_y^{y+t-x} \mu(t)d\tau} \left(1 - e^{-\lambda_1(t-x)} \right) \right| dy$$

$$\leqslant |h| \sup_{y\in[0,\infty)} e^{-\int_y^{y+t-x-h} \mu(\tau)d\tau} \int_0^\infty |\phi_2(y)| dy$$

$$+ \overline{\mu} \sup_{y\in[0,\infty)} \left| e^{-\int_y^{y+t-x-h} \mu(\tau)d\tau} - e^{-\int_y^{y+t-x} \mu(\tau)d\tau} \right| \int_0^\infty |\phi_2(y)| dy$$

$$+ |h| \sup_{y\in[0,\infty)} e^{-\int_y^{y+t-x-h} \mu(\tau)d\tau} \left(1 - e^{-\lambda_1(t-x-h)} \right) \int_0^\infty |\phi_1(y)| dy$$

$$+ \overline{\mu} \sup_{y\in[0,\infty)} \left| e^{-\int_y^{y+t-x-h} \mu(\tau)d\tau} \left(1 - e^{-\lambda_1(t-x-h)} \right) \right.$$

$$\left. - e^{-\int_y^{y+t-x} \mu(\tau)d\tau} \left(1 - e^{-\lambda_1(t-x)} \right) \right| \int_0^\infty |\phi_1(y)| dy$$

$$= \|\phi_2\|_{L^1[0,\infty)} \left\{ |h| \sup_{y\in[0,\infty)} e^{-\int_y^{y+t-x-h} \mu(\tau)d\tau} \right.$$

$$\left. + \overline{\mu} \sup_{y\in[0,\infty)} \left| e^{-\int_y^{y+t-x-h} \mu(\tau)d\tau} - e^{-\int_y^{y+t-x} \mu(\tau)d\tau} \right| \right\}$$

$$+ \|\phi_1\|_{L^1[0,\infty)} \left\{ |h| \sup_{y\in[0,\infty)} e^{-\int_y^{y+t-x-h} \mu(\tau)d\tau} \left(1 - e^{-\lambda_1(t-x-h)} \right) \right.$$

$$+ \overline{\mu} \sup_{y\in[0,\infty)} \left| e^{-\int_y^{y+t-x-h} \mu(\tau)d\tau} \left(1 - e^{-\lambda_1(t-x-h)} \right) \right.$$

$$\left. \left. - e^{-\int_y^{y+t-x} \mu(\tau)d\tau} \left(1 - e^{-\lambda_1(t-x)} \right) \right| \right\}$$

$$= \|\phi\|_X \left\{ |h| \sup_{y\in[0,\infty)} e^{-\int_y^{y+t-x-h} \mu(\tau)d\tau} \right.$$

$$+ \overline{\mu} \sup_{y\in[0,\infty)} \left| e^{-\int_y^{y+t-x-h} \mu(\tau)d\tau} - e^{-\int_y^{y+t-x} \mu(\tau)d\tau} \right|$$

$$+ |h| \sup_{y\in[0,\infty)} e^{-\int_y^{y+t-x-h} \mu(\tau)d\tau} \left(1 - e^{-\lambda_1(t-x-h)} \right)$$

$$+ \overline{\mu} \sup_{y\in[0,\infty)} \left| e^{-\int_y^{y+t-x-h} \mu(\tau)d\tau} \left(1 - e^{-\lambda_1(t-x-h)} \right) \right.$$

$$\left. \left. - e^{-\int_y^{y+t-x} \mu(\tau)d\tau} \left(1 - e^{-\lambda_1(t-x)} \right) \right| \right\}$$

$$\to 0, \quad \text{当} \quad |h| \to 0 \text{ 时}, \quad \text{对 } \phi \text{ 一致成立} \tag{4-129}$$

用式 (4-125), 命题 4.5 和 $\mu(x)$ 的利普希茨连续性 (不失一般性, 假设利普希茨常数为 1) 估计式 (4-128) 的第二项为

$$
\left| \int_0^{t-x-h} \mu(t-x-h-y)p_2(t-x-h-y,t-x-h)\mathrm{d}y \right.
$$

$$
\left. - \int_0^{t-x} \mu(t-x-y)p_2(t-x-y,t-x)\mathrm{d}y \right|
$$

$$
= \left| \int_0^{t-x-h} \mu(t-x-h-y)p_1(0,y)\mathrm{e}^{-\int_0^{t-x-h-y}\mu(\tau)\mathrm{d}\tau} \right.
$$

$$
\times \left(1-\mathrm{e}^{-\lambda_1(t-x-h-y)}\right)\mathrm{d}y
$$

$$
- \int_0^{t-x} \mu(t-x-y)p_1(0,y)\mathrm{e}^{-\int_0^{t-x-y}\mu(\tau)\mathrm{d}\tau}
$$

$$
\left. \times \left(1-\mathrm{e}^{-\lambda_1(t-x-y)}\right)\mathrm{d}y \right|
$$

$$
= \left| \int_0^{t-x-h} \mu(t-x-h-y)p_1(0,y)\mathrm{e}^{-\int_0^{t-x-h-y}\mu(\tau)\mathrm{d}\tau} \right.
$$

$$
\times \left(1-\mathrm{e}^{-\lambda_1(t-x-h-y)}\right)\mathrm{d}y
$$

$$
- \int_0^{t-x} \mu(t-x-h-y)p_1(0,y)\mathrm{e}^{-\int_0^{t-x-h-y}\mu(\tau)\mathrm{d}\tau}
$$

$$
\times \left(1-\mathrm{e}^{-\lambda_1(t-x-h-y)}\right)\mathrm{d}y
$$

$$
+ \int_0^{t-x} \mu(t-x-h-y)p_1(0,y)\mathrm{e}^{-\int_0^{t-x-h-y}\mu(\tau)\mathrm{d}\tau}
$$

$$
\times \left(1-\mathrm{e}^{-\lambda_1(t-x-h-y)}\right)\mathrm{d}y
$$

$$
- \int_0^{t-x} \mu(t-x-y)p_1(0,y)\mathrm{e}^{-\int_0^{t-x-y}\mu(\tau)\mathrm{d}\tau}
$$

$$
\left. \times \left(1-\mathrm{e}^{-\lambda_1(t-x-y)}\right)\mathrm{d}y \right|
$$

$$
\leqslant \int_{t-x-h}^{t-x} |p_1(0,y)|\mu(t-x-h-y)\mathrm{e}^{-\int_0^{t-x-h-y}\mu(\tau)\mathrm{d}\tau}
$$

$$
\times \left(1-\mathrm{e}^{-\lambda_1(t-x-h-y)}\right)\mathrm{d}y
$$

$$
+ \left| \int_0^{t-x} \mu(t-x-h-y)p_1(0,y)\mathrm{e}^{-\int_0^{t-x-h-y}\mu(\tau)\mathrm{d}\tau} \right.
$$

$$
\times \left(1-\mathrm{e}^{-\lambda_1(t-x-h-y)}\right)\mathrm{d}y
$$

$$
- \int_0^{t-x} \mu(t-x-y)p_1(0,y)\mathrm{e}^{-\int_0^{t-x-h-y}\mu(\tau)\mathrm{d}\tau}
$$

$$
\times \left(1-\mathrm{e}^{-\lambda_1(t-x-h-y)}\right)\mathrm{d}y
$$

$$
+ \int_0^{t-x} \mu(t-x-y)p_1(0,y)\mathrm{e}^{-\int_0^{t-x-h-y}\mu(\tau)\mathrm{d}\tau}
$$

$$
\times \left(1 - e^{-\lambda_1(t-x-h-y)}\right) dy
$$

$$
- \int_0^{t-x} \mu(t-x-y)p_1(0,y)e^{-\int_0^{t-x-y}\mu(\tau)d\tau}
$$

$$
\times \left(1 - e^{-\lambda_1(t-x-y)}\right) dy \Bigg|
$$

$$
\leqslant \int_{t-x-h}^{t-x} |p_1(0,y)|\mu(t-x-h-y)e^{-\int_0^{t-x-h-y}\mu(\tau)d\tau}
$$

$$
\times \left(1 - e^{-\lambda_1(t-x-h-y)}\right) dy
$$

$$
+ \int_0^{t-x} |p_1(0,y)||\mu(t-x-h-y) - \mu(t-x-y)|
$$

$$
\times e^{-\int_0^{t-x-h-y}\mu(\tau)d\tau}\left(1 - e^{-\lambda_1(t-x-h-y)}\right) dy
$$

$$
+ \int_0^{t-x} |p_1(0,y)|\mu(t-x-y)\Bigg|e^{-\int_0^{t-x-h-y}\mu(\tau)d\tau}
$$

$$
\times \left(1 - e^{-\lambda_1(t-x-h-y)}\right)
$$

$$
- e^{-\int_0^{t-x-y}\mu(\tau)d\tau}\left(1 - e^{-\lambda_1(t-x-y)}\right)\Bigg|dy
$$

$$
\leqslant \max\{\lambda_0, \overline{\mu}\}\|\phi\|_X\overline{\mu}\int_{t-x-h}^{t-x} e^{-\int_0^{t-x-h-y}\mu(\tau)d\tau}\left(1 - e^{-\lambda_1(t-x-h-y)}\right) dy
$$

$$
+ \max\{\lambda_0, \overline{\mu}\}\|\phi\|_X|h|\int_0^{t-x} e^{-\int_0^{t-x-h-y}\mu(\tau)d\tau}\left(1 - e^{-\lambda_1(t-x-h-y)}\right) dy
$$

$$
+ \max\{\lambda_0, \overline{\mu}\}\|\phi\|_X\overline{\mu}\int_0^{t-x} \Bigg|e^{-\int_0^{t-x-h-y}\mu(\tau)d\tau}\left(1 - e^{-\lambda_1(t-x-h-y)}\right)
$$

$$
- e^{-\int_0^{t-x-y}\mu(\tau)d\tau}\left(1 - e^{-\lambda_1(t-x-y)}\right)\Bigg|dy
$$

$$
\to 0, \quad \text{当} \quad |h| \to 0 \text{ 时}, \quad \text{对 } \phi \text{ 一致成立} \tag{4-130}
$$

合并式 (4-130), 式 (4-129) 与式 (4-128) 看出

$$
|p_1(0, t-x-h) - p_1(0, t-x)| \to 0,
$$

$$
\text{当} \quad |h| \to 0 \text{ 时}, \quad \text{对 } \phi \text{ 一致成立} \tag{4-131}
$$

由此式容易知道式 (4-124) 的第二项和最后一项

$$
\int_0^t |p_1(0, t-x-h) - p_1(0, t-x)|e^{-\lambda_1 x - \int_0^x \mu(\tau)d\tau}dx
$$

$$
\to 0, \quad \text{当} \quad |h| \to 0 \text{ 时}, \quad \text{对 } \phi \text{ 一致成立} \tag{4-132}
$$

$$
\int_0^t |p_1(0, t-x-h) - p_1(0, t-x)|e^{-\int_0^x \mu(\tau)d\tau}\left(1 - e^{\lambda_1 x}\right)dx
$$

$$
\to 0, \quad \text{当} \quad |h| \to 0 \text{ 时}, \quad \text{对 } \phi \text{ 一致成立} \tag{4-133}
$$

结合式 (4-126), 式 (4-127), 式 (4-132), 式 (4-133) 与式 (4-124) 推出, 对 $x \in [0, t)$, $h \in$

$[0, t)$, $x + h \in [0, t)$, 有

$$
\sum_{i=1}^{2} \int_0^t |p_i(x+h,t) - p_i(x,t)| \mathrm{d}x
$$
$$
\to 0, \quad \text{当} \quad |h| \to 0 \text{ 时}, \quad \text{对} \quad \phi \quad \text{一致成立} \tag{4-134}
$$

如果 $h \in (-t, 0)$, $x \in [0, t)$, 那么当 $x + h < 0$ 时, $p_1(x+h,t) = p_2(x+h,t) = 0$. 从而

$$
\sum_{i=1}^{2} \int_0^t |p_i(x+h,t) - p_i(x,t)| \mathrm{d}x
$$
$$
= \int_0^t |p_1(x+h,t) - p_1(x,t)| \mathrm{d}x + \int_0^t |p_2(x+h,t) - p_2(x,t)| \mathrm{d}x
$$
$$
= \int_{-h}^t |p_1(x+h,t) - p_1(x,t)| \mathrm{d}x + \int_0^{-h} |p_1(x+h,t) - p_1(x,t)| \mathrm{d}x
$$
$$
+ \int_{-h}^t |p_2(x+h,t) - p_2(x,t)| \mathrm{d}x + \int_0^{-h} |p_2(x+h,t) - p_2(x,t)| \mathrm{d}x
$$
$$
= \int_{-h}^t |p_1(x+h,t) - p_1(x,t)| \mathrm{d}x + \int_0^{-h} |p_1(x,t)| \mathrm{d}x
$$
$$
+ \int_{-h}^t |p_2(x+h,t) - p_2(x,t)| \mathrm{d}x + \int_0^{-h} |p_2(x,t)| \mathrm{d}x \tag{4-135}
$$

对 $x \in [0, t)$, $h \in (-t, 0)$, $x + h \in [0, t)$ 和式 (4-134) 同样的方法, 对式 (4-135) 中的第一项和第三项得到

$$
\int_{-h}^t |p_1(x+h,t) - p_1(x,t)| \mathrm{d}x \to 0,
$$
$$
\text{当} \quad |h| \to 0 \text{ 时}, \quad \text{对} \quad \phi \quad \text{一致成立.} \tag{4-136}
$$
$$
\int_{-h}^t |p_2(x+h,t) - p_2(x,t)| \mathrm{d}x \to 0,
$$
$$
\text{当} \quad |h| \to 0 \text{ 时}, \quad \text{对} \quad \phi \quad \text{一致成立.} \tag{4-137}
$$

利用命题 4.5 和式 (4-125) 得到

$$
\int_0^{-h} |p_1(x,t)| \mathrm{d}x = \int_0^{-h} |p_1(0, t-x)| \mathrm{e}^{-\lambda_1 x - \int_0^x \mu(\tau)\mathrm{d}\tau} \mathrm{d}x
$$
$$
\leqslant \max\{\lambda_0, \overline{\mu}\} \|\phi\|_X \int_0^{-h} \mathrm{e}^{-\lambda_1 x - \int_0^x \mu(\tau)\mathrm{d}\tau} \mathrm{d}x
$$
$$
\to 0, \quad \text{当} \quad |h| \to 0 \text{ 时}, \quad \text{对} \quad \phi \quad \text{一致成立.} \tag{4-138}
$$

$$
\int_0^{-h} |p_2(x,t)| \mathrm{d}x = \int_0^{-h} \left| p_1(0, t-x) \mathrm{e}^{-\int_0^x \mu(\tau)\mathrm{d}\tau} \left(1 - \mathrm{e}^{-\lambda_1 x}\right) \right| \mathrm{d}x
$$
$$
\leqslant \max\{\lambda_0, \overline{\mu}\} \|\phi\|_X \int_0^{-h} \mathrm{e}^{-\int_0^x \mu(\tau)\mathrm{d}\tau} \left(1 - \mathrm{e}^{-\lambda_1 x}\right) \mathrm{d}x
$$

$$\to 0, \quad \text{当} \quad |h| \to 0 \text{ 时}, \quad \text{对} \quad \phi \quad \text{一致成立}. \tag{4-139}$$

合并式 (4-135)~式 (4-139) 推出, 对 $h \in (-t, 0)$, $x \in [0, t)$, $x + h \in [0, t)$

$$\sum_{i=1}^{2} \int_0^t |p_i(x+h, t) - p_i(x, t)| \mathrm{d}x \to 0,$$

$$\text{当} \quad |h| \to 0 \text{ 时}, \quad \text{对} \quad \phi \quad \text{一致成立}. \tag{4-140}$$

式 (4-140) 和式 (4-134) 表明此定理的结论成立. □

定理 4.5　假设存在两个正常数 $\overline{\mu}$ 和 $\underline{\mu}$ 使得 $0 < \underline{\mu} \leqslant \mu(x) \leqslant \overline{\mu} < \infty$, 则 $V(t)$ 满足

$$\|V(t)\phi\|_X \leqslant \mathrm{e}^{-\min\{\lambda_0, \underline{\mu}\}t} \|\phi\|_X, \quad \forall \phi \in X \tag{4-141}$$

证明　对 $\forall \phi \in X$, 由 $V(t)$ 的定义 (即式 (4-122)) 估计出

$$
\begin{aligned}
\|V(t)\phi(\cdot)\| &= \left|\phi_0 \mathrm{e}^{-\lambda_0 t}\right| \\
&\quad + \int_t^\infty \left|\phi_1(x-t)\mathrm{e}^{-\lambda_1 t - \int_{x-t}^x \mu(\tau)\mathrm{d}\tau}\right| \mathrm{d}x \\
&\quad + \int_t^\infty \left|\phi_2(x-t)\mathrm{e}^{-\int_{x-t}^x \mu(\tau)\mathrm{d}\tau}\right. \\
&\qquad\qquad + \left.\phi_1(x-t)\mathrm{e}^{-\int_{x-t}^x \mu(\tau)\mathrm{d}\tau}\left(1 - \mathrm{e}^{-\lambda_1 t}\right)\right| \mathrm{d}x \\
&\leqslant |\phi_0|\mathrm{e}^{-\lambda_0 t} \\
&\quad + \sup_{x \in [0, \infty)} \left|\mathrm{e}^{-\lambda_1 t - \int_{x-t}^x \mu(\tau)\mathrm{d}\tau}\right| \int_t^\infty |\phi_1(x-t)| \mathrm{d}x \\
&\quad + \sup_{x \in [0, \infty)} \left|\mathrm{e}^{-\int_{x-t}^x \mu(\tau)\mathrm{d}\tau}\right| \int_t^\infty |\phi_2(x-t)| \mathrm{d}x \\
&\quad + \sup_{x \in [0, \infty)} \left|\mathrm{e}^{-\int_{x-t}^x \mu(\tau)\mathrm{d}\tau}\right| \left(1 - \mathrm{e}^{-\lambda_1 t}\right) \int_t^\infty |\phi_1(x-t)| \mathrm{d}x \\
&\leqslant |\phi_0|\mathrm{e}^{-\lambda_0 t} + \mathrm{e}^{-(\lambda_1 + \underline{\mu})t} \int_t^\infty |\phi_1(x-t)| \mathrm{d}x \\
&\quad + \mathrm{e}^{-\underline{\mu}t} \int_t^\infty |\phi_2(x-t)| \mathrm{d}x \\
&\quad + \mathrm{e}^{-\underline{\mu}t} \left(1 - \mathrm{e}^{-\lambda_1 t}\right) \int_t^\infty |\phi_1(x-t)| \mathrm{d}x \\
&\xlongequal{y=x-t} |\phi_0|\mathrm{e}^{-\lambda_0 t} + \mathrm{e}^{-(\lambda_1 + \underline{\mu})t} \int_0^\infty |\phi_1(y)| \mathrm{d}y \\
&\quad + \mathrm{e}^{-\underline{\mu}t} \int_0^\infty |\phi_2(y)| \mathrm{d}y + \mathrm{e}^{-\underline{\mu}t}\left(1 - \mathrm{e}^{-\lambda_1 t}\right) \int_0^\infty |\phi_1(y)| \mathrm{d}y \\
&= |\phi_0|\mathrm{e}^{-\lambda_0 t} + \mathrm{e}^{-\underline{\mu}t} \int_0^\infty |\phi_1(y)| \mathrm{d}y + \mathrm{e}^{-\underline{\mu}t} \int_0^\infty |\phi_2(y)| \mathrm{d}y \\
&\leqslant \mathrm{e}^{-\min\{\lambda_0, \underline{\mu}\}t} \left\{|\phi_0| + \int_0^\infty |\phi_1(y)| \mathrm{d}y + \int_0^\infty |\phi_2(y)| \mathrm{d}y\right\} \\
&= \mathrm{e}^{-\min\{\lambda_0, \underline{\mu}\}t} \left(|\phi_0| + \|\phi_1\|_{L^1[0, \infty)} + \|\phi_2\|_{L^1[0, \infty)}\right)
\end{aligned}
$$

$$= \mathrm{e}^{-\min\{\lambda_0,\underline{\mu}\}t}\|\phi\|_X \tag{4-142}$$

此式说明此定理的结论成立.　　　　　　　　　　　　　　　　　　　　　　□

从定理 4.4 和定理 4.5 看出

$$\|S(t) - W(t)\| = \|V(t)\| \leqslant \mathrm{e}^{-\min\{\lambda_0,\underline{\mu}\}t} \to 0, \quad t \to \infty$$

从而, 由定义 1.14 和定理 4.4 得到以下结果.

定理 4.6　如果 $\mu(x)$ 是利普希茨连续并且存在正常数 $\overline{\mu}$ 与 $\underline{\mu}$ 使得 $0 < \underline{\mu} \leqslant \mu(x) \leqslant \overline{\mu} < \infty$, 那么 $S(t)$ 是在 X 中的拟紧 C_0- 半群.

由式 (4-103) 和式 (4-104) 不难看出 $E : X \to \mathbb{R}^3$ 是有界线性算子, 而 $\mathbb{R}^3$ 中的有界集是列紧集, 从而由定义 1.7 知道 E 是一个紧算子. 因此, 由引理 1.5 和定理 4.6 得到以下结论.

推论 4.1　若 $\mu(x)$ 是利普希茨连续并且存在正常数 $\overline{\mu}$ 与 $\underline{\mu}$ 使得 $0 < \underline{\mu} \leqslant \mu(x) \leqslant \overline{\mu} < \infty$, 则 $T(t)$ 是在 X 中的拟紧 C_0- 半群.

引理 4.1　若 $\int_0^\infty \mu(x)\mathrm{e}^{-\lambda_1 x - \int_0^x \mu(\tau)\mathrm{d}\tau}\mathrm{d}x < \infty$, 则 0 是 $\mathcal{A}+U+E$ 的几何重数为 1 的特征值.

证明　考虑方程 $(\mathcal{A}+U+E)p = 0$. 这等价于

$$\lambda_0 p_0 = \int_0^\infty \mu(x)p_1(x)\mathrm{d}x \tag{4-143}$$

$$\frac{\mathrm{d}p_1(x)}{\mathrm{d}x} = -[\lambda_1 + \mu(x)]p_1(x) \tag{4-144}$$

$$\frac{\mathrm{d}p_2(x)}{\mathrm{d}x} = -\mu(x)p_2(x) + \lambda_1 p_1(x) \tag{4-145}$$

$$p_1(0) = \lambda_0 p_0 + \int_0^\infty \mu(x)p_2(x)\mathrm{d}x \tag{4-146}$$

$$p_2(0) = 0 \tag{4-147}$$

解式 (4-144) 和式 (4-145) 得到

$$p_1(x) = a_1 \mathrm{e}^{-\lambda_1 x - \int_0^x \mu(\tau)\mathrm{d}\tau} \tag{4-148}$$

$$p_2(x) = a_2 \mathrm{e}^{-\int_0^x \mu(\tau)\mathrm{d}\tau} + \lambda_1 \mathrm{e}^{-\int_0^x \mu(\tau)\mathrm{d}\tau}\int_0^x p_1(\xi)\mathrm{e}^{\int_0^x \mu(\tau)\mathrm{d}\tau}\mathrm{d}\xi \tag{4-149}$$

将式 (4-148) 代入式 (4-143) 推出

$$a_1 = \frac{\lambda_0}{\displaystyle\int_0^\infty \mu(x)\mathrm{e}^{-\lambda_1 x - \int_0^x \mu(\tau)\mathrm{d}\tau}\mathrm{d}x}p_0 \tag{4-150}$$

由式 (4-147) 与式 (4-149) 有

$$a_2 = p_2(0) = 0$$
$$\Rightarrow$$
$$p_2(x) = \lambda_1 \mathrm{e}^{-\int_0^x \mu(\tau)\mathrm{d}\tau}\int_0^x p_1(\xi)\mathrm{e}^{\int_0^\xi \mu(\tau)\mathrm{d}\tau}\mathrm{d}\xi \tag{4-151}$$

将式 (4-148) 代入式 (4-151) 并用式 (4-150) 计算出

$$
\begin{aligned}
p_2(x) &= \lambda_1 \mathrm{e}^{-\int_0^x \mu(\tau)\mathrm{d}\tau} \int_0^x a_1 \mathrm{e}^{-\lambda_1 \xi - \int_0^\xi \mu(\tau)\mathrm{d}\tau} \mathrm{e}^{\int_0^\xi \mu(\tau)\mathrm{d}\tau} \mathrm{d}\xi \\
&= a_1 \lambda_1 \mathrm{e}^{-\int_0^x \mu(\tau)\mathrm{d}\tau} \int_0^x \mathrm{e}^{-\lambda_1 \xi}\mathrm{d}\xi \\
&= a_1 \mathrm{e}^{-\int_0^x \mu(\tau)\mathrm{d}\tau} \left(1 - \mathrm{e}^{-\lambda_1 x}\right) \\
&= \frac{\lambda_0 \mathrm{e}^{-\int_0^x \mu(\tau)\mathrm{d}\tau}(1 - \mathrm{e}^{-\lambda_1 x})}{\displaystyle\int_0^\infty \mu(x)\mathrm{e}^{-\lambda_1 x - \int_0^x \mu(\tau)\mathrm{d}\tau}\mathrm{d}x} p_0
\end{aligned}
\tag{4-152}
$$

因此, 从式 (4-148), 式 (4-150) 及式 (4-152) 估计出

$$
\begin{aligned}
\|p\| &= |p_0| + \|p_1\|_{L^1[0,\infty)} + \|p_2\|_{L^1[0,\infty)} \\
&\leqslant |p_0| + |a_1| \int_0^\infty \mathrm{e}^{-\lambda_1 x - \int_0^x \mu(\tau)\mathrm{d}\tau}\mathrm{d}x \\
&\quad + \int_0^\infty \left| \frac{\lambda_0 \mathrm{e}^{-\int_0^x \mu(\tau)\mathrm{d}\tau}(1 - \mathrm{e}^{-\lambda_1 x})}{\displaystyle\int_0^\infty \mu(x)\mathrm{e}^{-\lambda_1 x - \int_0^x \mu(\tau)\mathrm{d}\tau}\mathrm{d}x} p_0 \right| \mathrm{d}x \\
&= |p_0| + \frac{\lambda_0 \displaystyle\int_0^\infty \mathrm{e}^{-\lambda_1 x - \int_0^x \mu(\tau)\mathrm{d}\tau}\mathrm{d}x}{\displaystyle\int_0^\infty \mu(x)\mathrm{e}^{-\lambda_1 x - \int_0^x \mu(\tau)\mathrm{d}\tau}\mathrm{d}x} |p_0| \\
&\quad + \frac{\lambda_0 \displaystyle\int_0^\infty \mathrm{e}^{-\int_0^x \mu(\tau)\mathrm{d}\tau}(1 - \mathrm{e}^{-\lambda_1 x})\mathrm{d}x}{\displaystyle\int_0^\infty \mu(x)\mathrm{e}^{-\lambda_1 x - \int_0^x \mu(\tau)\mathrm{d}\tau}\mathrm{d}x} |p_0| \\
&= \left(1 + \frac{\lambda_0 \displaystyle\int_0^\infty \mathrm{e}^{-\int_0^x \mu(\tau)\mathrm{d}\tau}\mathrm{d}x}{\displaystyle\int_0^\infty \mu(x)\mathrm{e}^{-\lambda_1 x - \int_0^x \mu(\tau)\mathrm{d}\tau}\mathrm{d}x} \right) |p_0| \\
&< \infty
\end{aligned}
$$

上式说明 0 是 $\mathcal{A} + U + E$ 的特征值. 由式 (4-148), 式 (4-150) 与式 (4-152) 看出对应于 0 的特征向量生成一维的线性空间, 即 0 的几何重数 (见定义 1.13) 为 1.   □

引理 4.2 $\mathcal{A} + U + E$ 的共轭算子 $(\mathcal{A} + U + E)^*$ 为

$$
(\mathcal{A} + U + E)^* = (G + F)q^*, \quad \forall q^* \in D(G)
$$

其中

$$
Gq^*(x) = \begin{pmatrix} -\lambda_0 & 0 & 0 \\ 0 & \dfrac{\mathrm{d}}{\mathrm{d}x} - (\lambda_1 + \mu(x)) & 0 \\ 0 & 0 & \dfrac{\mathrm{d}}{\mathrm{d}x} - \mu(x) \end{pmatrix} \begin{pmatrix} q_0^* \\ q_1^*(x) \\ q_2^*(x) \end{pmatrix}
$$

$$+ \begin{pmatrix} 0 & 0 & 0 \\ \mu(x) & 0 & 0 \\ 0 & \mu(x) & 0 \end{pmatrix} \begin{pmatrix} q_0^* \\ q_1^*(0) \\ q_2^*(0) \end{pmatrix}$$

$$Fq^*(x) = \begin{pmatrix} 0 & \lambda_0 & 0 \\ 0 & 0 & 0 \\ 0 & 0 & 0 \end{pmatrix} \begin{pmatrix} q_0^* \\ q_1^*(0) \\ q_2^*(0) \end{pmatrix} + \begin{pmatrix} 0 & 0 & 0 \\ 0 & 0 & \lambda_1 \\ 0 & 0 & 0 \end{pmatrix} \begin{pmatrix} q_0^* \\ q_1^*(x) \\ q_2^*(x) \end{pmatrix}$$

$$D(G) = \left\{ q^* \in X^* \,\middle|\, \frac{\mathrm{d}q^*(x)}{\mathrm{d}x} \text{ 存在并且 } q_1^*(\infty) = q_2^*(\infty) = \alpha \right\}$$

证明　对 $\forall p \in D(\mathcal{A})$ 和 $q^* \in D(G)$, 用分部积分和边界条件计算出

$$\langle (\mathcal{A} + U + E)p, q^* \rangle$$

$$= \left[-\lambda_0 p_0 + \int_0^\infty \mu(x) p_1(x) \mathrm{d}x \right] q_0^*$$

$$+ \int_0^\infty \left[-\frac{\mathrm{d}p_1(x)}{\mathrm{d}x} - [\lambda_1 + \mu(x)] p_1(x) \right] q_1^*(x) \mathrm{d}x$$

$$+ \int_0^\infty \left[-\frac{\mathrm{d}p_2(x)}{\mathrm{d}x} - \mu(x) p_2(x) + \lambda_1 p_1(x) \right] q_2^*(x) \mathrm{d}x$$

$$= -\lambda_0 p_0 q_0^* + \int_0^\infty \mu(x) q_0^* p_1(x) \mathrm{d}x$$

$$- \int_0^\infty \frac{\mathrm{d}p_1(x)}{\mathrm{d}x} q_1^*(x) \mathrm{d}x - \int_0^\infty [\lambda_1 + \mu(x)] p_1(x) q_1^*(x) \mathrm{d}x$$

$$- \int_0^\infty \frac{\mathrm{d}p_2(x)}{\mathrm{d}x} q_2^*(x) \mathrm{d}x - \int_0^\infty \mu(x) p_2(x) q_2^*(x) \mathrm{d}x$$

$$+ \int_0^\infty \lambda_1 p_1(x) q_2^*(x) \mathrm{d}x$$

$$= -\lambda_0 q_0^* p_0 + \int_0^\infty \mu(x) q_0^* p_1(x) \mathrm{d}x - [q_1^*(x) p_1(x)] \Big|_0^\infty$$

$$+ \int_0^\infty \frac{\mathrm{d}q_1^*(x)}{\mathrm{d}x} p_1(x) \mathrm{d}x - \int_0^\infty [\lambda_1 + \mu(x)] q_1^*(x) p_1(x) \mathrm{d}x$$

$$- [q_2^*(x) p_2(x)] \Big|_0^\infty + \int_0^\infty \frac{\mathrm{d}q_2^*(x)}{\mathrm{d}x} p_2(x) \mathrm{d}x$$

$$- \int_0^\infty \mu(x) q_2^*(x) p_2(x) \mathrm{d}x + \int_0^\infty \lambda_1 q_2^*(x) p_1(x) \mathrm{d}x$$

$$= -\lambda_0 q_0^* p_0 + \int_0^\infty \mu(x) q_0^* p_1(x) \mathrm{d}x + q_1^*(0) p_1(0)$$

$$+ \int_0^\infty \frac{\mathrm{d}q_1^*(x)}{\mathrm{d}x} p_1(x) \mathrm{d}x - \int_0^\infty [\lambda_1 + \mu(x)] q_1^*(x) p_1(x) \mathrm{d}x$$

$$+ q_2^*(0) p_2(0) + \int_0^\infty \frac{\mathrm{d}q_2^*(x)}{\mathrm{d}x} p_2(x) \mathrm{d}x$$

$$- \int_0^\infty \mu(x) q_2^*(x) p_2(x) \mathrm{d}x + \int_0^\infty \lambda_1 q_2^*(x) p_1(x) \mathrm{d}x$$

$$= -\lambda_0 q_0^* p_0 + \int_0^\infty \mu(x) q_0^* p_1(x) \mathrm{d}x$$

$$+ q_1^*(0)\left(\lambda_0 p_0 + \int_0^\infty \mu(x)p_2(x)\mathrm{d}x\right)$$

$$+ \int_0^\infty \frac{\mathrm{d}q_1^*(x)}{\mathrm{d}x}p_1(x)\mathrm{d}x - \int_0^\infty [\lambda_1 + \mu(x)]q_1^*(x)p_1(x)\mathrm{d}x$$

$$+ \int_0^\infty \frac{\mathrm{d}q_2^*(x)}{\mathrm{d}x}p_2(x)\mathrm{d}x - \int_0^\infty \mu(x)q_2^*(x)p_2(x)\mathrm{d}x$$

$$+ \int_0^\infty \lambda_1 q_2^*(x)p_1(x)\mathrm{d}x$$

$$= -\lambda_0 q_0^* p_0$$

$$+ \int_0^\infty \left[\frac{\mathrm{d}q_1^*(x)}{\mathrm{d}x} - [\lambda_1 + \mu(x)]q_1^*(x) + \mu(x)q_0^*\right]p_1(x)\mathrm{d}x$$

$$+ \int_0^\infty \left[\frac{\mathrm{d}q_2^*(x)}{\mathrm{d}x} - \mu(x)q_2^*(x) + \mu(x)q_1^*(0)\right]p_2(x)\mathrm{d}x$$

$$+ \lambda_0 q_1^*(0)p_0 + \int_0^\infty \lambda_1 q_2^*(x)p_1(x)\mathrm{d}x$$

$$= \left\langle (p_0, p_1(x), p_2(x)), \mathbb{E}\begin{pmatrix} q_0^* \\ q_1^*(x) \\ q_2^*(x) \end{pmatrix} \right\rangle$$

$$+ \left\langle (p_0, p_1(x), p_2(x)), \begin{pmatrix} 0 & 0 & 0 \\ \mu(x) & 0 & 0 \\ 0 & \mu(x) & 0 \end{pmatrix}\begin{pmatrix} q_0^* \\ q_1^*(0) \\ q_2^*(0) \end{pmatrix} \right\rangle$$

$$+ \left\langle (p_0, p_1(x), p_2(x)), \begin{pmatrix} 0 & \lambda_0 & 0 \\ 0 & 0 & 0 \\ 0 & 0 & 0 \end{pmatrix}\begin{pmatrix} q_0^* \\ q_1^*(0) \\ q_2^*(0) \end{pmatrix} \right\rangle$$

$$+ \left\langle (p_0, p_1(x), p_2(x)), \begin{pmatrix} 0 & 0 & 0 \\ 0 & 0 & \lambda_1 \\ 0 & 0 & 0 \end{pmatrix}\begin{pmatrix} q_0^* \\ q_1^*(x) \\ q_2^*(x) \end{pmatrix} \right\rangle$$

$$= \langle p, (G+F)q^* \rangle$$

其中

$$\mathbb{E} = \begin{pmatrix} -\lambda_0 & 0 & 0 \\ 0 & \dfrac{\mathrm{d}}{\mathrm{d}x} - (\lambda_1 + \mu(x)) & 0 \\ 0 & 0 & \dfrac{\mathrm{d}}{\mathrm{d}x} - \mu(x) \end{pmatrix}$$

由此式与定义 1.8 知道此引理的结论成立.　　　　　　　　　　　　　　　　　□

引理 4.3 　 0 是 $(A+U+E)^*$ 的几何重数为 1 的特征值.

证明 　考虑方程 $(A+U+E)^* q^* = (G+F)q^* = 0$, 即

$$-\lambda_0 q_0^* + \lambda_0 q_1^*(0) = 0 \tag{4-153}$$

$$\frac{\mathrm{d}q_1^*(x)}{\mathrm{d}x} = (\lambda_1 + \mu(x))q_1^*(x) - \mu(x)q_0^* - \lambda_1 q_2^*(x) \tag{4-154}$$

$$\frac{\mathrm{d}q_2^*(x)}{\mathrm{d}x} = \mu(x)q_2^*(x) - \mu(x)q_1^*(0) \tag{4-155}$$

$$q_1^*(\infty) = q_2^*(\infty) = \alpha \tag{4-156}$$

解式 (4-153)~式 (4-155) 得到

$$q_1^*(0) = q_0^* \tag{4-157}$$

$$q_1^*(x) = b_1 e^{\lambda_1 x + \int_0^x \mu(\tau)d\tau}$$
$$- e^{\lambda_1 x + \int_0^x \mu(\tau)d\tau} \int_0^x [\mu(\tau)q_0^* + \lambda_1 q_2^*(\tau)]e^{-\lambda_1 \tau - \int_0^\tau \mu(\xi)d\xi}d\tau \tag{4-158}$$

$$q_2^*(x) = b_2 e^{\int_0^x \mu(\tau)d\tau} - e^{\int_0^x \mu(\tau)d\tau} \int_0^x \mu(\tau)q_1^*(0)e^{-\int_0^\tau \mu(\xi)d\xi}d\tau \tag{4-159}$$

首先在式 (4-158) 的两边同时乘 $e^{-\lambda_1 x - \int_0^x \mu(\tau)d\tau}$, 在式 (4-159) 的两边同时乘 $e^{-\int_0^x \mu(\tau)d\tau}$, 然后取 $x \to \infty$ 的极限并用式 (4-156) 得到

$$b_1 = \int_0^\infty [\mu(\tau)q_0^* + \lambda_1 q_2^*(\tau)]e^{-\lambda_1 \tau - \int_0^\tau \mu(\xi)d\xi}d\tau \tag{4-160}$$

$$b_2 = \int_0^\infty \mu(\tau)q_1^*(0)e^{-\int_0^\tau \mu(\xi)d\xi}d\tau \tag{4-161}$$

将式 (4-160) 与式 (4-161) 分别代入式 (4-158) 与式 (4-159) 并用式 (4-157) 及 $\mu(x) \geqslant 0$, $\int_0^\infty \mu(x)dx = \infty$ 推出

$$q_1^*(x) = e^{\lambda_1 x + \int_0^x \mu(\tau)d\tau} \int_x^\infty [\mu(\tau)q_0^* + \lambda_1 q_2^*(\tau)]e^{-\lambda_1 \tau - \int_0^\tau \mu(\xi)d\xi}d\tau \tag{4-162}$$

$$q_2^*(x) = e^{\int_0^x \mu(\tau)d\tau} \int_x^\infty \mu(\tau)q_1^*(0)e^{-\int_0^\tau \mu(\xi)d\xi}d\tau$$
$$= e^{\int_0^x \mu(\tau)d\tau} q_1^*(0) \left(-e^{-\int_0^\tau \mu(\xi)d\xi} \Big|_x^\infty \right) = q_1^*(0) = q_0^* \tag{4-163}$$

将式 (4-163) 代入式 (4-162) 并用 $\mu(x) \geqslant 0$, $\int_0^\infty \mu(x)dx = \infty$ 计算出

$$q_1^*(x) = e^{\lambda_1 x + \int_0^x \mu(\tau)d\tau} \int_x^\infty [\mu(\tau)q_0^* + \lambda_1 q_0^*]e^{-\lambda_1 \tau - \int_0^\tau \mu(\xi)d\xi}d\tau$$
$$= q_0^* e^{\lambda_1 x + \int_0^x \mu(\tau)d\tau} \int_x^\infty [\lambda_1 + \mu(\tau)]e^{-\lambda_1 \tau - \int_0^\tau \mu(\xi)d\xi}d\tau$$
$$= q_0^* e^{\lambda_1 x + \int_0^x \mu(\tau)d\tau} \left(-e^{-\lambda_1 \tau - \int_0^\tau \mu(\xi)d\xi} \Big|_x^\infty \right) = q_0^* \tag{4-164}$$

合并式 (4-157), 式 (4-163) 与式 (4-164) 有

$$|||q^*||| = \max\{|q_0^*|, \|q_1^*\|_{L^1[0,\infty)}, \|q_2^*\|_{L^1[0,\infty)}\} = |q_0^*| < \infty$$

上式说明 0 是 $(A + U + E)^*$ 的特征值. 此外, 由式 (4-157), 式 (4-163) 和式 (4-164) 容易看出对应于 0 的特征向量 $(q_0^*, q_1^*(x), q_2^*(x)) = (q_0^*, q_0^*, q_0^*)$ 生成一维的线性空间, 即 0 的几何重数为 1 (见定义 1.13). □

结合引理 4.1 和引理 4.3 知道 0 的代数重数为 1 (见定义 1.13).

由引理 4.1, 引理 4.3, 定理 4.1, 推论 4.1 及定理 1.14 得到以下定理.

定理 4.7 若 $\mu(x)$ 是利普希茨连续并且满足 $0 < \underline{\mu} \leqslant \mu(x) \leqslant \overline{\mu} < \infty$, 则存在一个正投影算子 $\mathbb{P}$ 和正常数 $\delta > 0$, $\overline{M} \geqslant 0$ 使得

$$\|T(t) - \mathbb{P}\| \leqslant \overline{M}\mathrm{e}^{-\delta t}$$

这里 $\mathbb{P} = \dfrac{1}{2\pi i}\displaystyle\int_{\overline{\Gamma}}(zI - \mathcal{A} - U - E)^{-1}\mathrm{d}z$, $\overline{\Gamma}$ 是以 0 为中心的半径为充分小的圆.

由定理 4.1, 定理 1.12 , 引理 4.1 及推论 4.1 知道

$$\{\gamma \in \sigma(\mathcal{A} + U + E) \mid \Re\gamma = 0\} = \{0\}$$

即除了 0 以外, 虚轴上所有的点都属于 $\mathcal{A} + U + E$ 的预解集. 从而由定理 1.10 得到以下结果.

定理 4.8 若 $\mu(x)$ 是利普希茨连续并且满足 $0 < \underline{\mu} \leqslant \mu(x) \leqslant \overline{\mu} < \infty$, 则系统 (4-87) 的时间依赖解 $p(x,t)$ 强收敛于其稳态解 $p(x)$, 即

$$\lim_{t\to\infty} p(x,t) = \langle p(0), q^*\rangle p(x)$$

其中, $p(x)$ 是对应于 0 的特征向量 (见引理 4.1), $p(0)$ 是系统 (4-87) 的初值, $q^*(x)$ 是 $(\mathcal{A} + U + E)^*$ 对应于 0 的特征向量 (见引理 4.3).

运用残数定理得到比定理 4.8 更好的结果, 为此需要以下几个引理.

引理 4.4 对 $\gamma \in \rho(\mathcal{A} + U + E)$ 有

$$(\gamma I - \mathcal{A} - U - E)^{-1}\begin{pmatrix} z_0 \\ z_1 \\ z_2 \end{pmatrix} = \begin{pmatrix} y_0 \\ y_1 \\ y_2 \end{pmatrix}, \quad \forall z \in X$$

其中

$$
\begin{aligned}
y_0 = &\left\{ \int_0^\infty \mu(x)\mathrm{e}^{-(\gamma+\lambda_1)x - \int_0^x \mu(\xi)\mathrm{d}\xi}\mathrm{d}x \right.\\
&\times \int_0^\infty \mu(x)\mathrm{e}^{-\gamma x - \int_0^x \mu(\xi)\mathrm{d}\xi}\int_0^x z_1(\eta)\mathrm{e}^{(\gamma+\lambda_1)\eta + \int_0^\eta \mu(\xi)\mathrm{d}\xi}\\
&\left. \times \left(\mathrm{e}^{-\lambda_1\eta} - \mathrm{e}^{-\lambda_1 x}\right)\mathrm{d}\eta\mathrm{d}x\right\}\\
&\left/ \left\{\gamma\left[1 - \int_0^\infty \mu(x)\mathrm{e}^{-\gamma x - \int_0^x \mu(\xi)\mathrm{d}\xi}\left(1 - \mathrm{e}^{-\lambda_1 x}\right)\mathrm{d}x\right]\right.\right.\\
&\left.\left. + \lambda_0\left[1 - \int_0^\infty \mu(x)\mathrm{e}^{-\gamma x - \int_0^x \mu(\xi)\mathrm{d}\xi}\mathrm{d}x\right]\right\}\right.\\
&+ \left\{\int_0^\infty \mu(x)\mathrm{e}^{-(\gamma+\lambda_1)x - \int_0^x \mu(\xi)\mathrm{d}\xi}\mathrm{d}x\right.\\
&\left. \times \int_0^\infty \mu(x)\mathrm{e}^{-\gamma x - \int_0^x \mu(\xi)\mathrm{d}\xi}\int_0^x z_2(\tau)\mathrm{e}^{\gamma\tau + \int_0^\tau \mu(\xi)\mathrm{d}\xi}\mathrm{d}\tau\mathrm{d}x\right\}\\
&\left/ \left\{\gamma\left[1 - \int_0^\infty \mu(x)\mathrm{e}^{-\gamma x - \int_0^x \mu(\xi)\mathrm{d}\xi}\left(1 - \mathrm{e}^{-\lambda_1 x}\right)\mathrm{d}x\right]\right.\right.
\end{aligned}
$$

$$+ \lambda_0 \left[1 - \int_0^\infty \mu(x) e^{-\gamma x - \int_0^x \mu(\xi) d\xi} dx \right] \Bigg\}$$

$$+ \Bigg\{ \left[1 - \int_0^\infty \mu(x) e^{-\gamma x - \int_0^x \mu(\xi) d\xi} \left(1 - e^{-\lambda_1 x} \right) dx \right]$$

$$\times \int_0^\infty \mu(x) e^{-(\gamma+\lambda_1)x - \int_0^x \mu(\xi) d\xi} \int_0^x z_1(\tau) e^{(\gamma+\lambda_1)\tau + \int_0^\tau \mu(\xi) d\xi} d\tau dx \Bigg\}$$

$$\Bigg/ \Bigg\{ \gamma \left[1 - \int_0^\infty \mu(x) e^{-\gamma x - \int_0^x \mu(\xi) d\xi} \left(1 - e^{-\lambda_1 x} \right) dx \right]$$

$$+ \lambda_0 \left[1 - \int_0^\infty \mu(x) e^{-\gamma x - \int_0^x \mu(\xi) d\xi} dx \right] \Bigg\}$$

$$+ \Bigg\{ \left[1 - \int_0^\infty \mu(x) e^{-\gamma x - \int_0^x \mu(\xi) d\xi} \left(1 - e^{-\lambda_1 x} \right) dx \right] z_0 \Bigg\}$$

$$\Bigg/ \Bigg\{ \gamma \left[1 - \int_0^\infty \mu(x) e^{-\gamma x - \int_0^x \mu(\xi) d\xi} \left(1 - e^{-\lambda_1 x} \right) dx \right]$$

$$+ \lambda_0 \left[1 - \int_0^\infty \mu(x) e^{-\gamma x - \int_0^x \mu(\xi) d\xi} dx \right] \Bigg\}$$

$$y_1(x) = \frac{\lambda_0 e^{-(\gamma+\lambda_1)x - \int_0^x \mu(\xi) d\xi}}{1 - \int_0^\infty \mu(x) e^{-\gamma x - \int_0^x \mu(\xi) d\xi} \left(1 - e^{-\lambda_1 x} \right) dx} y_0$$

$$+ \frac{e^{-(\gamma+\lambda_1)x - \int_0^x \mu(\xi) d\xi}}{1 - \int_0^\infty \mu(x) e^{-\gamma x - \int_0^x \mu(\xi) d\xi} \left(1 - e^{-\lambda_1 x} \right) dx}$$

$$\times \int_0^\infty \mu(x) e^{-\gamma x - \int_0^x \mu(\xi) d\xi} \int_0^x z_1(\eta) e^{(\gamma+\lambda_1)\eta + \int_0^\eta \mu(\xi) d\xi}$$

$$\times \left(e^{-\lambda_1 \eta} - e^{-\lambda_1 x} \right) d\eta dx$$

$$+ \frac{e^{-(\gamma+\lambda_1)x - \int_0^x \mu(\xi) d\xi}}{1 - \int_0^\infty \mu(x) e^{-\gamma x - \int_0^x \mu(\xi) d\xi} \left(1 - e^{-\lambda_1 x} \right) dx}$$

$$\times \int_0^\infty \mu(x) e^{-\gamma x - \int_0^x \mu(\xi) d\xi} \int_0^x z_2(\tau) e^{\gamma\tau + \int_0^\tau \mu(\xi) d\xi} d\tau dx$$

$$+ e^{-(\gamma+\lambda_1)x - \int_0^x \mu(\xi) d\xi} \int_0^x z_1(\tau) e^{(\gamma+\lambda_1)\tau + \int_0^\tau \mu(\xi) d\xi} d\tau$$

$$y_2(x) = \frac{\lambda_0 e^{-\gamma x - \int_0^x \mu(\xi) d\xi} \left(1 - e^{-\lambda_1 x} \right)}{1 - \int_0^\infty \mu(x) e^{-\gamma x - \int_0^x \mu(\xi) d\xi} \left(1 - e^{-\lambda_1 x} \right) dx} y_0$$

$$+ \frac{e^{-\gamma x - \int_0^x \mu(\xi) d\xi} \left(1 - e^{-\lambda_1 x} \right)}{1 - \int_0^\infty \mu(x) e^{-\gamma x - \int_0^x \mu(\xi) d\xi} \left(1 - e^{-\lambda_1 x} \right) dx}$$

$$\times \int_0^\infty \mu(x) e^{-\gamma x - \int_0^x \mu(\xi) d\xi} \int_0^x z_1(\tau) e^{(\gamma+\lambda_1)\tau + \int_0^\tau \mu(\xi) d\xi} \left(e^{-\lambda_1 \tau} - e^{-\lambda_1 x} \right) d\tau dx$$

$$+ \frac{\mathrm{e}^{-\gamma x - \int_0^x \mu(\xi)\mathrm{d}\xi}\left(1 - \mathrm{e}^{-\lambda_1 x}\right)}{1 - \int_0^\infty \mu(x)\mathrm{e}^{-\gamma x - \int_0^x \mu(\xi)\mathrm{d}\xi}\left(1 - \mathrm{e}^{-\lambda_1 x}\right)\mathrm{d}x}$$

$$\times \int_0^\infty \mu(x)\mathrm{e}^{-\gamma x - \int_0^x \mu(\xi)\mathrm{d}\xi} \int_0^x z_2(\tau)\mathrm{e}^{\gamma\tau + \int_0^\tau \mu(\xi)\mathrm{d}\xi}\mathrm{d}\tau\mathrm{d}x$$

$$+ \mathrm{e}^{-\gamma x - \int_0^x \mu(\xi)\mathrm{d}\xi} \int_0^x z_1(\tau)\mathrm{e}^{(\gamma+\lambda_1)\tau + \int_0^\tau \mu(\xi)\mathrm{d}\xi}\left(\mathrm{e}^{-\lambda_1\tau} - \mathrm{e}^{-\lambda_1 x}\right)\mathrm{d}\tau$$

$$+ \mathrm{e}^{-\gamma x - \int_0^x \mu(\xi)\mathrm{d}\xi} \int_0^x z_2(\tau)\mathrm{e}^{\gamma\tau + \int_0^\tau \mu(\xi)\mathrm{d}\xi}\mathrm{d}\tau$$

证明　对任意给定的 $z \in X$ 讨论方程 $(\gamma I - \mathcal{A} - U - E)y = z$. 这等价于

$$(\gamma + \lambda_0)y_0 = \int_0^\infty y_1(x)\mu(x)\mathrm{d}x + z_0 \tag{4-165}$$

$$\frac{\mathrm{d}y_1(x)}{\mathrm{d}x} = -(\gamma + \lambda_1 + \mu(x))y_1(x) + z_1(x) \tag{4-166}$$

$$\frac{\mathrm{d}y_2(x)}{\mathrm{d}x} = -(\gamma + \mu(x))y_2(x) + \lambda_1 y_1(x) + z_2(x) \tag{4-167}$$

$$y_1(0) = \lambda_0 y_0 + \int_0^\infty y_2(x)\mu(x)\mathrm{d}x \tag{4-168}$$

$$y_2(0) = 0 \tag{4-169}$$

解式 (4-166) 和式 (4-167)

$$y_1(x) = a_1 \mathrm{e}^{-(\gamma+\lambda_1)x - \int_0^x \mu(\xi)\mathrm{d}\xi}$$
$$+ \mathrm{e}^{-(\gamma+\lambda_1)x - \int_0^x \mu(\xi)\mathrm{d}\xi} \int_0^x z_1(\tau)\mathrm{e}^{(\gamma+\lambda_1)\tau + \int_0^\tau \mu(\xi)\mathrm{d}\xi}\mathrm{d}\tau \tag{4-170}$$

$$y_2(x) = a_2 \mathrm{e}^{-\gamma x - \int_0^x \mu(\xi)\mathrm{d}\xi}$$
$$+ \mathrm{e}^{-\gamma x - \int_0^x \mu(\xi)\mathrm{d}\xi} \int_0^x [\lambda_1 y_1(\tau) + z_2(\tau)]\mathrm{e}^{\gamma\tau + \int_0^\tau \mu(\xi)\mathrm{d}\xi}\mathrm{d}\tau \tag{4-171}$$

合并式 (4-169) 与式 (4-171) 得到

$$y_2(x) = \lambda_1 \mathrm{e}^{-\gamma x - \int_0^x \mu(\xi)\mathrm{d}\xi} \int_0^x y_1(\tau)\mathrm{e}^{\gamma\tau + \int_0^\tau \mu(\xi)\mathrm{d}\xi}\mathrm{d}\tau$$
$$+ \mathrm{e}^{-\gamma x - \int_0^x \mu(\xi)\mathrm{d}\xi} \int_0^x z_2(\tau)\mathrm{e}^{\gamma\tau + \int_0^\tau \mu(\xi)\mathrm{d}\xi}\mathrm{d}\tau \tag{4-172}$$

结合式 (4-172) 与式 (4-168), 式 (4-170) 并用富比尼定理推出

$$a_1 = \lambda_0 y_0 + \lambda_1 \int_0^\infty \mu(x)\mathrm{e}^{-\gamma x - \int_0^x \mu(\xi)\mathrm{d}\xi} \int_0^x y_1(\tau)\mathrm{e}^{\gamma\tau + \int_0^\tau \mu(\xi)\mathrm{d}\xi}\mathrm{d}\tau\mathrm{d}x$$
$$+ \int_0^\infty \mu(x)\mathrm{e}^{-\gamma x - \int_0^x \mu(\xi)\mathrm{d}\xi} \int_0^x z_2(\tau)\mathrm{e}^{\gamma\tau + \int_0^\tau \mu(\xi)\mathrm{d}\xi}\mathrm{d}\tau\mathrm{d}x$$
$$= \lambda_0 y_0 + \lambda_1 \int_0^\infty \mu(x)\mathrm{e}^{-\gamma x - \int_0^x \mu(\xi)\mathrm{d}\xi} \int_0^x a_1 \mathrm{e}^{-\lambda_1\tau}\mathrm{d}\tau\mathrm{d}x$$
$$+ \lambda_1 \int_0^\infty \mu(x)\mathrm{e}^{-\gamma x - \int_0^x \mu(\xi)\mathrm{d}\xi} \int_0^x \mathrm{e}^{-\lambda_1\tau} \int_0^\tau z_1(\eta)\mathrm{e}^{(\gamma+\lambda_1)\eta + \int_0^\eta \mu(\xi)\mathrm{d}\xi}\mathrm{d}\eta\mathrm{d}\tau\mathrm{d}x$$

$$+ \int_0^\infty \mu(x) \mathrm{e}^{-\gamma x - \int_0^x \mu(\xi)\mathrm{d}\xi} \int_0^x z_2(\tau) \mathrm{e}^{\gamma\tau + \int_0^\tau \mu(\xi)\mathrm{d}\xi} \mathrm{d}\tau \mathrm{d}x$$

$$= \lambda_0 y_0 + a_1 \int_0^\infty \mu(x) \mathrm{e}^{-\gamma x - \int_0^x \mu(\xi)\mathrm{d}\xi} \left(1 - \mathrm{e}^{-\lambda_1 x}\right) \mathrm{d}x$$

$$+ \lambda_1 \int_0^\infty \mu(x) \mathrm{e}^{-\gamma x - \int_0^x \mu(\xi)\mathrm{d}\xi} \int_0^x z_1(\eta) \mathrm{e}^{(\gamma+\lambda_1)\eta + \int_0^\eta \mu(\xi)\mathrm{d}\xi} \int_\eta^x \mathrm{e}^{-\lambda_1\tau} \mathrm{d}\tau \mathrm{d}\eta \mathrm{d}x$$

$$+ \int_0^\infty \mu(x) \mathrm{e}^{-\gamma x - \int_0^x \mu(\xi)\mathrm{d}\xi} \int_0^x z_2(\tau) \mathrm{e}^{\gamma\tau + \int_0^\tau \mu(\xi)\mathrm{d}\xi} \mathrm{d}\tau \mathrm{d}x$$

$$= \lambda_0 y_0 + a_1 \int_0^\infty \mu(x) \mathrm{e}^{-\gamma x - \int_0^x \mu(\xi)\mathrm{d}\xi} \left(1 - \mathrm{e}^{-\lambda_1 x}\right) \mathrm{d}x$$

$$+ \int_0^\infty \mu(x) \mathrm{e}^{-\gamma x - \int_0^x \mu(\xi)\mathrm{d}\xi} \int_0^x z_1(\eta) \mathrm{e}^{(\gamma+\lambda_1)\eta + \int_0^\eta \mu(\xi)\mathrm{d}\xi} \left(\mathrm{e}^{-\lambda_1\eta} - \mathrm{e}^{-\lambda_1 x}\right) \mathrm{d}\eta \mathrm{d}x$$

$$+ \int_0^\infty \mu(x) \mathrm{e}^{-\gamma x - \int_0^x \mu(\xi)\mathrm{d}\xi} \int_0^x z_2(\tau) \mathrm{e}^{\gamma\tau + \int_0^\tau \mu(\xi)\mathrm{d}\xi} \mathrm{d}\tau \mathrm{d}x$$

$$\Rightarrow$$

$$a_1 = \frac{\lambda_0}{1 - \int_0^\infty \mu(x) \mathrm{e}^{-\gamma x - \int_0^x \mu(\xi)\mathrm{d}\xi} \left(1 - \mathrm{e}^{-\lambda_1 x}\right) \mathrm{d}x} y_0$$

$$+ \frac{1}{1 - \int_0^\infty \mu(x) \mathrm{e}^{-\gamma x - \int_0^x \mu(\xi)\mathrm{d}\xi} \left(1 - \mathrm{e}^{-\lambda_1 x}\right) \mathrm{d}x}$$

$$\times \int_0^\infty \mu(x) \mathrm{e}^{-\gamma x - \int_0^x \mu(\xi)\mathrm{d}\xi} \int_0^x z_1(\eta) \mathrm{e}^{(\gamma+\lambda_1)\eta + \int_0^\eta \mu(\xi)\mathrm{d}\xi} \left(\mathrm{e}^{-\lambda_1\eta} - \mathrm{e}^{-\lambda_1 x}\right) \mathrm{d}\eta \mathrm{d}x$$

$$+ \frac{1}{1 - \int_0^\infty \mu(x) \mathrm{e}^{-\gamma x - \int_0^x \mu(\xi)\mathrm{d}\xi} \left(1 - \mathrm{e}^{-\lambda_1 x}\right) \mathrm{d}x}$$

$$\times \int_0^\infty \mu(x) \mathrm{e}^{-\gamma x - \int_0^x \mu(\xi)\mathrm{d}\xi} \int_0^x z_2(\tau) \mathrm{e}^{\gamma\tau + \int_0^\tau \mu(\xi)\mathrm{d}\xi} \mathrm{d}\tau \mathrm{d}x \tag{4-173}$$

将式 (4-173) 代入式 (4-170) 求出

$$y_1(x) = \frac{\lambda_0 \mathrm{e}^{-(\gamma+\lambda_1)x - \int_0^x \mu(\xi)\mathrm{d}\xi}}{1 - \int_0^\infty \mu(x) \mathrm{e}^{-\gamma x - \int_0^x \mu(\xi)\mathrm{d}\xi} \left(1 - \mathrm{e}^{-\lambda_1 x}\right) \mathrm{d}x} y_0$$

$$+ \frac{\mathrm{e}^{-(\gamma+\lambda_1)x - \int_0^x \mu(\xi)\mathrm{d}\xi}}{1 - \int_0^\infty \mu(x) \mathrm{e}^{-\gamma x - \int_0^x \mu(\xi)\mathrm{d}\xi} \left(1 - \mathrm{e}^{-\lambda_1 x}\right) \mathrm{d}x}$$

$$\times \int_0^\infty \mu(x) \mathrm{e}^{-\gamma x - \int_0^x \mu(\xi)\mathrm{d}\xi}$$

$$\times \int_0^x z_1(\eta) \mathrm{e}^{(\gamma+\lambda_1)\eta + \int_0^\eta \mu(\xi)\mathrm{d}\xi} \left(\mathrm{e}^{-\lambda_1\eta} - \mathrm{e}^{-\lambda_1 x}\right) \mathrm{d}\eta \mathrm{d}x$$

$$+ \frac{\mathrm{e}^{-(\gamma+\lambda_1)x - \int_0^x \mu(\xi)\mathrm{d}\xi}}{1 - \int_0^\infty \mu(x) \mathrm{e}^{-\gamma x - \int_0^x \mu(\xi)\mathrm{d}\xi} \left(1 - \mathrm{e}^{-\lambda_1 x}\right) \mathrm{d}x}$$

$$\times \int_0^\infty \mu(x) \mathrm{e}^{-\gamma x - \int_0^x \mu(\xi)\mathrm{d}\xi} \int_0^x z_2(\tau) \mathrm{e}^{\gamma\tau + \int_0^\tau \mu(\xi)\mathrm{d}\xi} \mathrm{d}\tau \mathrm{d}x$$

$$+ \mathrm{e}^{-(\gamma+\lambda_1)x-\int_0^x \mu(\xi)\mathrm{d}\xi} \int_0^x z_1(\tau)\mathrm{e}^{(\gamma+\lambda_1)\tau+\int_0^\tau \mu(\xi)\mathrm{d}\xi}\mathrm{d}\tau \tag{4-174}$$

将式 (4-174) 代入式 (4-165)

$$(\gamma+\lambda_0)y_0$$

$$= \frac{\displaystyle\int_0^\infty \mu(x)\mathrm{e}^{-(\gamma+\lambda_1)x-\int_0^x \mu(\xi)\mathrm{d}\xi}\mathrm{d}x}{1-\displaystyle\int_0^\infty \mu(x)\mathrm{e}^{-\gamma x-\int_0^x \mu(\xi)\mathrm{d}\xi}\left(1-\mathrm{e}^{-\lambda_1 x}\right)\mathrm{d}x}\lambda_0 y_0$$

$$+ \frac{\displaystyle\int_0^\infty \mu(x)\mathrm{e}^{-(\gamma+\lambda_1)x-\int_0^x \mu(\xi)\mathrm{d}\xi}\mathrm{d}x}{1-\displaystyle\int_0^\infty \mu(x)\mathrm{e}^{-\gamma x-\int_0^x \mu(\xi)\mathrm{d}\xi}\left(1-\mathrm{e}^{-\lambda_1 x}\right)\mathrm{d}x}$$

$$\times \int_0^\infty \mu(x)\mathrm{e}^{-\gamma x-\int_0^x \mu(\xi)\mathrm{d}\xi}$$

$$\times \int_0^x z_1(\eta)\mathrm{e}^{(\gamma+\lambda_1)\eta+\int_0^\eta \mu(\xi)\mathrm{d}\xi}\left(\mathrm{e}^{-\lambda_1\eta}-\mathrm{e}^{-\lambda_1 x}\right)\mathrm{d}\eta\mathrm{d}x$$

$$+ \frac{\displaystyle\int_0^\infty \mu(x)\mathrm{e}^{-(\gamma+\lambda_1)x-\int_0^x \mu(\xi)\mathrm{d}\xi}\mathrm{d}x}{1-\displaystyle\int_0^\infty \mu(x)\mathrm{e}^{-\gamma x-\int_0^x \mu(\xi)\mathrm{d}\xi}\left(1-\mathrm{e}^{-\lambda_1 x}\right)\mathrm{d}x}$$

$$\times \int_0^\infty \mu(x)\mathrm{e}^{-\gamma x-\int_0^x \mu(\xi)\mathrm{d}\xi} \int_0^x z_2(\tau)\mathrm{e}^{\gamma\tau+\int_0^\tau \mu(\xi)\mathrm{d}\xi}\mathrm{d}\tau\mathrm{d}x$$

$$+ \int_0^\infty \mu(x)\mathrm{e}^{-(\gamma+\lambda_1)x-\int_0^x \mu(\xi)\mathrm{d}\xi} \int_0^x z_1(\tau)\mathrm{e}^{(\gamma+\lambda_1)\tau+\int_0^\tau \mu(\xi)\mathrm{d}\xi}\mathrm{d}\tau\mathrm{d}x$$

$$+ z_0$$

$$\Rightarrow$$

$$\left(\gamma+\lambda_0 - \frac{\lambda_0\displaystyle\int_0^\infty \mu(x)\mathrm{e}^{-(\gamma+\lambda_1)x-\int_0^x \mu(\xi)\mathrm{d}\xi}\mathrm{d}x}{1-\displaystyle\int_0^\infty \mu(x)\mathrm{e}^{-\gamma x-\int_0^x \mu(\xi)\mathrm{d}\xi}\left(1-\mathrm{e}^{-\lambda_1 x}\right)\mathrm{d}x}\right)y_0$$

$$= \frac{\displaystyle\int_0^\infty \mu(x)\mathrm{e}^{-(\gamma+\lambda_1)x-\int_0^x \mu(\xi)\mathrm{d}\xi}\mathrm{d}x}{1-\displaystyle\int_0^\infty \mu(x)\mathrm{e}^{-\gamma x-\int_0^x \mu(\xi)\mathrm{d}\xi}\left(1-\mathrm{e}^{-\lambda_1 x}\right)\mathrm{d}x}$$

$$\times \int_0^\infty \mu(x)\mathrm{e}^{-\gamma x-\int_0^x \mu(\xi)\mathrm{d}\xi}$$

$$\times \int_0^x z_1(\eta)\mathrm{e}^{(\gamma+\lambda_1)\eta+\int_0^\eta \mu(\xi)\mathrm{d}\xi}\left(\mathrm{e}^{-\lambda_1\eta}-\mathrm{e}^{-\lambda_1 x}\right)\mathrm{d}\eta\mathrm{d}x$$

$$+ \frac{\displaystyle\int_0^\infty \mu(x)\mathrm{e}^{-(\gamma+\lambda_1)x-\int_0^x \mu(\xi)\mathrm{d}\xi}\mathrm{d}x}{1-\displaystyle\int_0^\infty \mu(x)\mathrm{e}^{-\gamma x-\int_0^x \mu(\xi)\mathrm{d}\xi}\left(1-\mathrm{e}^{-\lambda_1 x}\right)\mathrm{d}x}$$

$$\times \int_0^\infty \mu(x)\mathrm{e}^{-\gamma x-\int_0^x \mu(\xi)\mathrm{d}\xi} \int_0^x z_2(\tau)\mathrm{e}^{\gamma\tau+\int_0^\tau \mu(\xi)\mathrm{d}\xi}\mathrm{d}\tau\mathrm{d}x$$

$$+ \int_0^\infty \mu(x) \mathrm{e}^{-(\gamma+\lambda_1)x - \int_0^x \mu(\xi)\mathrm{d}\xi} \int_0^x z_1(\tau) \mathrm{e}^{(\gamma+\lambda_1)\tau + \int_0^\tau \mu(\xi)\mathrm{d}\xi} \mathrm{d}\tau \mathrm{d}x$$
$$+ z_0$$

$$\Rightarrow$$

$$y_0 = \left\{ \int_0^\infty \mu(x) \mathrm{e}^{-(\gamma+\lambda_1)x - \int_0^x \mu(\xi)\mathrm{d}\xi} \mathrm{d}x \right.$$
$$\times \int_0^\infty \mu(x) \mathrm{e}^{-\gamma x - \int_0^x \mu(\xi)\mathrm{d}\xi}$$
$$\left. \times \int_0^x z_1(\eta) \mathrm{e}^{(\gamma+\lambda_1)\eta + \int_0^\eta \mu(\xi)\mathrm{d}\xi} \left(\mathrm{e}^{-\lambda_1\eta} - \mathrm{e}^{-\lambda_1 x} \right) \mathrm{d}\eta \mathrm{d}x \right\}$$
$$\bigg/ \left\{ \gamma \left[1 - \int_0^\infty \mu(x) \mathrm{e}^{-\gamma x - \int_0^x \mu(\xi)\mathrm{d}\xi} \left(1 - \mathrm{e}^{-\lambda_1 x} \right) \mathrm{d}x \right] \right.$$
$$\left. + \lambda_0 \left[1 - \int_0^\infty \mu(x) \mathrm{e}^{-\gamma x - \int_0^x \mu(\xi)\mathrm{d}\xi} \mathrm{d}x \right] \right\}$$
$$+ \left\{ \int_0^\infty \mu(x) \mathrm{e}^{-(\gamma+\lambda_1)x - \int_0^x \mu(\xi)\mathrm{d}\xi} \mathrm{d}x \right.$$
$$\left. \times \int_0^\infty \mu(x) \mathrm{e}^{-\gamma x - \int_0^x \mu(\xi)\mathrm{d}\xi} \int_0^x z_2(\tau) \mathrm{e}^{\gamma\tau + \int_0^\tau \mu(\xi)\mathrm{d}\xi} \mathrm{d}\tau \mathrm{d}x \right\}$$
$$\bigg/ \left\{ \gamma \left[1 - \int_0^\infty \mu(x) \mathrm{e}^{-\gamma x - \int_0^x \mu(\xi)\mathrm{d}\xi} \left(1 - \mathrm{e}^{-\lambda_1 x} \right) \mathrm{d}x \right] \right.$$
$$\left. + \lambda_0 \left[1 - \int_0^\infty \mu(x) \mathrm{e}^{-\gamma x - \int_0^x \mu(\xi)\mathrm{d}\xi} \mathrm{d}x \right] \right\}$$
$$+ \left\{ \left[1 - \int_0^\infty \mu(x) \mathrm{e}^{-\gamma x - \int_0^x \mu(\xi)\mathrm{d}\xi} \left(1 - \mathrm{e}^{-\lambda_1 x} \right) \mathrm{d}x \right] \right.$$
$$\left. \times \int_0^\infty \mu(x) \mathrm{e}^{-(\gamma+\lambda_1)x - \int_0^x \mu(\xi)\mathrm{d}\xi} \int_0^x z_1(\tau) \mathrm{e}^{(\gamma+\lambda_1)\tau + \int_0^\tau \mu(\xi)\mathrm{d}\xi} \mathrm{d}\tau \mathrm{d}x \right\}$$
$$\bigg/ \left\{ \gamma \left[1 - \int_0^\infty \mu(x) \mathrm{e}^{-\gamma x - \int_0^x \mu(\xi)\mathrm{d}\xi} \left(1 - \mathrm{e}^{-\lambda_1 x} \right) \mathrm{d}x \right] \right.$$
$$\left. + \lambda_0 \left[1 - \int_0^\infty \mu(x) \mathrm{e}^{-\gamma x - \int_0^x \mu(\xi)\mathrm{d}\xi} \mathrm{d}x \right] \right\}$$
$$+ \left\{ \left[1 - \int_0^\infty \mu(x) \mathrm{e}^{-\gamma x - \int_0^x \mu(\xi)\mathrm{d}\xi} \left(1 - \mathrm{e}^{-\lambda_1 x} \right) \mathrm{d}x \right] z_0 \right\}$$
$$\bigg/ \left\{ \gamma \left[1 - \int_0^\infty \mu(x) \mathrm{e}^{-\gamma x - \int_0^x \mu(\xi)\mathrm{d}\xi} \left(1 - \mathrm{e}^{-\lambda_1 x} \right) \mathrm{d}x \right] \right.$$
$$\left. + \lambda_0 \left[1 - \int_0^\infty \mu(x) \mathrm{e}^{-\gamma x - \int_0^x \mu(\xi)\mathrm{d}\xi} \mathrm{d}x \right] \right\} \tag{4-175}$$

将式 (4-174) 代入式 (4-172) 求出

$$y_2(x) = \frac{\lambda_1 \mathrm{e}^{-\gamma x - \int_0^x \mu(\xi)\mathrm{d}\xi} \int_0^x \lambda_0 \mathrm{e}^{-\lambda_1\tau} \mathrm{d}\tau}{1 - \int_0^\infty \mu(x) \mathrm{e}^{-\gamma x - \int_0^x \mu(\xi)\mathrm{d}\xi} \left(1 - \mathrm{e}^{-\lambda_1 x} \right) \mathrm{d}x} y_0$$

$$+ \frac{\lambda_1 e^{-\gamma x - \int_0^x \mu(\xi)d\xi} \int_0^x e^{-\lambda_1 \tau}d\tau}{1 - \int_0^\infty \mu(x)e^{-\gamma x - \int_0^x \mu(\xi)d\xi}\left(1 - e^{-\lambda_1 x}\right)dx}$$

$$\times \int_0^\infty \mu(x)e^{-\gamma x - \int_0^x \mu(\xi)d\xi}$$

$$\times \int_0^x z_1(\tau)e^{(\gamma+\lambda_1)\tau + \int_0^\tau \mu(\xi)d\xi}\left(e^{-\lambda_1\tau} - e^{-\lambda_1 x}\right)d\tau dx$$

$$+ \frac{\lambda_1 e^{-\gamma x - \int_0^x \mu(\xi)d\xi} \int_0^x e^{-\lambda_1 \tau}d\tau}{1 - \int_0^\infty \mu(x)e^{-\gamma x - \int_0^x \mu(\xi)d\xi}\left(1 - e^{-\lambda_1 x}\right)dx}$$

$$\times \int_0^\infty \mu(x)e^{-\gamma x - \int_0^x \mu(\xi)d\xi} \int_0^x z_2(\tau)e^{\gamma\tau + \int_0^\tau \mu(\xi)d\xi}d\tau dx$$

$$+ \lambda_1 e^{-\gamma x - \int_0^x \mu(\xi)d\xi} \int_0^x e^{-\lambda_1 \tau} \int_0^\tau z_1(\eta)e^{(\gamma+\lambda_1)\eta + \int_0^\eta \mu(\xi)d\xi}d\eta d\tau$$

$$+ e^{-\gamma x - \int_0^x \mu(\xi)d\xi} \int_0^x z_2(\tau)e^{\gamma\tau + \int_0^\tau \mu(\xi)d\xi}d\tau$$

$$= \frac{\lambda_0 e^{-\gamma x - \int_0^x \mu(\xi)d\xi}\left(1 - e^{-\lambda_1 x}\right)}{1 - \int_0^\infty \mu(x)e^{-\gamma x - \int_0^x \mu(\xi)d\xi}\left(1 - e^{-\lambda_1 x}\right)dx}y_0$$

$$+ \frac{e^{-\gamma x - \int_0^x \mu(\xi)d\xi}\left(1 - e^{-\lambda_1 x}\right)}{1 - \int_0^\infty \mu(x)e^{-\gamma x - \int_0^x \mu(\xi)d\xi}\left(1 - e^{-\lambda_1 x}\right)dx}$$

$$\times \int_0^\infty \mu(x)e^{-\gamma x - \int_0^x \mu(\xi)d\xi}$$

$$\times \int_0^x z_1(\tau)e^{(\gamma+\lambda_1)\tau + \int_0^\tau \mu(\xi)d\xi}\left(e^{-\lambda_1\tau} - e^{-\lambda_1 x}\right)d\tau dx$$

$$+ \frac{e^{-\gamma x - \int_0^x \mu(\xi)d\xi}\left(1 - e^{-\lambda_1 x}\right)}{1 - \int_0^\infty \mu(x)e^{-\gamma x - \int_0^x \mu(\xi)d\xi}\left(1 - e^{-\lambda_1 x}\right)dx}$$

$$\times \int_0^\infty \mu(x)e^{-\gamma x - \int_0^x \mu(\xi)d\xi} \int_0^x z_2(\tau)e^{\gamma\tau + \int_0^\tau \mu(\xi)d\xi}d\tau dx$$

$$+ e^{-\gamma x - \int_0^x \mu(\xi)d\xi} \int_0^x z_1(\eta)e^{(\gamma+\lambda_1)\eta + \int_0^\eta \mu(\xi)d\xi} \int_\eta^x \lambda_1 e^{-\lambda_1\tau}d\tau d\eta$$

$$+ e^{-\gamma x - \int_0^x \mu(\xi)d\xi} \int_0^x z_2(\tau)e^{\gamma\tau + \int_0^\tau \mu(\xi)d\xi}d\tau$$

$$= \frac{\lambda_0 e^{-\gamma x - \int_0^x \mu(\xi)d\xi}\left(1 - e^{-\lambda_1 x}\right)}{1 - \int_0^\infty \mu(x)e^{-\gamma x - \int_0^x \mu(\xi)d\xi}\left(1 - e^{-\lambda_1 x}\right)dx}y_0$$

$$+ \frac{e^{-\gamma x - \int_0^x \mu(\xi)d\xi}\left(1 - e^{-\lambda_1 x}\right)}{1 - \int_0^\infty \mu(x)e^{-\gamma x - \int_0^x \mu(\xi)d\xi}\left(1 - e^{-\lambda_1 x}\right)dx}$$

$$\times \int_0^\infty \mu(x)e^{-\gamma x - \int_0^x \mu(\xi)d\xi}$$

$$\times \int_0^x z_1(\tau)e^{(\gamma+\lambda_1)\tau + \int_0^\tau \mu(\xi)d\xi}\left(e^{-\lambda_1 \tau} - e^{-\lambda_1 x}\right)d\tau dx$$

$$+ \frac{e^{-\gamma x - \int_0^x \mu(\xi)d\xi}\left(1 - e^{-\lambda_1 x}\right)}{1 - \int_0^\infty \mu(x)e^{-\gamma x - \int_0^x \mu(\xi)d\xi}\left(1 - e^{-\lambda_1 x}\right)dx}$$

$$\times \int_0^\infty \mu(x)e^{-\gamma x - \int_0^x \mu(\xi)d\xi} \int_0^x z_2(\tau)e^{\gamma \tau + \int_0^\tau \mu(\xi)d\xi}d\tau dx$$

$$+ e^{-\gamma x - \int_0^x \mu(\xi)d\xi}\int_0^x z_1(\tau)e^{(\gamma+\lambda_1)\tau + \int_0^\tau \mu(\xi)d\xi}\left(e^{-\lambda_1 \tau} - e^{-\lambda_1 x}\right)d\tau$$

$$+ e^{-\gamma x - \int_0^x \mu(\xi)d\xi}\int_0^x z_2(\tau)e^{\gamma \tau + \int_0^\tau \mu(\xi)d\xi}d\tau \tag{4-176}$$

式 (4-174), 式 (4-175) 与式 (4-176) 说明此引理的结论成立. □

定理 4.9 如果 $\mu(x)$ 是利普希茨连续并且满足 $0 < \underline{\mu} \leqslant \mu(x) \leqslant \overline{\mu} < \infty$, 那么系统 (4-87) 的时间依赖解 $p(x,t)$ 指数收敛于其稳态解 $p(x)$, 即

$$\|p(\cdot,t) - p(\cdot)\| \leqslant \overline{M}e^{-\delta t}, \quad \forall t \geqslant 0$$

其中 $\overline{M}$, δ 是定理 4.7 中的正常数, $p(x)$ 是引理 4.1 中的特征向量:

$$p(x) = (p_0, p_1(x), p_2(x))$$

$$p_0 = \frac{\displaystyle\int_0^\infty \mu(x)e^{-\lambda_1 x - \int_0^x \mu(\xi)d\xi}dx}{\displaystyle\int_0^\infty \mu(x)e^{-\lambda_1 x - \int_0^x \mu(\xi)d\xi}dx + \lambda_0 \int_0^\infty x\mu(x)e^{-\int_0^x \mu(\xi)d\xi}dx}$$

$$p_1(x) = \frac{\lambda_0 e^{-\lambda_1 x - \int_0^x \mu(\xi)d\xi}}{\displaystyle\int_0^\infty \mu(x)e^{-\lambda_1 x - \int_0^x \mu(\xi)d\xi}dx + \lambda_0 \int_0^\infty x\mu(x)e^{-\int_0^x \mu(\xi)d\xi}dx}$$

$$p_2(x) = \frac{\lambda_0 e^{-\int_0^x \mu(\xi)d\xi}\left(1 - e^{-\lambda_1 x}\right)}{\displaystyle\int_0^\infty \mu(x)e^{-\lambda_1 x - \int_0^x \mu(\xi)d\xi}dx + \lambda_0 \int_0^\infty x\mu(x)e^{-\int_0^x \mu(\xi)d\xi}dx}$$

证明 式 (4-122), 式 (4-123), 定理 4.4 和定理 4.5 蕴含

$$\|S(t) - W(t)\| = \|V(t)\| \leqslant e^{-\min\{\lambda_0, \underline{\mu}\}t}$$

$$\Rightarrow$$

$$\ln\|S(t) - W(t)\| = \ln\|V(t)\| \leqslant -\min\{\lambda_0, \underline{\mu}\}t$$

$$\Rightarrow$$

$$\frac{\ln \|S(t) - W(t)\|}{t} \leqslant -\min\{\lambda_0, \underline{\mu}\}$$

由此式与定义 1.15 知道 $S(t)$ 的本质增长界 $\omega_{\mathrm{ess}}(S(t))$ (等价地, $\mathcal{A}+U$ 的本质增长界 $\omega_{\mathrm{ess}}(\mathcal{A}+U)$) 满足

$$\omega_{\mathrm{ess}}(S(t)) \leqslant -\min\{\lambda_0, \underline{\mu}\}$$

由式 (4-103)~式 (4-104) 不难看出 $E: X \to \mathbb{R}^3$ 是有界线性算子, 而 $\mathbb{R}^3$ 中的有界集是列紧集, 从而由定义 1.7 知道 E 是一个紧算子. 因此, 由注解 1.12 推出

$$\omega_{\mathrm{ess}}(\mathcal{A}+U+E) = \omega_{\mathrm{ess}}(T(t)) = \omega_{\mathrm{ess}}(S(t)) \leqslant -\min\{\lambda_0, \underline{\mu}\} \tag{4-177}$$

定理 4.1, 定理 1.12 , 引理 4.1 及推论 4.1 蕴含 $\omega_0 = 0$, $s(\mathcal{A}+U+E) = 0$. 从而, 由式 (4-177), 定理 1.11,

$$0 \in \sigma(\mathcal{A}+U+E) \cap \{\gamma \in \mathbb{C} \mid \mathrm{Re}\,\gamma > \omega_{\mathrm{ess}}(\mathcal{A}+U+E)\}$$

知道 0 是 $\mathcal{A}+U+E$ 的孤立特征值并且代数重数为 1. 换句话说, 0 是 $(\gamma I - \mathcal{A} - U - E)^{-1}$ 的一级极点. 因此, 由定理 4.7 与残数定理知道对 $p(0) = \phi \in D(\mathcal{A})$ 有

$$\begin{aligned}
\mathbb{P}\phi(x) &= \frac{1}{2\pi i} \int_{\overline{\Gamma}} (zI - \mathcal{A} - U - E)^{-1}\phi(x)\mathrm{d}z \\
&= \lim_{\gamma \to 0} \gamma(\gamma I - \mathcal{A} - U - E)^{-1}\phi(x)
\end{aligned} \tag{4-178}$$

以下求以上极限. 由洛必达法则和

$$\int_0^\infty \mu(x)\mathrm{e}^{-\int_0^x \mu(\xi)\mathrm{d}\xi}\mathrm{d}x = -\mathrm{e}^{-\int_0^x \mu(\xi)\mathrm{d}\xi}\Big|_0^\infty = 1$$

计算出

$$\begin{aligned}
&\lim_{\gamma \to 0} \gamma \Big/ \left\{ \gamma \left[1 - \int_0^\infty \mu(x)\mathrm{e}^{-\gamma x - \int_0^x \mu(\xi)\mathrm{d}\xi} \left(1 - \mathrm{e}^{-\lambda_1 x}\right)\mathrm{d}x \right] \right. \\
&\qquad \left. + \lambda_0 \left[1 - \int_0^\infty \mu(x)\mathrm{e}^{-\gamma x - \int_0^x \mu(\xi)\mathrm{d}\xi}\mathrm{d}x \right] \right\} \\
&= \lim_{\gamma \to 0} 1 \Big/ \left\{ 1 - \int_0^\infty \mu(x)\mathrm{e}^{-\gamma x - \int_0^x \mu(\xi)\mathrm{d}\xi} \left(1 - \mathrm{e}^{-\lambda_1 x}\right)\mathrm{d}x \right. \\
&\qquad + \gamma \int_0^\infty x\mu(x)\mathrm{e}^{-\gamma x - \int_0^x \mu(\xi)\mathrm{d}\xi} \left(1 - \mathrm{e}^{-\lambda_1 x}\right)\mathrm{d}x \\
&\qquad \left. + \lambda_0 \int_0^\infty x\mu(x)\mathrm{e}^{-\gamma x - \int_0^x \mu(\xi)\mathrm{d}\xi}\mathrm{d}x \right\} \\
&= \frac{1}{1 - \displaystyle\int_0^\infty \mu(x)\mathrm{e}^{-\int_0^x \mu(\xi)\mathrm{d}\xi} \left(1 - \mathrm{e}^{-\lambda_1 x}\right)\mathrm{d}x + \lambda_0 \int_0^\infty x\mu(x)\mathrm{e}^{-\int_0^x \mu(\xi)\mathrm{d}\xi}\mathrm{d}x} \\
&= \frac{1}{\displaystyle\int_0^\infty \mu(x)\mathrm{e}^{-\lambda_1 x - \int_0^x \mu(\xi)\mathrm{d}\xi}\mathrm{d}x + \lambda_0 \int_0^\infty x\mu(x)\mathrm{e}^{-\int_0^x \mu(\xi)\mathrm{d}\xi}\mathrm{d}x}
\end{aligned} \tag{4-179}$$

由式 (4-179), 引理 4.4, 富比尼定理和

$$\int_0^\infty \mu(x)\mathrm{e}^{-\int_0^x \mu(\xi)\mathrm{d}\xi}\mathrm{d}x = 1, \quad \phi_0 + \sum_{i=1}^2 \int_0^\infty \phi_i(x)\mathrm{d}x = 1 \tag{4-180}$$

$$\int_0^\infty \mu(x)\mathrm{e}^{-\int_0^x \mu(\xi)\mathrm{d}\xi} \int_0^x \phi_i(\tau)\mathrm{e}^{\int_0^\tau \mu(\xi)\mathrm{d}\xi}\mathrm{d}\tau\mathrm{d}x$$

$$= \int_0^\infty \phi_i(\tau)\mathrm{e}^{\int_0^\tau \mu(\xi)\mathrm{d}\xi} \int_\tau^\infty \mu(x)\mathrm{e}^{-\int_0^x \mu(\xi)\mathrm{d}\xi}\mathrm{d}x\mathrm{d}\tau$$

$$= \int_0^\infty \phi_i(\tau)\mathrm{e}^{\int_0^\tau \mu(\xi)\mathrm{d}\xi} \left(-\mathrm{e}^{-\int_0^x \mu(\xi)\mathrm{d}\xi}\Big|_{x=\tau}^{x=\infty}\right)\mathrm{d}\tau$$

$$= \int_0^\infty \phi_i(\tau)\mathrm{d}\tau = \int_0^\infty \phi_i(x)\mathrm{d}x, \quad i=1,2 \tag{4-181}$$

推出

$$\lim_{\gamma\to 0}\gamma y_0 = \left\{ \int_0^\infty \mu(x)\mathrm{e}^{-\lambda_1 x - \int_0^x \mu(\xi)\mathrm{d}\xi}\mathrm{d}x \int_0^\infty \mu(x)\mathrm{e}^{-\int_0^x \mu(\xi)\mathrm{d}\xi} \right.$$

$$\left. \times \int_0^x \phi_1(\eta)\mathrm{e}^{\lambda_1\eta+\int_0^\eta \mu(\xi)\mathrm{d}\xi}\left(\mathrm{e}^{-\lambda_1\eta}-\mathrm{e}^{-\lambda_1 x}\right)\mathrm{d}\eta\mathrm{d}x\right\}$$

$$\bigg/\left\{\int_0^\infty \mu(x)\mathrm{e}^{-\lambda_1 x-\int_0^x \mu(\xi)\mathrm{d}\xi}\mathrm{d}x\right.$$

$$\left.+\lambda_0\int_0^\infty x\mu(x)\mathrm{e}^{-\int_0^x \mu(\xi)\mathrm{d}\xi}\mathrm{d}x\right\}$$

$$+\left\{\int_0^\infty \mu(x)\mathrm{e}^{-\lambda_1 x-\int_0^x \mu(\xi)\mathrm{d}\xi}\mathrm{d}x\right.$$

$$\left.\times\int_0^\infty \mu(x)\mathrm{e}^{-\int_0^x \mu(\xi)\mathrm{d}\xi}\int_0^x \phi_2(\tau)\mathrm{e}^{\int_0^\tau \mu(\xi)\mathrm{d}\xi}\mathrm{d}\tau\mathrm{d}x\right\}$$

$$\bigg/\left\{\int_0^\infty \mu(x)\mathrm{e}^{-\lambda_1 x-\int_0^x \mu(\xi)\mathrm{d}\xi}\mathrm{d}x\right.$$

$$\left.+\lambda_0\int_0^\infty x\mu(x)\mathrm{e}^{-\int_0^x \mu(\xi)\mathrm{d}\xi}\mathrm{d}x\right\}$$

$$+\left\{\left[1-\int_0^\infty \mu(x)\mathrm{e}^{-\int_0^x \mu(\xi)\mathrm{d}\xi}\left(1-\mathrm{e}^{-\lambda_1 x}\right)\mathrm{d}x\right]\right.$$

$$\left.\times\int_0^\infty \mu(x)\mathrm{e}^{-\lambda_1 x-\int_0^x \mu(\xi)\mathrm{d}\xi}\int_0^x \phi_1(\tau)\mathrm{e}^{\lambda_1\tau+\int_0^\tau \mu(\xi)\mathrm{d}\xi}\mathrm{d}\tau\mathrm{d}x\right\}$$

$$\bigg/\left\{\int_0^\infty \mu(x)\mathrm{e}^{-\lambda_1 x-\int_0^x \mu(\xi)\mathrm{d}\xi}\mathrm{d}x\right.$$

$$\left.+\lambda_0\int_0^\infty x\mu(x)\mathrm{e}^{-\int_0^x \mu(\xi)\mathrm{d}\xi}\mathrm{d}x\right\}$$

$$+\left\{\left[1-\int_0^\infty \mu(x)\mathrm{e}^{-\int_0^x \mu(\xi)\mathrm{d}\xi}\mathrm{d}x\left(1-\mathrm{e}^{-\lambda_1 x}\right)\mathrm{d}x\right]\phi_0\right\}$$

$$\bigg/\left\{\int_0^\infty \mu(x)\mathrm{e}^{-\lambda_1 x-\int_0^x \mu(\xi)\mathrm{d}\xi}\mathrm{d}x\right.$$

$$\left.+\lambda_0\int_0^\infty x\mu(x)\mathrm{e}^{-\int_0^x \mu(\xi)\mathrm{d}\xi}\mathrm{d}x\right\}$$

$$
= \left\{ \int_0^\infty \mu(x)\mathrm{e}^{-\lambda_1 x - \int_0^x \mu(\xi)\mathrm{d}\xi}\mathrm{d}x \right.
$$

$$
\times \int_0^\infty \mu(x)\mathrm{e}^{-\int_0^x \mu(\xi)\mathrm{d}\xi} \int_0^x \phi_1(\tau)\mathrm{e}^{\int_0^\tau \mu(\xi)\mathrm{d}\xi}\mathrm{d}\tau\mathrm{d}x
$$

$$
- \int_0^\infty \mu(x)\mathrm{e}^{-\lambda_1 x - \int_0^x \mu(\xi)\mathrm{d}\xi}\mathrm{d}x
$$

$$
\times \int_0^\infty \mu(x)\mathrm{e}^{-\lambda_1 x - \int_0^x \mu(\xi)\mathrm{d}\xi} \int_0^x \phi_1(\tau)\mathrm{e}^{\lambda_1 \tau + \int_0^\tau \mu(\xi)\mathrm{d}\xi}\mathrm{d}\tau\mathrm{d}x
$$

$$
+ \int_0^\infty \mu(x)\mathrm{e}^{-\lambda_1 x - \int_0^x \mu(\xi)\mathrm{d}\xi}\mathrm{d}x \int_0^\infty \phi_2(x)\mathrm{d}x
$$

$$
+ \int_0^\infty \mu(x)\mathrm{e}^{-\lambda_1 x - \int_0^x \mu(\xi)\mathrm{d}\xi}\mathrm{d}x
$$

$$
\times \int_0^\infty \mu(x)\mathrm{e}^{-\lambda_1 x - \int_0^x \mu(\xi)\mathrm{d}\xi} \int_0^x \phi_1(\tau)\mathrm{e}^{\lambda \tau + \int_0^\tau \mu(\xi)\mathrm{d}\xi}\mathrm{d}\tau\mathrm{d}x
$$

$$
\left. + \phi_0 \int_0^\infty \mu(x)\mathrm{e}^{-\lambda_1 x - \int_0^x \mu(\xi)\mathrm{d}\xi}\mathrm{d}x \right\}
$$

$$
\Big/ \left\{ \int_0^\infty \mu(x)\mathrm{e}^{-\lambda_1 x - \int_0^x \mu(\xi)\mathrm{d}\xi}\mathrm{d}x \right.
$$

$$
\left. + \lambda_0 \int_0^\infty x\mu(x)\mathrm{e}^{-\int_0^x \mu(\xi)\mathrm{d}\xi}\mathrm{d}x \right\}
$$

$$
= \left\{ \int_0^\infty \mu(x)\mathrm{e}^{-\lambda_1 x - \int_0^x \mu(\xi)\mathrm{d}\xi}\mathrm{d}x \int_0^\infty \phi_1(\tau)\mathrm{d}\tau \right.
$$

$$
+ \int_0^\infty \mu(x)\mathrm{e}^{-\lambda_1 x - \int_0^x \mu(\xi)\mathrm{d}\xi}\mathrm{d}x \int_0^\infty \phi_2(\tau)\mathrm{d}\tau
$$

$$
\left. + \phi_0 \int_0^\infty \mu(x)\mathrm{e}^{-\lambda_1 x - \int_0^x \mu(\xi)\mathrm{d}\xi}\mathrm{d}x \right\}
$$

$$
\Big/ \left\{ \int_0^\infty \mu(x)\mathrm{e}^{-\lambda_1 x - \int_0^x \mu(\xi)\mathrm{d}\xi}\mathrm{d}x \right.
$$

$$
\left. + \lambda_0 \int_0^\infty x\mu(x)\mathrm{e}^{-\int_0^x \mu(\xi)\mathrm{d}\xi}\mathrm{d}x \right\}
$$

$$
= \left[\phi_0 + \int_0^\infty \phi_1(x)\mathrm{d}x + \int_0^\infty \phi_2(x)\mathrm{d}x \right]
$$

$$
\times \frac{\int_0^\infty \mu(x)\mathrm{e}^{-\lambda_1 x - \int_0^x \mu(\xi)\mathrm{d}\xi}\mathrm{d}x}{\int_0^\infty \mu(x)\mathrm{e}^{-\lambda_1 x - \int_0^x \mu(\xi)\mathrm{d}\xi}\mathrm{d}x + \lambda_0 \int_0^\infty x\mu(x)\mathrm{e}^{-\int_0^x \mu(\xi)\mathrm{d}\xi}\mathrm{d}x}
$$

$$
= \frac{\int_0^\infty \mu(x)\mathrm{e}^{-\lambda_1 x - \int_0^x \mu(\xi)\mathrm{d}\xi}\mathrm{d}x}{\int_0^\infty \mu(x)\mathrm{e}^{-\lambda_1 x - \int_0^x \mu(\xi)\mathrm{d}\xi}\mathrm{d}x + \lambda_0 \int_0^\infty x\mu(x)\mathrm{e}^{-\int_0^x \mu(\xi)\mathrm{d}\xi}\mathrm{d}x}
$$

$$
= p_0 \tag{4-182}
$$

结合此式与引理 4.4, 式 (4-180), 式 (4-181) 并用式 (4-179) 得到

$$\lim_{\gamma \to 0} \gamma y_1(x) = \frac{\lambda_0 e^{-\lambda_1 x - \int_0^x \mu(\xi) d\xi}}{1 - \int_0^\infty \mu(x) e^{-\int_0^x \mu(\xi) d\xi} \left(1 - e^{-\lambda_1 x}\right) dx}$$

$$\times \frac{\int_0^\infty \mu(x) e^{-\lambda_1 x - \int_0^x \mu(\xi) d\xi} dx}{\int_0^\infty \mu(x) e^{-\lambda_1 x - \int_0^x \mu(\xi) d\xi} dx + \lambda_0 \int_0^\infty x \mu(x) e^{-\int_0^x \mu(\xi) d\xi} dx}$$

$$= \frac{\lambda_0 e^{-\lambda_1 x - \int_0^x \mu(\xi) d\xi}}{\int_0^\infty \mu(x) e^{-\lambda_1 x - \int_0^x \mu(\xi) d\xi} dx + \lambda_0 \int_0^\infty x \mu(x) e^{-\int_0^x \mu(\xi) d\xi} dx}$$

$$= p_1(x) \tag{4-183}$$

由此式, 引理 4.4, 式 (4-180), 式 (4-181) 和式 (4-179) 求出

$$\lim_{\gamma \to 0} \gamma y_2(x) = \frac{\lambda_0 e^{-\int_0^x \mu(\xi) d\xi} \left(1 - e^{-\lambda_1 x}\right)}{1 - \int_0^\infty \mu(x) e^{-\int_0^x \mu(\xi) d\xi} (1 - e^{-\lambda_1 x}) dx}$$

$$\times \frac{\int_0^\infty \mu(x) e^{-\lambda_1 x - \int_0^x \mu(\xi) d\xi} dx}{\int_0^\infty \mu(x) e^{-\lambda_1 x - \int_0^x \mu(\xi) d\xi} dx + \lambda_0 \int_0^\infty x \mu(x) e^{-\int_0^x \mu(\xi) d\xi} dx}$$

$$= \frac{\lambda_0 e^{-\int_0^x \mu(\xi) d\xi} \left(1 - e^{-\lambda_1 x}\right)}{\int_0^\infty \mu(x) e^{-\lambda_1 x - \int_0^x \mu(\xi) d\xi} dx}$$

$$\times \frac{\int_0^\infty \mu(x) e^{-\lambda_1 x - \int_0^x \mu(\xi) d\xi} dx}{\int_0^\infty \mu(x) e^{-\lambda_1 x - \int_0^x \mu(\xi) d\xi} dx + \lambda_0 \int_0^\infty x \mu(x) e^{-\int_0^x \mu(\xi) d\xi} dx}$$

$$= \frac{\lambda_0 e^{-\int_0^x \mu(\xi) d\xi} \left(1 - e^{-\lambda_1 x}\right)}{\int_0^\infty \mu(x) e^{-\lambda_1 x - \int_0^x \mu(\xi) d\xi} dx + \lambda_0 \int_0^\infty x \mu(x) e^{-\int_0^x \mu(\xi) d\xi} dx}$$

$$= p_2(x) \tag{4-184}$$

结合定理 4.7 与式 (4-182)~式 (4-184), 式 (4-178) 得到

$$\mathbb{P}\phi(x) = p(x) \tag{4-185}$$

从而, 由定理 4.3, (4-185), 定理 4.7, $\phi_0 + \sum_{i=1}^2 \int_0^\infty \phi_i(x) dx = 1$ 得到所要结果:

$$\|p(\cdot, t) - p(\cdot)\| = \|T(t)\phi(\cdot) - \mathbb{P}\phi(\cdot)\| \leqslant \|T(t) - \mathbb{P}\|\|\phi\|$$
$$\leqslant \overline{M} e^{-\delta t} \|\phi\| = \overline{M} e^{-\delta t}, \quad \forall t \geqslant 0$$

$\square$

注解 4.3   容易看出定理 4.9 蕴含定理 4.8.

2001 年, 艾尼·吾甫尔[19] 首次运用 C_0- 半群理论研究了可靠性模型的适定性, 证明了一个可靠性模型的正时间依赖解的存在唯一性. 从此以后, 其他学者运用该思想和方法研究了可靠性模型的适定性, 例如, 郭卫华等[28], 徐厚宝等[29], 汪文珑和许跟起[30]. 2002 年, 当修复率为常数时, 艾尼·吾甫尔和郭宝珠[31] 通过研究一个可靠性模型的主算子在虚轴上的谱分布证明了该模型的时间依赖解强收敛于其稳态解. 从此以后, 国内外学者用这个思想得到许多可靠性模型的时间依赖解强收敛于稳态解, 例如, 郭卫华等[28], 徐厚宝等[29], 汪文珑和许跟起[30], Haji 和 Radl[32]. 2005 年, 当修复率为函数时, Gupur 和 Guo[24] 证明了一个可靠性模型的主算子生成的 C_0- 半群是拟紧算子并且该半群指数收敛于一个投影算子. 从此以后, 国内外学者用这个思想研究了可靠性模型的时间依赖解的指数收敛性, 例如, Gupur[22], Hu 等[33], Miao 和 Gupur[34], 陈云兰等[35]. 2007 年, 当修复率为常数时, 周俊强和艾尼·吾甫尔[25] 用残数定理求出了 Gupur 和 Guo[24] 中的投影算子的表达式, 由此推出了该模型的时间依赖解指数收敛于其稳态解. 2014 年, 当修复率为函数时, Gupur[26] 运用 C_0- 半群的本质增长界与残数定理证明了一个可靠性模型的时间依赖解指数收敛于其稳态解. 从此以后, 其他学者运用该思想和方法研究了可靠性模型的时间依赖解的指数收敛性, 例如, Aili 和 Gupur[36], 买吐地·拜尔迪和艾尼·吾甫尔[37]. 以上所有模型都是由有限多个偏微分积分方程描述的.

2001 年, Gupur 和 Li[38] 首次运用 C_0- 半群理论研究了一个由无穷多个偏微分积分方程描述的可靠性模型的适定性. 该模型的时间依赖解强收敛于其稳态解, 而不会指数收敛于其稳态解, 即强收敛是最佳结果, 感兴趣的读者见 Gupur[15,39] 的研究.

参 考 文 献

[1] 艾尼·吾甫尔. 可靠性理论中的数学方法. 乌鲁木齐: 新疆大学出版社, 2012.

[2] Arendt W, Batty C J K, Hieber M, et al. Vector-Valued Laplace Transforms and Cauchy Problems. Basel: Springer, 2001.

[3] 刘次华. 随机过程. 2 版. 武汉: 华中科技大学出版社, 2001.

[4] Gupur G, Li X Z, Zhu G T. Functional Analysis Method in Queueing Theory. Hertfordshire: Research Information Ltd., 2001.

[5] Nagel R. One Parameter Semigroups of Positive Operators, LNM 1184. Berlin: Springer, 1986.

[6] Engel K J, Nagel R. One-Parameter Semigroups for Linear Evolution Equations. New York: Springer, 2000.

[7] 艾尼·吾甫尔. 一类 Banach 空间中列紧集的描述. 新疆大学学报 (自然科学版), 2005, 22(4): 389-392.

[8] 曹晋华, 程侃. 可靠性数学引论. 北京: 高等教育出版社, 2006.

[9] Palm C. Arbetskraftens fordelning vid betjaning av automatckiner. Industritidningen Norden, 1947, 75: 75-80, 90-95, 119-123.

[10] Lotka A J. A contribution to the theory of self-renewing aggregates with special reference to industrial replacement. Annals of Mathemaitcal Statistics, 1939, 10: 1-25.

[11] Weibull W. A statistical theory of the strength of materials. Ing. Vetenskaps Akad. Handl. 1939, 151: 1-45.

[12] Gumbel E J. Les valeurs extremes des distributions statistiques. Annales de L'Institute Henri Poincaré, 1935, 4: 115.

[13] Epstein B. Application of the theory of extreme values in fracture problems. Journal of American Statistical Association, 1948, 43: 403-412.

[14] Barlow R E , Proschan F. Mathematical Theory of Reliability. New York: Wiley, 1965.

[15] Gupur G. Functional Analysis Methods for Reliability Models. Basel: Springer, 2011.

[16] Kosten L. Stochastic Theory of Service Systems. Oxford: Pergamon Press, 1973.

[17] Cox D R. The analysis of non-Markov ian stochastic process by the inclusion of supplementary variables. Proceedings of Cambridge-Philosophical Society, 1955, 51: 433-441.

[18] Gaver D P. Time to failure and availibility of parallel redundant systems with repair. IEEE Transactions on Reliability, 1963, R-12: 30-38.

[19] 艾尼·吾甫尔. 一类两个相同部件并联的可修系统的适定性. 应用泛函分析学报, 2001, 3(2): 188-192.

[20] Gupur G. Well-posedness of a reliability model. Acta Analysis Functionalis Applicata, 2003, 5(3): 193-209.

[21] Gupur G. Well-posedness of the model describing a repairable, standby, human & machine system. Journal of Systems Science and Complexity, 2003, 16(4): 483-493.

[22] Gupur G. Asymptotic property of the solution of a repairable, standby, human and machine system. International Journal of Pure and Applied Mathematics, 2006, 28(1): 35-54.

[23] 艾尼·吾甫尔, 李学志. 一个可靠机器、一个不可靠机器和一个缓冲库构成的系统分析. 系统工程理论与实践, 2002, 22(2): 29-36.

[24] Gupur G, Guo B Z. Asymptotic property of the time-dependent solution of a reliability model. Journal of Systems Science and Complexity, 2005, 18(3): 319-339.

[25] 周俊强, 艾尼·吾甫尔. 一类可靠性模型研究中出现的投影算子的表达式及其应用. 新疆大学学报 (自然科学版), 2007, 24(4): 379-389.

[26] Gupur G. On asymptotic behavior of the time-dependent solution of a reliability model. International Frontier Science Letters, 2014, 1(2): 1-11.

[27] 古再力努尔·迪力夏提. 两个同型部件和一个修理设备组成的可靠性模型与其他几类可靠性模型的关系. 乌鲁木齐: 新疆大学学士学位论文, 2017.

[28] 郭卫华, 许跟起, 徐厚宝. 两不同部件并联可修系统解的稳定性. 应用泛函分析学报, 2003, 5(3): 281-288.

[29] 徐厚宝, 郭卫华, 于景元, 等. 一类串联可修复系统的稳态解. 应用数学学报, 2006, 29(1): 46-52.

[30] 汪文珑, 许跟起. 具一组可修复设备的系统解的适定性和稳定性. 高校应用数学学报, 2007, 22(4): 474-482.

[31] 艾尼·吾甫尔, 郭宝珠. 一类可靠性模型解的渐近稳定性. 应用泛函分析学报, 2002, 4(3): 252-261.

[32] Haji A, Radl A. A semigroup approach to queueing systems. Semigroup Forum, 2007, 75(3): 609-623.

[33] Hu W W, Xu H B, Yu J Y, et al. Exponential stability of a repairable milti-state device. Journal of Systems Science and Complexity, 2007, 20(3): 437-443.

[34] Miao J X, Gupur G. Further research on the transfer line consisting of a reliable machine, an unreliable machine and a storage buffer. Journal of Xinjiang University (Natural Science Edition), 2010, 27(2): 164-178.

[35] 陈云兰, 许跟起, 郭卫华. 具有周期修复的机器人系统指数稳定性分析. 应用泛函分析学报, 2010, 12(2): 170-179.

[36] Aili M, Gupur G. Further research on a repairable, standby, human and machine system. International Journal of Pure and Applied Mathematics, 2015, 101(4): 571-594.

[37] 买吐地·拜尔迪, 艾尼·吾甫尔. 残数定理在一个可靠性模型研究中的应用. 应用泛函分析学报, 2016, 18(3): 225-244.

[38] Gupur G, Li X Z. Semigroup method for a mathematical model in reliability analysis. Journal of Systems Science and Systems Engineering, 2001, 10(2): 137-147.

[39] Gupur G. Point spectrum of the operator corresponding to a reliability model and application. Journal of Pseudo-Differential Operators and Applications, 2016, 7(3): 411-429.

索　　引